案例名称：制作游戏启动按钮
效果文件：第3章\Complete\3.1\绘制游戏启动按钮.psd
视频文件：视频\第3章\3.1\绘制游戏启动按钮.swf

案例名称：制作游戏进度条
效果文件：第3章\Complete\3.1\绘制游戏进度条.psd
视频文件：视频\第3章\3.1\绘制游戏进度条.swf

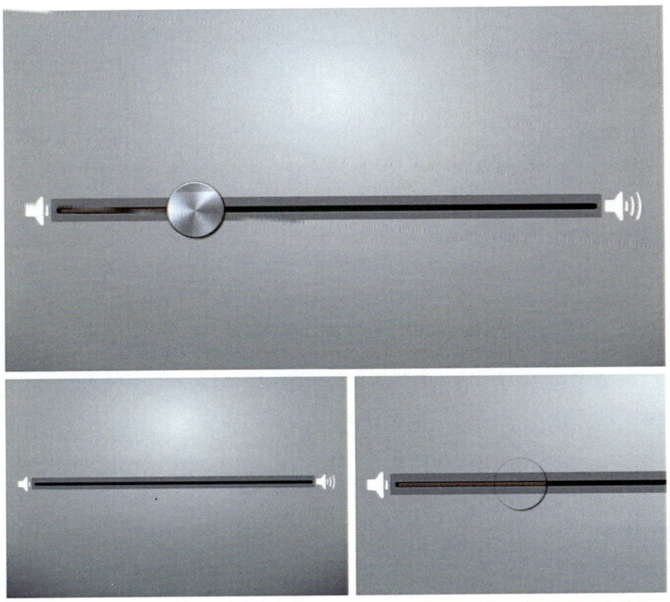

案例名称：制作游戏声音设置项
效果文件：第3章\Complete\3.1\制作游戏声音设置项.psd
视频文件：视频\第3章\3.1\制作游戏声音设置项.swf

案例名称：重复圆角矩形闯关界面
效果文件：第3章\Complete\3.2\重复圆角矩形闯关界面.psd
视频文件：视频\第3章\3.2\重复圆角矩形闯关界面.swf

案例名称：蓝色调游戏界面
效果文件：第3章\Complete\3.3\蓝色调游戏界面.psd
视频文件：视频\第3章\3.3\蓝色调游戏界面.swf

案例名称：黄绿色调游戏界面
效果文件：第3章\Complete\3.3\黄绿色调游戏界面.psd
视频文件：视频\第3章\3.3\黄绿色调游戏界面.swf

案例名称：结合矢量对象制作游戏中的题标
效果文件：第3章\Complete\3.4\结合矢量对象制作游戏中的题标.psd
视频文件：视频\第3章\3.4\结合矢量对象制作游戏中的题标.swf

案例名称：结合矢量对象制作游戏中的小动物
效果文件：第3章\Complete\3.4\结合矢量对象制作游戏中的小动物.psd
视频文件：视频\第3章\3.4\结合矢量对象制作游戏中的小动物.swf

案例名称：炫彩质感游戏图标
效果文件：第3章\Complete\3.5\炫彩质感游戏图标.psd
视频文件：视频\第3章\3.5\炫彩质感游戏图标.swf

案例名称：卡通游戏图标
效果文件：第3章\Complete\3.5\卡通游戏图标.psd
视频文件：视频\第3章\3.5\卡通游戏图标.swf

案例名称：写实游戏图标
效果文件：第3章\Complete\3.5\写实游戏图标.psd
视频文件：视频\第3章\3.5\写实游戏图标.swf

案例名称：手绘涂鸦游戏图标
效果文件：第3章\Complete\3.5\手绘涂鸦游戏图标.psd
视频文件：视频\第3章\3.5\手绘涂鸦游戏图标.swf

案例名称：经典消除手机游戏界面制作
效果文件：第4章\ Complete\4.1\经典消除手机游戏锁屏界面.psd、经典消除手机游戏应用界面.psd
视频文件：视频\第4章\4.1\经典消除手机游戏锁屏界面.swf、经典消除手机游戏应用界面.swf

案例名称：角色扮演手机游戏界面制作
效果文件：第4章\Complete\4.1\角色扮演手机游戏锁屏界面1.psd、角色扮演手机游戏锁屏界面2.psd
视频文件：视频\第4章\4.1\角色扮演手机游戏锁屏界面1.swf、角色扮演手机游戏锁屏界面2.swf

案例名称：跳跃类手机游戏界面制作
效果文件：第4章\Complete\4.2\跳跃类手机游戏起始界面.psd、跳跃类手机游戏界面.psd
视频文件：视频\第4章\4.2\跳跃类手机游戏起始界面.swf、跳跃类手机游戏界面.swf

案例名称：经典逃亡手机游戏界面制作
效果文件：第4章\Complete\4.2\经典逃亡手机游戏界面制作1.psd、经典逃亡手机游戏界面制作2.psd
视频文件：视频\第4章\4.2\经典逃亡手机游戏界面制作1.swf、经典逃亡手机游戏界面制作2.swf

案例名称：迷宫类手机游戏界面制作
效果文件：第4章\Complete\4.3\迷宫类手机游戏起始界面1.psd、迷宫类手机游戏起始界面2.psd
视频文件：视频\第4章\4.3\迷宫类手机游戏起始界面1.swf、迷宫类手机游戏起始界面2.swf

案例名称：挑战类手机游戏界面制作
效果文件：第4章\Complete\4.3\挑战类手机游戏起始界面1.psd、挑战类手机游戏起始界面2.psd
视频文件：视频\第4章\4.3\挑战类手机游戏起始界面1.swf、挑战类手机游戏起始界面2.swf

案例名称：插画风推箱子游戏界面制作
效果文件：第4章\Complete\4.3\插画风推箱子游戏界面1.psd、插画风推箱子游戏界面2.psd
视频文件：视频\第4章\4.3\插画风推箱子游戏界面1.swf、插画风推箱子游戏界面2.swf

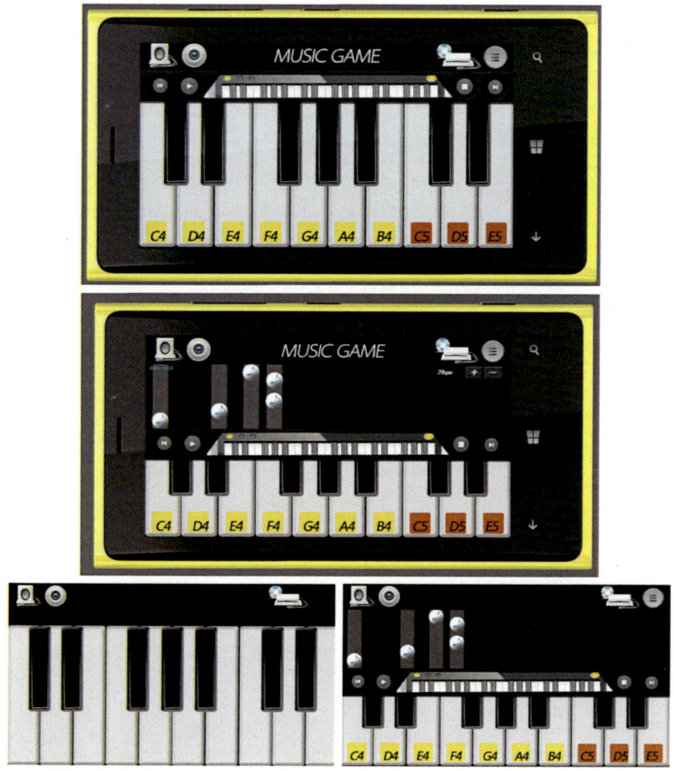

案例名称：模拟钢琴手机游戏界面制作
效果文件：第4章\ Complete\4.4\模拟钢琴手机游戏界面1.psd、模拟钢琴手机游戏界面2.psd
视频文件：视频\第4章\4.4\模拟钢琴手机游戏界面1.swf、模拟钢琴手机游戏界面2.swf

案例名称：猜歌类手机游戏界面制作
效果文件：第4章\ Complete\4.4\猜歌类手机游戏界面1.psd、猜歌类手机游戏界面2.psd
视频文件：视频第4章\4.4\猜歌类手机游戏界面1.swf、猜歌类手机游戏界面2.swf

案例名称：水墨风格网页游戏界面制作
效果文件：第5章\ Complete\5.1\水墨风格网页游戏界面.psd
视频文件：视频\第5章\5.1\水墨风格网页游戏界面.swf

案例名称：卡通剧情网页游戏界面制作
效果文件：第5章\ Complete\5.1\卡通剧情网页游戏界面.psd
视频文件：视频\第5章\5.1\卡通剧情网页游戏界面.swf

案例名称：炫光风格网页游戏界面制作
效果文件：第5章\ Complete\5.1\炫光风格网页游戏界面.psd
视频文件：视频\第5章\5.1\炫光风格网页游戏界面.swf

案例名称：儿童风格iPad游戏界面制作
效果文件：第5章\ Complete\5.2\儿童风格iPad游戏界面.psd
视频文件：视频\第5章\5.2\儿童风格iPad游戏界面.swf

案例名称：玛雅风格游戏界面制作
效果文件：第5章\ Complete\5.2\玛雅风格游戏界面.psd
视频文件：视频\第5章\5.2\玛雅风格游戏界面.swf

案例名称：经典赛车PSP游戏界面制作
效果文件：第5章\Complete\5.3\经典赛车PSP游戏界面.psd
视频文件：视频\第5章\5.3\经典赛车PSP游戏界面.swf

案例名称：三星手绘风格平面游戏界面制作
效果文件：第5章\ Complete\5.3\三星手绘风格平面游戏界面.psd
视频文件：视频\第5章\5.3\三星手绘风格平面游戏界面.swf

案例名称：三星涂鸦风格平面游戏界面制作
效果文件：第5章\ Complete\5.3\三星涂鸦风格平面游戏界面.psd
视频文件：视频\第5章\5.3\三星涂鸦风格平面游戏界面.swf

创意UI

Photoshop 玩转游戏界面设计

—— Art Eyes设计工作室 编著 ——

第2版

人民邮电出版社
北京

图书在版编目（CIP）数据

创意UI. Photoshop玩转游戏界面设计 / Art Eyes设计工作室编著. -- 2版. -- 北京 : 人民邮电出版社, 2017.12（2023.8重印）
ISBN 978-7-115-45420-1

Ⅰ. ①创… Ⅱ. ①A… Ⅲ. ①图象处理软件 Ⅳ. ①TP391.413

中国版本图书馆CIP数据核字(2017)第090832号

内 容 提 要

本书由具有多年从业经验的专业设计师总结设计方法，筛选游戏 UI 设计中热门的游戏案例编写而成。全书分为 5 章，每章都包含丰富的游戏界面设计知识和设计制作的详细讲解。从“揭开游戏界面的神秘面纱”“了解游戏界面的基本特性”“绘制游戏界面的家庭成员”“开启不同风格的手机游戏界面”和“爱不释手的不同风格平台游戏界面”5 方面逐一讲解，使读者逐步掌握使用 Photoshop 制作游戏界面的整体设计思路和制作过程。特别是在第 3 章~第 5 章中，从三个方面为读者讲解不同风格和质感的游戏界面设计效果制作，展现了不缺乏创意、富有灵魂的精彩游戏界面设计，帮助读者掌握不同应用系统游戏界面的制作规则，使读者真正实现使用 Photoshop 玩转游戏界面设计。

本书内容专业简练，操作案例精美实用、讲解详尽，适合 UI 设计爱好者与设计专业的大中专学生阅读使用。随书附赠教学资源，包括书中所有案例的教学视频、素材和源文件，用于补充书中遗漏的细节内容，方便读者学习和参考。

◆ 编　　著　Art Eyes 设计工作室
　责任编辑　张丹阳
　责任印制　陈　犇
◆ 人民邮电出版社出版发行　　北京市丰台区成寿寺路 11 号
　邮编　100164　　电子邮件　315@ptpress.com.cn
　网址　http://www.ptpress.com.cn
　北京虎彩文化传播有限公司印刷
◆ 开本：880 × 1230　1/20　　彩插：4
　印张：16　　2017 年 12 月第 2 版
　字数：572 千字　　2023 年 8 月北京第 9 次印刷

定价：79.00 元

读者服务热线：(010)81055410　印装质量热线：(010)81055316
反盗版热线：(010)81055315
广告经营许可证：京东市监广登字 20170147 号

前言

软件简介

Adobe Photoshop CS6 是 2013 年 7 月 Adobe 公司推出的最新版本，除 Photoshop CS5 所包含的功能外，Photoshop CS6 新增相机防抖动功能、Camera RAW 功能改进、图像提升采样、属性面板改进、Behance 集成以及 Creative Cloud 云功能等。这个强大的图像处理软件同样能深入地应用于游戏界面设计中。

本书内容导读

本书主要通过游戏界面设计经典案例进行由浅入深的讲解。本书揭开了游戏界面设计的神秘面纱，让读者了解游戏界面的基本特性，掌握绘制游戏界面家庭成员的方法，并能独立制作不同风格的手机游戏界面，本书通过对不同风格的游戏界面的了逐一讲解，使读者由浅及深、逐步地了解使用 Photoshop 进行游戏界面设计的整体设计思路和制作过程。一个游戏界面在设计时需要考虑用户对象的年龄、用户的手感操控、配色及心理学等诸多因素才能达到完美的效果。本书使用通俗易懂的语言将制作过程清晰地向读者展示出来，使读者在实践中积累系统的游戏界面设计知识，提高专业素养，以便今后能轻松面对工作中各种不同的需求。

本书特点

本书由资深的平面设计师根据多年的 UI 设计制作经验编写，是一本讲述如何运用 Photoshop 设计游戏界面的书，是读者使用 Photoshop 进行游戏界面设计的技术手册。全书以逐渐深入的方式为用户呈现游戏界面的制作方法，使读者全面且深入地了解制作各种游戏界面的设计方式。

适合人群

本书在案例制作中运用了 Photoshop 软件的各种游戏界面绘图功能以及图像效果，适合用作初、中级平面 UI 设计者及爱好者的参考用书，并且非常适合从事游戏 UI 设计和平面设计的专业人士参考。

本书配套资源

本书提供学习资源下载，扫描“资源下载”二维码即可获得文件下载方式。内容包括本书所有中小案例及实战的素材文件、效果文件以及 44 段高清视频。

资源下载

作者

目 录

第 5 章 爱不释手的不同风格平台游戏界面

附录

第1章

揭开游戏界面的神秘面纱

现今，手机和网络无处不在，游戏越来越受到广大受众的青睐。游戏界面属于 UI 设计中比较典型的一种。现如今，游戏开发在国内是非常流行的行业，创造了巨大的经济效益，所以很多公司对游戏的设计非常重视，尤其对手机这一最直接接触玩家的平台更加重视。本章将从游戏界面设计、游戏界面的分类、设计指南针——布局控制、游戏界面设计的流程和方法、不同游戏界面的标准尺寸以及制作游戏界面常用的设计软件几方面为大家揭开游戏界面的神秘面纱。

1.1 游戏界面设计

在学习如何制作游戏界面之前，我们先来学习什么是游戏界面设计以及游戏界面设计原则，使读者对游戏界面有大概的了解。

1.1.1 什么是游戏界面设计

小编分享

界面设计是人与机器之间传递和交换信息的媒介，界面设计包括硬件界面和软件界面，是计算机科学与心理学、设计艺术学、认知科学和人机工程学的交叉研究领域。近年来，随着信息技术与计算机技术的迅速发展和网络技术的突飞猛进，人机界面设计和开发已成为国际计算机界和设计界最为活跃的研究方向。

游戏中的很多操作是通过游戏界面来展示和运用的，好的游戏界面能够帮助玩家快速上手。游戏界面包括游戏主界面、二级界面和弹出界面等。游戏界面的合理化设计就是探讨人机交互的操作方式从而营造出美观、操作简单并且具有引导功能的人机环境。游戏界面中需要设计的部位包括标题、开始和结束画面、菜单、面板、图标和鼠标等。

1 网游游戏界面设计
2 网页游戏界面设计
3 手机游戏界面设计

1.1.2 游戏界面设计原则

人机界面的设计应该简洁易懂，游戏界面不应该喧宾夺主。游戏软件与其他应用软件不同，游戏软件中的所有可视化元素都应该为游戏服务，更值得注意的是，如果我们的游戏体验服务过分修饰或过于繁琐，人机界面反而会干扰玩家的注意力，使他们不能集中精力于游戏世界的体验中，这是得不偿失的。

简洁易懂的人机界面的设计

小编分享

千万不能在一个界面上放置过多的信息对象，否则会使界面拥挤不堪。没有空白区，界面就没有美感。空白的多少对游戏界面的风格起决定性作用。空白部分较多，就会使界面格调提高并且稳定；空白部分较少，会使界面更加活泼。

人机界面和游戏世界应该风格统一，从色彩到质感，都应该和游戏世界保持协调。如果界面与游戏有过大反差，就会使玩家有脱离游戏的感觉。下面我们来欣赏一组制作好的人机交互界面设计，以帮助读者更好地了解游戏界面设计的统一性。

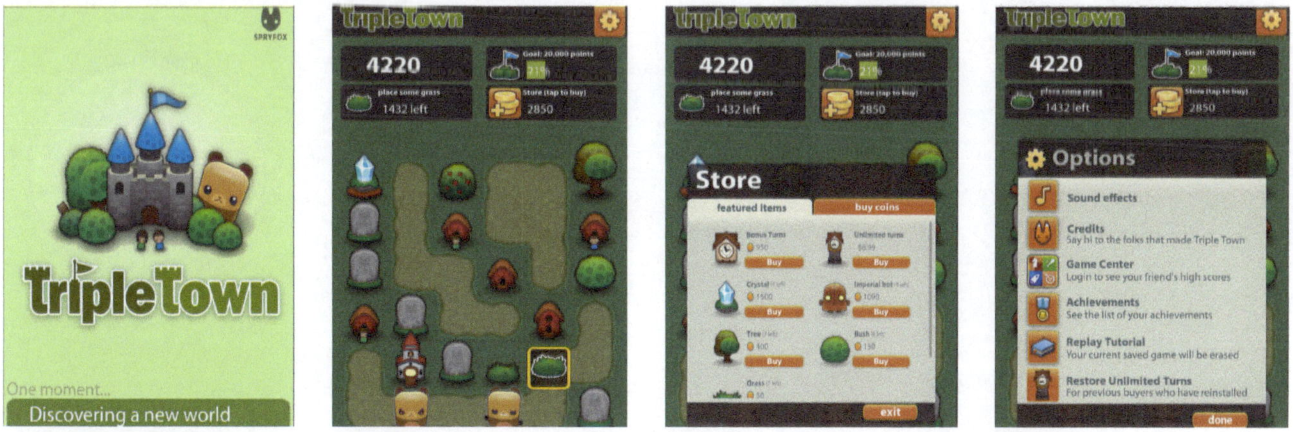

风格统一的人机交互界面设计

游戏界面应该具有一定的自解释性。所谓自解释性，是指能够通过设计的外表暗示其功能。在人机界面设计上，解释性体现得最好的就是 Windows 的窗口了，在其窗口右下角的三角形，就是从音量调节器的设计中引申出来的，它暗示了可以拉动它从而改变窗口大小。下面就来欣赏一组具有自解释性的游戏界面设计。

人机界面设计的自解释性

游戏界面应该布局均衡，所有文字和图表应该摆放得恰到好处，形成一种平衡感。我们通过对比可以看出，有些游戏设计师没有经过平面设计的基础训练，在摆放图表和文字时随心所欲，没有明确的指向性，导致布局不平衡和重要信息不突出。游戏界面设计中要活用、巧用原则，只有这样，才能创造出较高水准的作品，才能使多媒体软件发挥出最大的功效并获得全面的成功。

布局平衡的人机界面设计

人机界面设计与平面设计最主要的区别便是前者是动态的设计，后者则为静态的设计。平面设计包括广告招贴、书籍封面和宣传册等。人机界面的最终产品是软件用户界面，是用户用来实现动态过程的。设计人机界面，并不只是设计一个窗口菜单和控制面板，更重要的是设计一种动态的交互，在设计时必须将用户种种行为的可能性与动态视效的配合考虑在内。

玩家在玩游戏时的交互是通过以下过程实现的：玩家意识到当前需要，从而寻找命令，然后输入指令，最后电脑内部程序进行指令分析，以可视化的形式进行反馈。所有游戏，包括当前所有软件，都是通过若干次上述过程来实现交互的，并且这种交互模式将在很长的一段时间内作为交互的主要手段甚至唯一手段。正是这种过程的存在，使得我们不得不引入效率的概念。

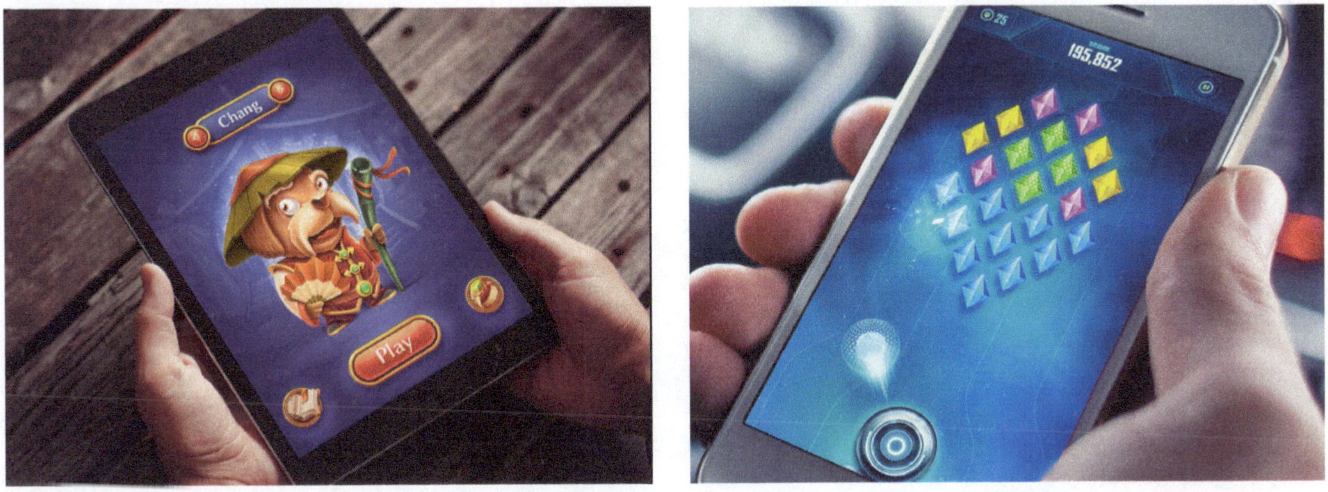

具有效率的人机交互界面

人机界面设计的最高水平是达到无形入化。所谓人机界面的无形入化，是指人机界面设计得非常自然，玩家用起来感觉得心应手，仿佛人机界面是透明的，让人感受不到它的存在。这是人机界面设计的终极目标，也是所有游戏设计师们努力的方向。

人机界面的无形入化

1.2 游戏界面的分类

从游戏界面的制作上划分，游戏界面分为启动界面、主菜单界面、新游戏界面、读取进度界面、保存进度界面、加载界面、选项界面、操作界面、显示设置界面、声音设置界面以及游戏主界面。下面将一一讲解。

1.2.1 启动界面

不同的游戏有着不同的启动界面，游戏的启动界面会给人留下第一印象。人们常说第一印象是非常重要的，游戏的启动界面就是游戏的门面，需要将重要的人物角色、游戏类别、游戏场景以及精美的图标按钮放置在启动界面中，让人一览无余。下面来欣赏国内外优秀的游戏启动界面。

首先展示的是国外经典的女性赛车游戏的掌上启动界面，我们可以明显地看出其画面颜色是偏向粉嫩色系的，3D 画面使其启动界面更加具有质感，引导游戏者下载。

国外经典的女性赛车游戏的掌上启动界面欣赏

为儿童设计的游戏界面一般应该具有童真的主题人物元素，并且画面色彩应该具有一定的色相 / 饱和度，这样的游戏界面才会显得非常可爱。下面欣赏为儿童设计的游戏界面的外观特点。

儿童游戏启动界面欣赏

游戏玩家以男性居多，所以很多游戏界面是深颜色的，这样的界面给人一定的高端的感觉。所以，在设计男性游戏界面的时候，多数使用深色系。现在一起来欣赏男性常玩的游戏界面设计。

不同风格男性游戏启动界面欣赏

小编分享

什么是启动画面？简单地说，当启动某些程序时，先跳出来的画面就是启动画面，上面通常有版权信息和版本号等信息。与此同时,程序后台正在做一些加载或初始化的工作。

1.2.2 主菜单界面

在主菜单界面中，我们可以清晰地看到游戏中的各个元素的分布，以便玩家可以更加清楚地看到游戏中的各种有用的信息。有些游戏的主菜单界面的下拉菜单中还包含有趣的游戏信息，帮助玩家们更方便地了解游戏。下面将展示几种不同类别的游戏主菜单界面。

竞技类游戏中游戏人物的选项、竞技物品的选择、武器选择、返回和帮助按键都是主菜单界面设计需要考虑的。下面欣赏竞技游戏的主菜单界面的设计。

竞技类游戏主菜单界面欣赏

游戏主菜单界面的质感制作也是游戏界面设计中值得注意的，主菜单界面的质感设计在一定程度上决定游戏中的所有界面的质感。下面欣赏具有一定质感的游戏主菜单界面。

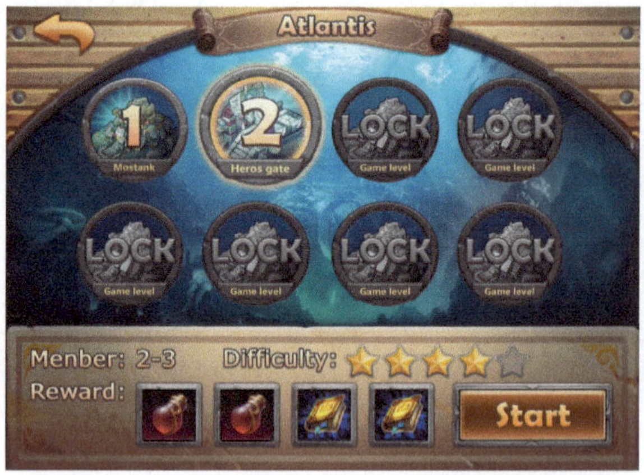

质感游戏主菜单界面欣赏

小编分享

质感是一种视觉上的冲击效果，多为冷色系且具有金属感，它是视觉或触觉对不同物态（如固态、液态、气态）的特质的感觉。在造型艺术中把对不同物象用不同技巧所表现把握的真实感称为质感。不同的质感给人以软硬、虚实、滑涩、韧脆、透明与浑浊等多种不同感觉。

在游戏的主菜单界面中，儿童类游戏主菜单界面现在运用得最广泛。在设计儿童类游戏界面的时候，主要运用明快或饱和度较高的颜色，这样的画面具有很强的可视性和可爱感。

儿童游戏主菜单界面欣赏

主菜单界面是显示一个游戏使用的最主要的界面，是很重要的页面，包含有很多功能按钮。下面小编就用几个示意图来为读者们展示这些按钮。游戏“开始”按钮是最重要的，一般都会设计得比较显眼。“设置”按钮，主要用于设置游戏的音效、声音大小、帮助提示等作用。“购买”按钮是实现游戏公司利润的通道，也需要设计得比较巧妙。最后就是根据每种游戏的特点，设计一些增加游戏好玩的功能按钮，如下面这个游戏中“角色选择”按钮和“积分奖励”按钮等。

1.2.3 新游戏界面

新游戏界面并非是指游戏运行中的主界面，而是指的是在游戏过程中呼出的界面。该界面通常情况会有 4 种功能按钮。单击“保存”按钮，会弹出存档界面，保存当前的游戏进度；单击“弹出读取存档”按钮，会弹出存档界面，可以读取以前的游戏存档；单击“返回”按钮，可以返回到游戏界面中；单击“当前界面消失”按钮，当前界面会自动关闭。下面我们从一组游戏界面上来看其新游戏界面中的各个元素。

游戏主菜单界面展示

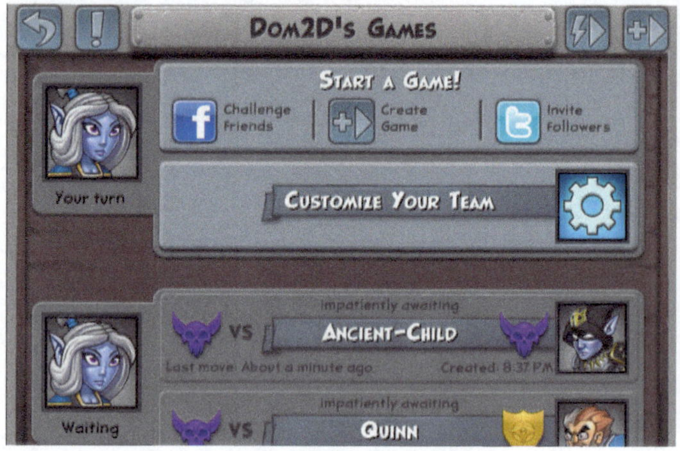

新游戏界面展示

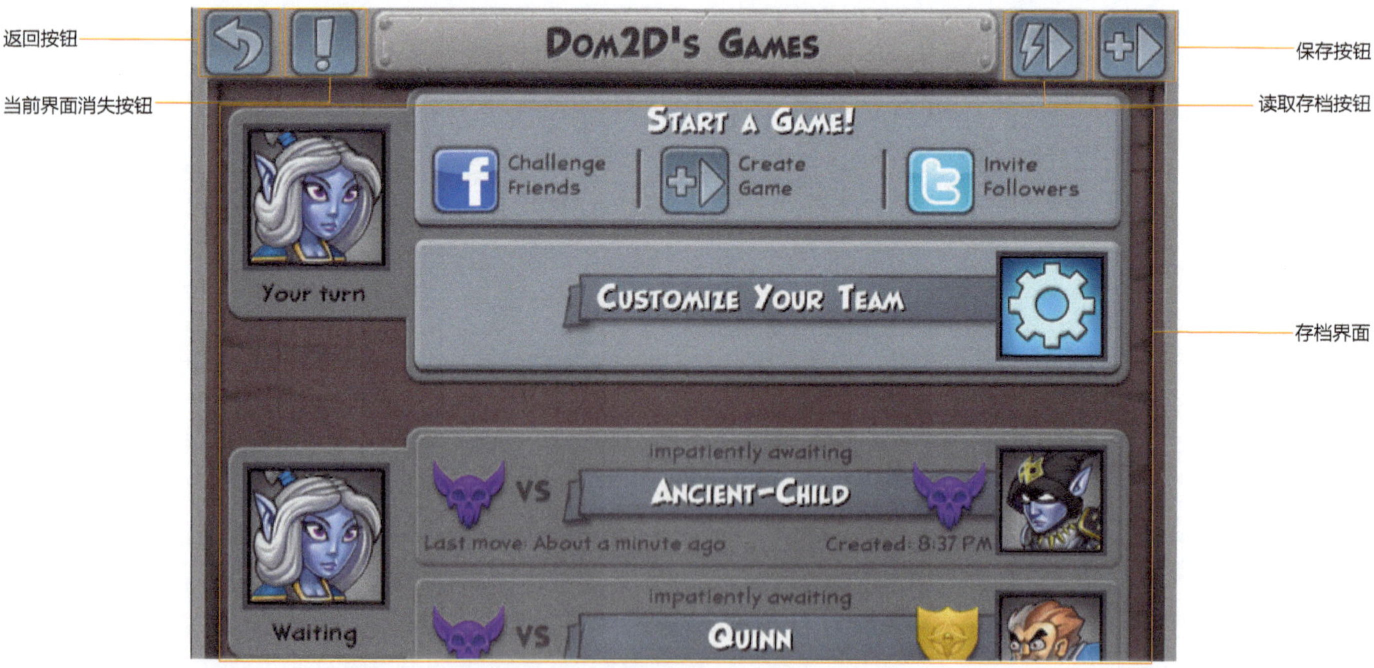

新游戏界面图标展示

1.2.4 读取进度界面和保存进度界面

读取进度界面和保存进度界面，这两个界面主要显示游戏已经存在的存档记录和空余的存档位置。设计该界面时，应该详细描述存档的表现形式，是文字还是截图？上面是否显示时间？一共有多少个存档记录？玩家如何存档？当玩家覆盖已有存档时是否有消息提示等。使用户可以更加方便地了解每个项目的意义。

游戏界面中的进度条

小编分享

游戏中的进度条以截图的形式表示，同时显示该进度的序号。序号按玩家保存的次数编制，同时在截图上以文字显示玩家该进度所在的地图位置。

1.2.5 加载界面

加载界面也叫 Loading 图。当玩家选中某一进度后，显示该图片，同时系统在后台调入进度。系统调入完毕后该图片消失，显示玩家所读取的游戏进程。

优秀游戏加载界面

1.2.6 操作界面

在操作界面中玩家可以更改自己的操作模式。在这里可以设置鼠标的操作模式，如左手操作和右手操作等。同时在这里还可以设置键盘的快捷键等。

不同游戏操作界面欣赏

1.2.7 显示设置界面

玩家可以在显示设置界面中设置视频。在这里可以调节显示器的分辨率，因此在设计时，要详细说明有几种分辨率供玩家选择，玩家如何操作更改分辨率等。更改分辨率以调节游戏中模型的精度，精度越高，画面越漂亮，同时也意味着更耗资源。在这里要详细提示玩家如何选择模型精度，是分为高、中、低三个选择项还是其他等。自由选择是否打开游戏中的游戏效果。在这里要对玩家说明如何在这里打开或关闭。一般分为打开和关闭两个选择框，玩家选择打开时，游戏效果打开；玩家选择关闭时，游戏效果关闭。

游戏显示设置界面欣赏

小编分享

显示设置界面可以使玩家更加自主地设置自己需要的界面样式，帮助玩家在玩游戏时更加方便和清晰地了解自己需要的画面显示亮度、视频亮度以及屏幕分辨率等。

1.2.8 声音设置界面

玩家在声音设置界面可以设置游戏的音乐音效。界面中通常包含玩家如何打开或关闭音乐，以及如何调节音乐的音量。一般分为打开和关闭两个选择框，玩家可以在这里打开或关闭游戏的音效。单击退出按钮即可退回到游戏选项界面。

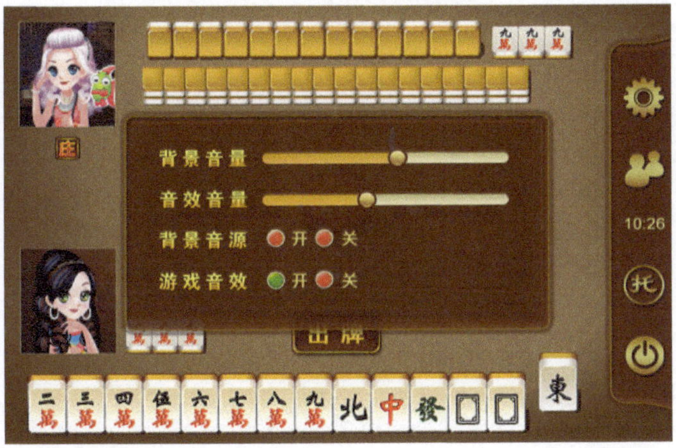

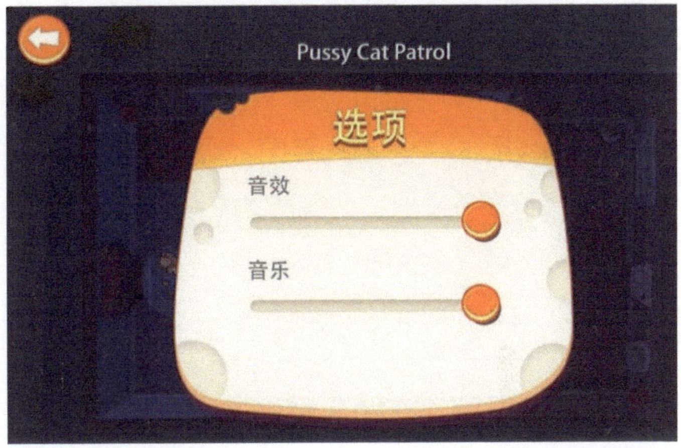

游戏界面中音效的设置

1.3 设计指南针——布局控制

关于游戏界面的排版布局，很多设计者都没有给予足够的重视，游戏排版设计得过于死板，甚至抄袭他人。如果界面的布局凌乱，仅仅把大量的信息堆积在页面上，则会影响玩家阅读信息。一般在设计上要遵循 Miller 公式和分组处理两种原理将游戏画面的布局制作出来。同一款游戏中的界面布局不同会使游戏产生很多可能性，从而丰富游戏界面的视觉效果。

同一款游戏的不同界面布局欣赏

小编分享

界面布局是构思、组织及安排画面主体、陪体、前景、背景及空白各个成分的相互关系，以便组成思想、内容与表现形式统一的完美画面。然而，就像摄影与摄像不同，一个镜头画面可以不完整，但一组镜头画面要有完整的构思与总体设计。由于镜头运动与机位变化，画面成分会发生相应变化。

1.3.1 Miller 公式

Miller 公式是一种基于概率的素数测试算法，被广泛运用到软件设计中。从心理学的角度分析，人们一次性接受的信息量在 7 个比特左右为最佳状态。总结一个公式为：一个人一次所接受的信息量为 7±2 比特。一般网页上面的栏目选择最佳数量在 5~9 个之间，如果软件提供给浏览者选择的内容链接超过这个区间，人在心理上就会烦躁、压抑，感觉到信息量太密集，看不过来，很累。然而很多国内的软件在栏目的设置上远远超出这个区间。在游戏中任何菜单中的控件数量要严格控制在 9 个以内，同时也包括显示在界面中的元素，如道具栏、物品栏等。将这个理论放大，可以认为游戏中的各种属性数量都应该控释在这个范围内。

优秀游戏界面上的选项

1.3.2 分组处理

在 Miller 公式中提到对于信息的分类不能超过 9 个栏目。但如果内容实在太多，超出了 9 个，则需要进行分组处理。如果软件内容栏目超出 9 个，为了不破坏 Miller 公式，在设计时可使用蓝黑两种颜色分开。在游戏中，如果确实需要设置较多的属性，则应该将其进行归类。这样可以更加方便地对游戏中的各个选项进行分类，将游戏元素包含完整。

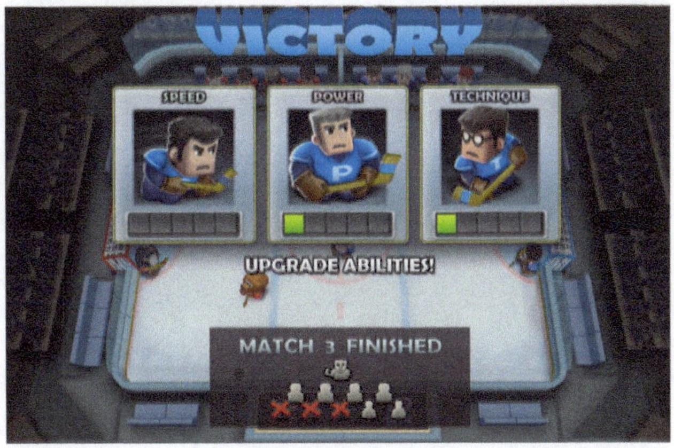

对游戏中的各个选项进行分组处理

1.4 游戏界面设计的流程和方法

界面设计是开发游戏最困难的阶段之一。如今市面上充斥着各种不同尺寸的屏幕，而在这些较小的屏幕空间里，设计师更是需要谨慎思考每个屏幕的像素问题。对于游戏界面设计的用户体验不像我们预想得那般合理。最初的界面是同时在整个屏幕上提供各种信息，并且没有任何一个明确的关注点，所以玩家很难搞清楚自己到底在看些什么。因此在设计游戏界面的时候需要注意游戏界面设计的流程和方法。下面先来欣赏一些优秀的界面设计，这样有助于更好地进行游戏界面设计。

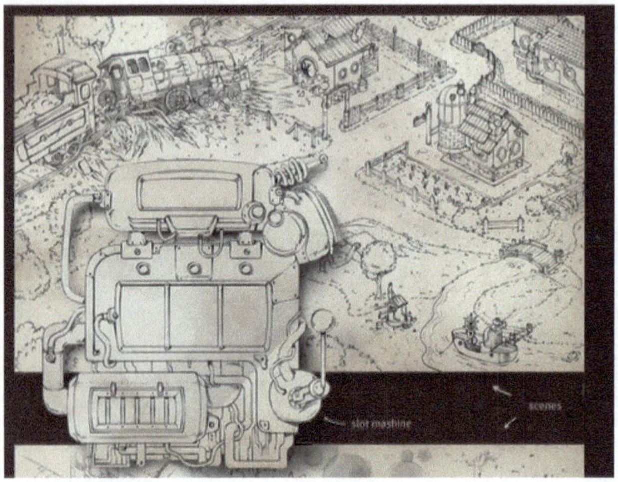

优秀游戏界面欣赏

小编分享

界面是人与机器传递和交换信息的媒介，包括硬件界面和软件界面，是计算机科学与心理学、设计艺术学、认知科学和人机工程学的交叉研究领域。近年来，随着信息技术与计算机技术的迅速发展，同时网络技术也突飞猛进，人机界面设计和开发已成为国际计算机领域和设计领域最为活跃的研究方向。

1.4.1 选择平台

界面设计师必须先明确自己的界面能够支持的平台。如某些应用在发布时，只支持 iOS 和 Android，这点看起来好像很简单，实际上需要考虑到屏幕的问题。

iOS设备	分辨率	Android设备	分辨率
iPhone 6/6S/7	750像素 x 1334像素	三星	多种多样
iPhone 6/6S/7Plus	1242像素 x 2208像素	HTC	
iPad Pro 9.7英寸	2048像素 x 1536像素	宏基	
iPad mini 4	2048像素 x 1536像素	华硕	

各种手机游戏平台

1.4.2 明确定向

选择一种合适的定向能够节省许多时间。如在一些设备中只使用横屏模式，因为在横屏模式中玩家才能够更好地操纵游戏。但是设计师们并不能因此而懈怠，因为市场上还存在着各种不同的手机玩家，他们也拥有各自的喜好。设计师应该亲自实践哪种定向更适合自己的游戏，并坚持自己的判断是非常重要的。

横向屏幕的游戏让视野更加开阔

1.4.3 参照其他游戏

市场上有很多优秀的游戏，而如果设计师对于这么多参考样本置之不理，那就不可原谅了。设计师可以购买一些游戏，获得游戏界面截图，然后仔细研究对方设计师的想法，并思考这种设计是否也适用于自己的游戏。这样会使游戏界面的制作事半功倍。

优秀的游戏界面欣赏

1.4.4 制作流程图

在设计一款游戏的不同界面之前先列出可能会出现于游戏中的所有窗口。然后需要创造这些屏幕的流程图，也就是“屏幕流程图”。这是一种手动操作的流程图，能够呈现出所有屏幕彼此间的关系。当完成了一个关卡后，哪个屏幕会最先出现？是否能够从主菜单直接进入最高分数榜单页面？这都是一些复杂的问题，可以在整个设计过程中不断对屏幕流程图做出调整。

一般游戏的制作流程图分为一个主菜单，一个胜利序列，一个游戏结束屏幕，一个关卡选择屏幕，并且游戏所需要的一切内容都能够有效地运行。从屏幕流程图中能够得知在每个屏幕上需要单击哪些按钮。我们必须让玩家能够前进到下一个窗口中，并在大多数情况下也能够回到之前的窗口。

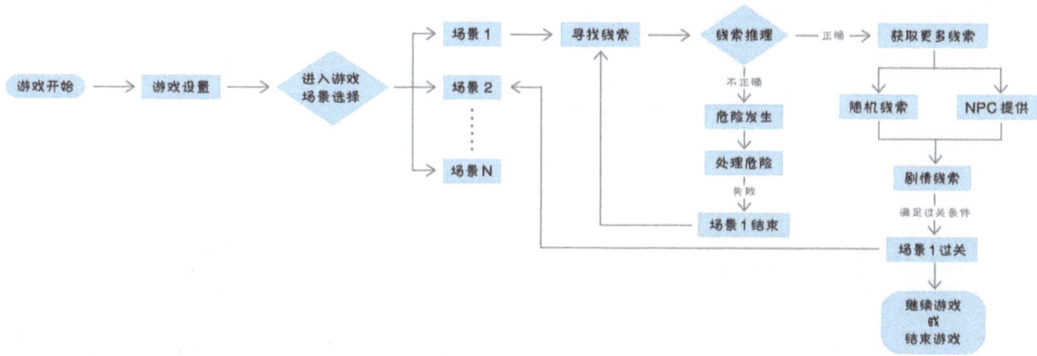

Momonga游戏的屏幕流程图

小编分享

制作游戏流程图时可以先列出所有需要设计的屏幕列表，然后围绕着这些屏幕创造流程图。从中便能够明确它们彼此之间是如何相互协作的。

1.4.5 选择功能

游戏的互动设计过程就是选择功能的过程。界面主要有两种功能，一是提供信息，二是允许用户做某事。设计师的工作便是明确需要在屏幕上呈现何种信息以及用户能够采取何种行动。下图是简单的草图，勾勒出了游戏界面应该拥有哪些按钮并呈现出哪些信息。绘制草图可以使制作过程清晰，用不同的方式根据不同心情或者所处的设计阶段，利用书签、便条纸或者Photoshop 等工具绘制草图。创造屏幕的功能草图，即通过界面的基本草图列出真正需要的内容。

从草图到画面的制作（来自Anton Egorov）

1.4.6 创造线框图

在创造线框图阶段需要使用 Photoshop，因为这是创造屏幕的布局。虽然这仍是关于互动设计的内容，但是现在却需要开始正视定位和尺寸。在设计选择功能时可能会在一张餐巾纸上绘制出草图，但是线框图却不能那样随意。线框图可以说是设计师的指导方针，不能草率对待。

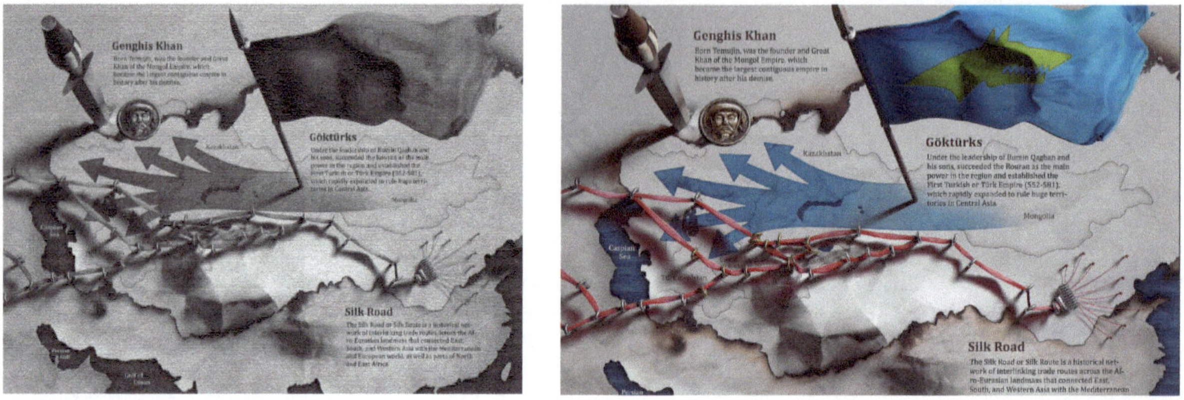

整体画面的实现

1.4.7 创造设计

在游戏设计中，我们总是会认为如果创造了一个很棒的设计，那么制作出合适的用户界面便是轻而易举的事。其实不然，无论是否做出了慎重的思考，当真正落实行动时总会出现一些漏洞。这时就必须与 Photoshop 高手保持密切的联系，并时刻准备着回答他所提出的复杂问题。同时还需要顾及创造性自由，并在必要时刻坚持自己的想法。设计出自己需要的精美的游戏界面。

精美游戏界面设计欣赏

在创造游戏界面的同时，还要注意的是：要使用矢量图。在游戏的界面设计中我们便因为着眼于像素而让自己陷入一个大麻烦，即当 iPad 3 带着更加精确的 Retina 屏幕问世时，我们便不得不重新调整游戏的界面设计。

植物大战僵尸手机游戏界面设置欣赏

知名手机游戏界面设置欣赏

1.4.8 测试并迭代

在设计完成游戏的整体界面之后，这个时刻不是大功告成了，接下来要面对的是重要的测试和调试的过程。设计是一个很奇特的现象，因为只有通过真正的运行你才知道自己的创作是否合理。所以设计师就必须测试自己的游戏界面，并且在必要时需要一个反复调试的过程，同时要有信心创造出更棒的互动设计。

小编分享

执行界面并测试，如果必要就重新回到绘图板再次进行设计，反复迭代。要知道任何细微的改变也有可能创造出巨大的不同。

以上就是游戏界面设计需要注意的流程和方法，希望这些游戏界面的设计流程和方法可以帮助大家更加深入地理解和制作游戏界面。

1.5 不同游戏界面的标准尺寸

游戏界面多种多样，不同的游戏界面应运而生的标准尺寸也会不一样，下面将对手机游戏界面的标准尺寸、PSP 游戏界面的标准尺寸、平板游戏界面的标准尺寸以及网页游戏界面的标准尺寸进行详细的介绍，使读者们对不同游戏界面的标准尺寸有更深入的了解。

1.5.1 手机游戏界面的标准尺寸

现在市场上的新手机层出不穷，仅手机屏幕尺寸就有大大小小几十种，相信大多数的消费者在购买前都会为选择哪种尺寸手机屏幕而烦恼一番。现在因为移动设备的发达和普及程度，要满足更多的要求，目前市场上主流智能手机的尺寸是从 3.5 英寸到 5 英寸，但从单手操作手机的舒适度来讲 3.5 英寸~4 英寸最合适，超过 4 英寸很多人就会感觉到操作起来不那么舒服了。下面用市场上主流的三款手机做一下对比。

iPhone－4 英寸－5.5 英寸

苹果公司开创了大屏智能手机的时代，它早期根据人体工程学分析得到的结论就是 3.5 英寸是最合适单手使用的尺寸，所以将大显示屏做成智能手机标准配置的是苹果公司。随着目前的发展，人们对移动设备的使用频率越来越高后，苹果公司也开始将 3.5 英寸的屏幕升级为 4 英寸，2014 年上市的 iPhone 6 和 iPhone 6 Plus，更是升级为 4.7 英寸和 5.5 英寸了。

小编分享

苹果iPhone 4虽然成为被淘汰的产品，但不得不肯定的是其机身工艺还是非常令人惊叹的，简洁时尚的直板触控机身上覆盖了两块玻璃面板，侧面则是包裹着一圈金属边框，其屏幕是3.5英寸，IPS材质的电容触控屏，屏幕分辨率更是高达640像素×960像素，画面表现不俗。系统方面则是搭载了iOS 4智能系统，内置软件商店，拥有超过45万个软件资源，可玩性不俗。背部500万像素摄像头的成像能力也是令人称赞。

三星 2.8 英寸 – 5.5 英寸

就在 Android 手机阵营越来越大屏化、各家厂商竞相推出自己的大屏手机的时候，三星也不甘示弱，作为移动设备的主流品牌，从 2.8 英寸到 5.5 英寸的屏幕，型号丰富，可以提供众多发烧友选择。

要制作手机游戏界面必须先了解手机游戏界面的标准尺寸这样才能更加准确的制作手机游戏界面运用于手机上，不同品牌、不同型号的手机尺寸和分辨率也会有差异。设计师在制作之前一定要考虑投放的系统平台和主流尺寸。

手机系统	手机分辨率
iOS	640像素×960像素
Android	480像素×800像素和320像素×480像素

常用的两个手机系统的手机游戏界面的标准尺寸

不同尺寸的游戏界面欣赏

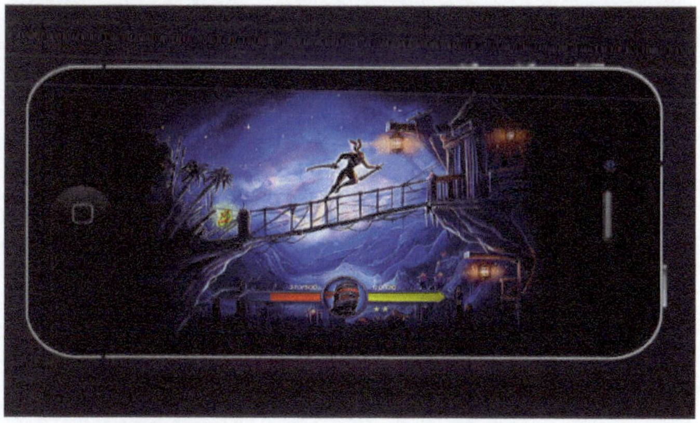

不同手机的游戏界面欣赏

1.5.2 PSP 游戏界面的标准尺寸

PSP 可播放的 MP4 格式的界面标准尺寸大小为 368 像素 ×208 像素，虽然 PSP 本身的分辨率是 480 像素 ×272 像素，但界面的大小还是 368 像素 ×208 像素的好。

1.5.3 平板游戏界面的标准尺寸

作为新一代科技型终端产品，平板电脑从产生到现在，无论是在性能还是在外观尺寸上都在不断地发生着变化，从小巧玲珑的 5 英寸到 10 英寸，从普通的屏幕到超高清屏幕，平板电脑在显示方面给用户带来了丰富的视觉体验。

大尺寸平板电脑的用户体验

屏幕显示体验主要看两个参数:屏幕尺寸与分辨率,这两个参数直接决定着一款平板电脑显示效果的好坏。首先是屏幕尺寸，随着平板电脑产品的多元化发展，平板电脑屏幕的尺寸也越来越多元化，从最初的 7 英寸、8 英寸、9.7 英寸到如今的 10.1 英寸、11.6 英寸甚至更大，大屏幕所带来的震撼显示也渐渐被用户认可与追捧。与此同时，伴随着大尺寸屏幕的出现，高分辨率也逐渐成为行业主流，从最开始的普清到如今的高清、全高清，高分辨率所具备的细腻显示让人为之惊叹。当下，大尺寸屏幕搭配上高分辨率所带来的双重体验，无疑是最为出色的显示体验之一。

平板电脑的用户体验

要制作平板游戏界面必须先了解平板游戏界面的标准尺寸，这样才能更加准确地制作游戏界面，下面就来看一下常用的平板电脑游戏界面的标准尺寸。

平板电脑	分辨率
iPad Pro 9.7英寸和iPad mini 4	2048像素x1536像素
iPad Pro	2732像素x2048像素

苹果平板游戏界面的标准尺寸

iPad 1和iPad 2标准尺寸制作出来的游戏界面欣赏

The New iPad的标准尺寸制作出来的游戏界面欣赏

1.5.4 网页游戏界面的标准尺寸

在进行网站建设中界面布局设计时，界面的宽度尺寸都比较模糊，在800像素×600像素及1024像素×768像素的分辨率下，界面应该设计为多少像素才合适呢？太宽就会出现水平滚动条，下面就界面设计的标准尺寸进行讲解。

尺寸	合适的范围
800像素×600像素	界面宽度保持在778像素以内，就不会出现水平滚动条，高度则视版面和内容决定
1024像素×768像素	界面宽度保持在1002像素以内，如果满框显示的话，高度是612~615像素之间。就不会出现水平滚动条和垂直滚动条

网页界面设计标准尺寸

小编分享

在Photoshop里面做界面可以在800像素×600像素状态下显示全屏，而页面的下方又不会出现滑动条，尺寸为740像素×560像素左右在Photoshop里做的图到了网上就不一样了，在颜色等方面，因为Web上面只用到256Web安全色，而Photoshop中的RGB、CMYK、LAB和HSB的色域很宽，所以自然会有失色的现象。

网页游戏界面欣赏

1.6 制作游戏界面常用的设计软件

手机游戏已经完全融入了我们的生活，因此就会用到制作游戏界面需要的设计软件。下面就简单介绍游戏界面设计常用的软件 Photoshop CS6 和 Illustrator CS6，后面将详细地讲解使用方法。

1.6.1 Photoshop CS6

Photoshop CS6 是一个最常用的设计软件，目前多用于艺术作品图像或数码照片的编辑和处理。Photoshop CS6 具有强大的突破性新功能为复杂的图形选择，写实绘画和修饰提供智能服务，创建惊人的高动态范围图像。

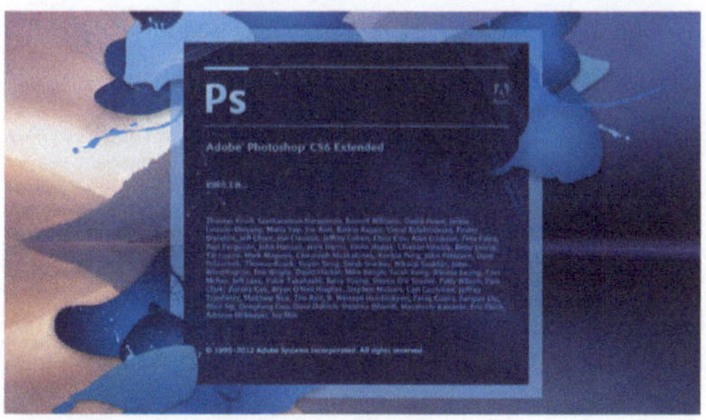

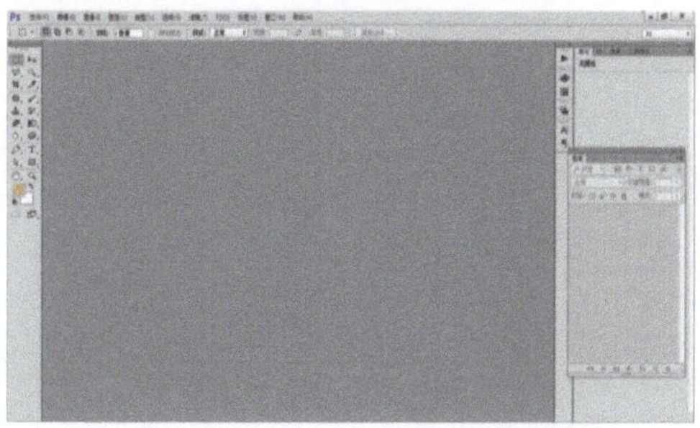

Photoshop CS6及界面

1.6.2 Illustrator CS6

Adobe Illustrator CS6 全新的追踪引擎可以快速地设计流畅的图案以及对描边使用渐变效果，快速又精确地完成设计。其强大的性能系统提供了各种形状、颜色、复杂效果和丰富的排版方式，可以自由尝试各种创意并传达创作理念。在手机 App 设计中的应用也相当的广泛。

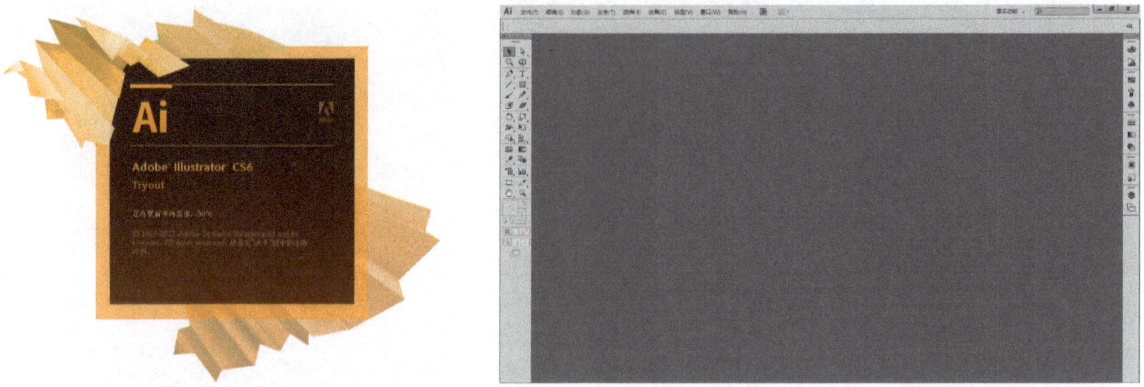

Illustrator CS6及界面

小编分享

Illustrator CS6提供了很多工具，它是一款专业图形设计工具，提供丰富的像素描绘功能以及顺畅灵活的矢量图编辑功能，能够快速创建设计工作流程。借助Expression Design，可以为屏幕、网页或打印产品创建复杂的设计和图形元素。

第2章

了解游戏界面的基本特性

在揭开游戏界面的神秘面纱后，下面了解游戏界面的基本特性。在本章中，将对游戏界面的基本特性、游戏界面的设计要点、不同游戏界面的操作特性、不同游戏平台的界面内容和游戏素材的下载源进行讲解，使读者了解游戏界面的基本特性，并对后面游戏界面的制作做铺垫。

2.1 游戏界面的基本特性

游戏界面的合理化设计就是使之美观简洁、秩序感强并能很好地为游戏的宗旨、内容服务。游戏界面的设计应该遵循合理化原则，符合特定界面空间的视觉规律。如可以通过对比在界面中形成趣味中心，或者使主题在背景的衬托下突显出来。下面就游戏界面的一致性、实用性和美观性进行介绍，使读者了解游戏界面的基本特性。

2.1.1 一致性

在游戏界面中，无论是画面风格还是图标、按钮、文字等都要一致，不用生僻词以及专业术语。各功能显示的层次要清晰明了。

具有一致性的游戏图标设计

2.1.2 实用性

在游戏界面中，每个按钮的设计都要有凸出感，从而更醒目。尽量少用图标多用文字，图标用得越多，界面设计越难以理解。要知道，实用性才是游戏最有力的体现。

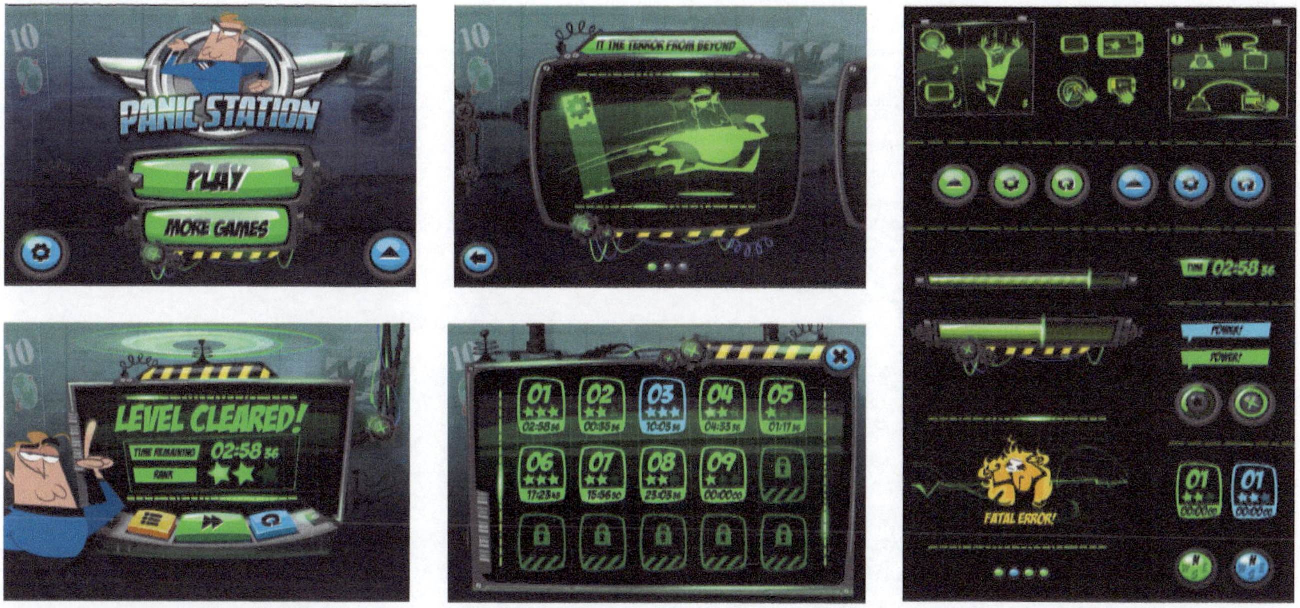

手游的各种实用可行的操作界面和图标

2.1.3 美观性

美观的游戏界面设计，不但可以使画面生动，而且可以使玩家聚焦画面从而想进一步了解游戏。

精美的游戏界面欣赏

2.2 游戏界面的设计要点

游戏界面设计不同于其他 UI 设计，在游戏界面设计中应该注意界面布局、视觉平衡、色彩搭配、文字的可阅读性、界面的和谐与一致性以及个性化等不同设计要素。

2.2.1 界面布局

关于游戏界面的排版布局，很多设计者不够重视。如果界面的布局凌乱，仅仅是把大量的信息堆积在页面上，会影响玩家的信息获取。一般，在设计上所要遵循的原理是 Miller 公式和分组处理。

Miller公式

分组处理

2.2.2 视觉平衡

各种元素（如图形、文字、空白）都会产生一定视觉效果。根据视觉原理，图形与文字块相比较，图形的视觉作用要强烈一些。所以，为了达到视觉平衡，在设计时需要以更多的文字来平衡一幅图片。另外，由于中国人的阅读习惯是从左到右、从上到下，因此视觉平衡也要遵循这个道理。例如，当很多的文字采用左对齐排列时，需要在界面的右面加一些图片或一些较明亮、醒目的颜色。视觉平衡在游戏界面中的体现就是当屏幕上要显示多个控件时该如何摆放的问题。同时，也绝不能低估空白的价值。在设计游戏界面时，要考虑游戏场景所占屏幕的比例。一方面，要让玩家尽可能获得大的视野；另一方面，不能过分压缩控件栏导致信息拥挤。比较合适的处理方式是使控件栏动态显示。

小编分享

奥地利及德国的心理学家创立了格式塔理论，该理论旨在解释人类的行为是如何与视觉经验产生关联的。人们对某些图案的认知及视觉理解与人的心理有着非常密切的关系。其中，平衡感是最重要的一个视觉法则。

2.2.3 色彩搭配

颜色是界面的重要因素之一，不同的颜色使人产生不同的视觉感受。例如，红色和橙色使人兴奋并且心跳加速；黄色使人联想到阳光，是一种欢快的颜色；黑色显得比较庄重。因此，为游戏设计选择合适的颜色，包括背景色、元素颜色、文字颜色和按钮颜色等，都是游戏界面设计中重要的问题。

游戏界面的色彩搭配欣赏

1. 游戏界面色彩搭配的统一性

游戏界面色彩搭配的统一性体现在以下三方面。

首先是色彩与用户审美的统一。在游戏界面设计之前，要对游戏所面对的用户以及用户的审美倾向等问题有清楚的定位。不同用户群体对色彩的接受存在很大的差别，色彩会因用户群体性别、年龄、生活环境等不同的因素，引发不同程度的生理与心理共鸣，无论是正面的或负面的。因此，游戏界面的颜色一定要配合用户的心理或生理需求进行组合、搭配及设计。符合接受者审美倾向的配色会激发阅读兴趣，在一定程度上有利于信息的传播。

色彩与用户审美的统一

其次就是色彩与内容的统一。色彩与界面主要信息内容应有内在的联系，通过色彩倾向和色彩联想突出主要内容，同时在情绪上引发共鸣。例如，中国人讲究对称，因此一些游戏界面遵循对称原则，实现了很好的视觉效果。

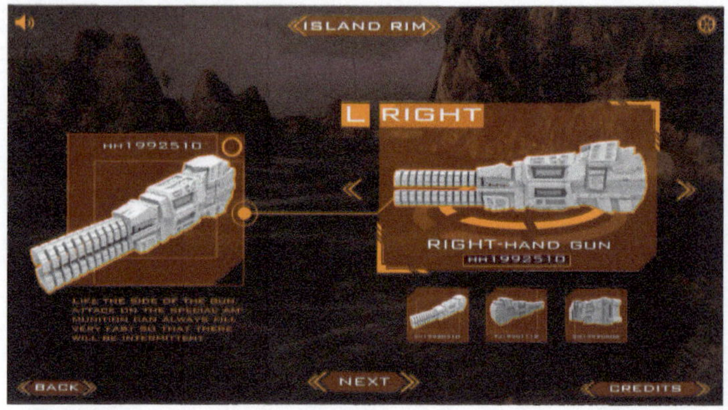

左右对称的游戏界面欣赏

最后就是游戏界面色彩风格的统一。游戏界面的风格直接影响玩家的第一印象，如何运用各种颜色心理来策划和设计游戏界面的风格是游戏界面设计者需要考虑的重要内容。色彩喜好及意象调查分析结果表明，影响色彩意象的因素有三个：美丑因素、明暗因素及兴奋沉静因素。美丑因素受到色彩三属性全面的影响；明暗因素则受到明度的影响最大；而兴奋沉静因素则受色相与亮度的影响最大。

色彩风格统一的游戏界面欣赏

小编分享

颜色感觉要素是一个物体在视觉上引起的颜色感觉，它由三种因素决定：物体表面将照射光线反射到主体间的性质，这种性质取决于物体表面的化学结构与组成、物理及几何特性；照明光源的性质，即光源的波长构成特性——光能在相关视觉波段范围内的能量分布，从光源的颜色品质而言，也就是它的色温；眼睛的感色能力，主要取决于视网膜上的视神经系统的光线感受能力和处理与传送光刺激的能力。

2. 不同风格游戏界面色彩的搭配

游戏界面的配色多种多样，设计者应该针对不同的目标受众群体，制作出与之相对应的游戏界面配色。例如，针对儿童的游戏界面应该使用明亮多彩的界面配色，针对女性的游戏界面应该选择柔和、明丽的界面配色，针对男性的游戏界面应该选择稳重、大气的界面配色。下面详细介绍不同类别的游戏界面的配色和差异。

女性游戏配色

女性游戏在市场上逐渐占据一定的地位，在设计女性游戏界面时，配色通常很重要。女性游戏界面分为少女游戏界面和成熟女性游戏界面。少女游戏界面通常是充满幻想和萌动的游戏界面，因此通常使用粉红色作为游戏界面的主要颜色，而成熟女性游戏界面则应具备优雅的气质，以展现出女性特有的温柔魅力，因此使用的颜色以暖色为主，色调反差较小，色调过渡平稳。

在色相方面，红色是女性游戏界面不可缺少的代表色，且其界面的配色方式应多变。女性游戏界面中可多使用偏暖色系的颜色，以粉红色、粉黄色为主，使得女性游戏具有妩媚、温柔、时尚、可爱、活泼和优雅等特点。

下面欣赏女性游戏界面常用的配色。

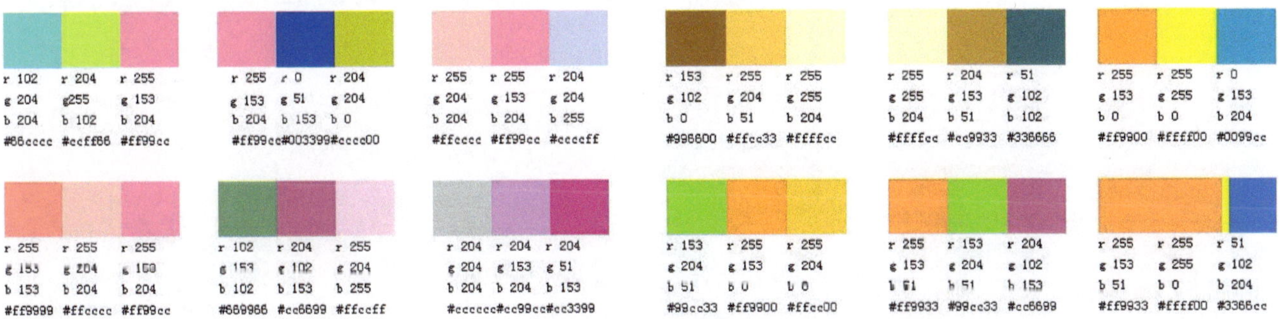

女性游戏界面常用的配色

女性游戏界面配色欣赏

儿童游戏配色

儿童类游戏界面应具有可爱活泼的特点，其配色色彩明度和纯度要高，色调则以淡、明、强为主。粉红色多用于表现女孩的游戏界面，蓝色和绿色则多用于表现男孩的游戏界面，明黄色最能表现儿童游戏界面的活泼可爱，果绿色最能表现儿童成长的游戏界面。下面欣赏儿童游戏界面常用的配色。

r 255	r 102	r 255
g 204	g 204	g 255
b 0	b 0	b 153
#ffcc00	#66cc00	#ffff99

r 255	r 255	r 0
g 153	g 255	g 153
b 0	b 0	b 204
#ff9900	#ffff00	#0099cc

r 255	r 0	r 255
g 204	g 0	g 255
b 0	b 204	b 153
#ffcc00	#0000cc	#ffff99

r 153	r 255	r 255
g 102	g 204	g 255
b 0	b 51	b 204
#996600	#ffcc33	#ffffcc

r 255	r 204	r 51
g 255	g 153	g 102
b 204	b 51	b 102
#ffffcc	#cc9933	#336666

r 255	r 255	r 0
g 153	g 255	g 153
b 0	b 0	b 204
#ff9900	#ffff00	#0099cc

r 204	r 255	r 102
g 153	g 255	g 102
b 153	b 204	b 204
#cc9999	#ffffcc	#6666cc

r 153	r 255	r 204
g 153	g 255	g 153
b 51	b 204	b 204
#999933	#ffffcc	#cc99cc

r 204	r 102	r 204
g 204	g 102	g 204
b 0	b 0	b 255
#cccc00	#666600	#ccccff

r 153	r 255	r 255
g 204	g 153	g 204
b 51	b 0	b 0
#99cc33	#ff9900	#ffcc00

r 255	r 153	r 204
g 153	g 204	g 102
b 51	b 51	b 153
#ff9933	#99cc33	#cc6699

r 255	r 255	r 51
g 153	g 255	g 102
b 51	b 0	b 204
#ff9933	#ffff00	#3366cc

儿童游戏界面常用的配色

儿童游戏界面配色欣赏

儿童游戏界面具有非常鲜明的色彩对比，由于儿童对色彩的敏感度非常高，因此制作儿童游戏界面时以鲜艳明亮的色彩作为画面主色调。该儿童游戏界面运用亮蓝绿色为画面的主色调，画面清爽并适当穿插红灰色和蓝绿灰色以增强画面的颜色对比度。

小编分享

儿童对高亮度和高纯度的色彩比较敏感，黄色和橙色等一些亮度较高的纯色与强暗色的对比搭配，比较容易引起儿童的喜爱。进入学龄期后，随着心智的逐渐成熟，他们渐渐有了自己的色彩喜好，在这一时期，男孩跟女孩的色彩喜好渐渐分开，随着年龄的增长，对色彩的偏好也由纯色调的颜色向明亮色调的颜色转移。

男性游戏界面的配色

在制作男性游戏的界面时，一般使用冷暗的色调作为主色调，这样的游戏界面具有神秘感和高端感。成熟男性的游戏界面色彩表现大多数以冷色或者灰色为主，明度和纯度较低。藏青色和灰色的搭配体现商务男性的游戏氛围。

而在进行青年男性游戏界面配色的时候应该注意，其色调应该给人活力、动感、阳光十足的感觉。色相则以蓝色、绿色等冷色系为主，明度适中，纯度较高，色调以明、强、锐为主。下面欣赏男性游戏界面常用的配色。

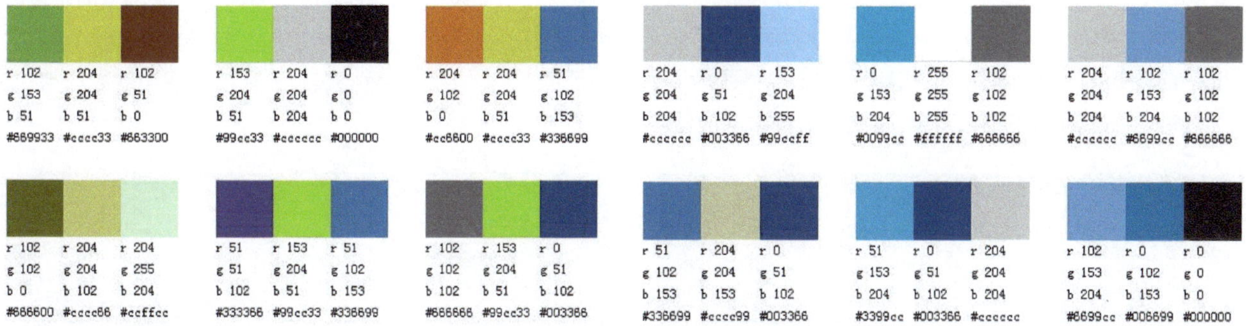

男性游戏界面常用的配色

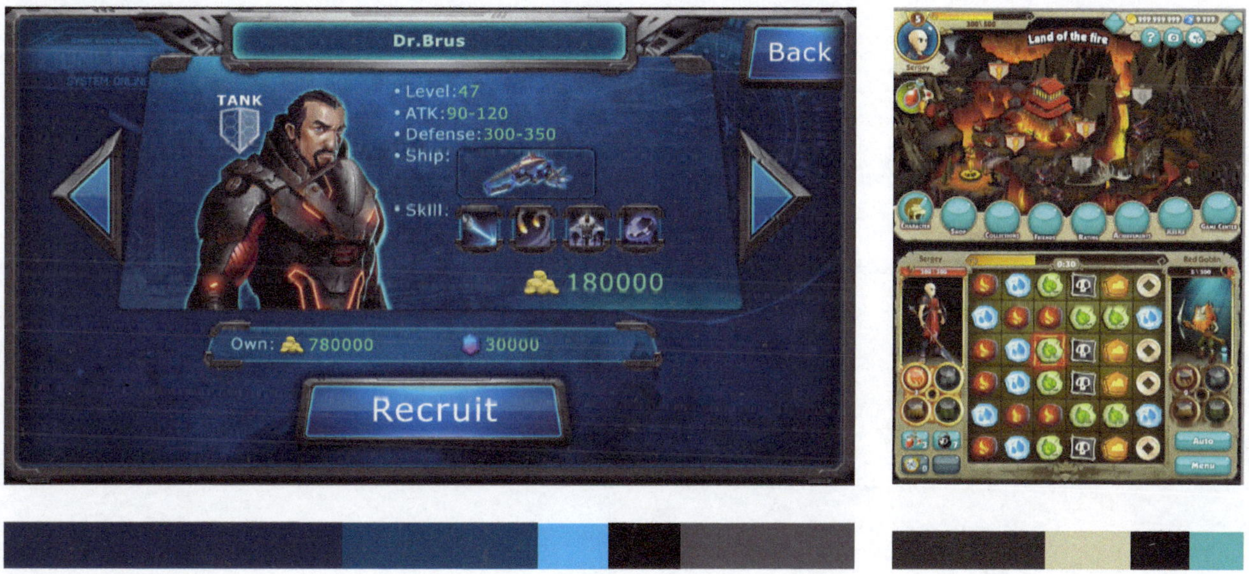

男性游戏界面配色欣赏

男性游戏界面采用的颜色都是暗灰色调的，这样的色调刚好和女性和儿童的游戏界面形成鲜明的对比，色彩也没有女性和儿童的游戏界面鲜艳。该游戏界面主要以深蓝灰色的色调作为画面的主色调，使画面具有大气、厚重的质感并有效地结合不同色调的灰色作为画面颜色的合理补充，很适合作为男性色调的游戏界面。

2.2.4 文字的可阅读性

文字的可阅读性在一定程度上决定了游戏的受欢迎程度，在设计游戏界面中的文字部分时，需要注意选择合适的字体、字体之间的搭配以及文字和图片的搭配。

1. 选择合适的字体

文字和图片是游戏界面设计中重要的组成部分，使用不同的字体，会改变整个界面的风格。当使用较为规整的字体的时候，游戏界面会显得庄严、深沉；当使用较为随意的字体的时候，整个游戏界面会显得非常的有个性，当使用较为圆滑的字体的时候，整个游戏界面会颇有卡通情趣；当使用具有特定风格的或弯曲的字体的时候，整个界面会充满一种神秘感和欧洲风情。字体的选择会改变整个游戏界面的风格，设计者需要根据表现的风格来选择字体。

规整的字体使游戏界面显得深沉

可爱一点的字体使游戏界面更加有趣

特定风格的界面使游戏界面具有神秘感

弯曲的字体使游戏界面充满欧洲风情

小编分享

文字的魅力就在于其可变性，许多精美字体都是这样衍生出来的。在中文字体中加入具有民族特色的元素，还可提高了游戏界面的可看性。

2. 注意字体之间的搭配

文字是游戏界面设计中不可缺少的视觉表现形式，在游戏界面设计中发挥着不可估量的重要作用。文字有力地推动了游戏界面设计特征以及设计情感的传达，这样就使版式设计不仅局限于信息意义上的传达，更是一种高尚的艺术实现形式。文字的字体种类繁多，不同的字体字号、对齐形式等都会直接影响游戏界面的易读性和效果。观察下图查看游戏界面中字体搭配可能存在的问题。

左图游戏界面设计中存在的问题

1 主体文字字体的选择
主体文字字体的选择比较街头化，虽然符合主题，但是缺少了一定的识别性，会叫人看不出来标题文字到底是什么。

2 主体文字的排放
主体文字的排放过于靠下，从而画面中的主题文字不够明显和突出。

3 暗灰色的边框给人沉闷感
暗灰色的边框将所有的元素都“囚禁”了起来，使得界面缺少了灵动和透气的感觉。

小编分享

游戏界面上的各种字体最好不要使用繁体文字。由于已正式用简化字代替繁体字，现代人们对繁体字已经陌生，繁体字已不符合我们的阅读习惯，并且会使界面上的文字看上去冗长，文字可读性差。因此在制作游戏界面上的各种字体时最好不要使用繁体字。

为方便阅读屏幕上的信息，可以参考报纸的编排方式将游戏界面的内容分栏设计，即使两栏也要比一整页的视觉效果要好。另一种能够提高文字可读性的因素是所选择的字体，通用的字体最易阅读，特殊字体用于标题效果较好，但是不适合正文。如果在整个页面使用一些特殊字体，这样玩家阅读起来感觉一定很糟糕。这类特殊字体如果在界面上大量使用，会使阅读颇为费力，眼睛很快就会疲劳。

游戏界面的字体混合搭配

在一个游戏界面中可能只会用到一种字体，但是更多的时候还是会运用多种字体。因为只用一种字体的版面相对较为平淡，因此，强调画面的重点只能通过改变字号的方式来实现。使用多种字体的版面较为丰富，层次关系也非常明确。但使用两种或两种以上的字体必须注意搭配的方法，字体之间的搭配也会成为游戏界面设计成败的重要因素。

如今游戏界面设计中中英文的搭配逐渐多起来。尽管中英文字体的搭配没有固定的模式，但是还是有一定的规律可循。我们可以找到中英文中的一些共同的特点来制作和编辑游戏界面中的文字排版和样式。

中英文搭配制作出来的游戏界面

多种不同的字体搭配制作出来的游戏界面

可以通过字体的粗细来表现或强调游戏界面中的重点元素。区分文字之间的层次关系，还有一个比较有效的方法就是改变字体的粗细。一般有两种方式，一种是在原有字体样式不变的基础上加粗文字，另一种是改变字体的样式，选择较粗的字体。

文字粗细的不同带来不同的画面效果

3. 游戏界面中文字和图片的搭配

游戏界面中的文字和图片都不是单独存在的，它们是相互统一和影响的。游戏界面中的图片和文字在传达版面的信息上具有不同的特点，图片在视觉传达上可以辅助文字的排版，而文字的出现也可以使图片更加突出，使游戏界面的效果更加丰富和真实。文字能具体直接地反映游戏界面中的重要信息，图形化的文字同样也具有很好的视觉表现力。图文结合的游戏界面可以更加强有力地表达游戏界面中的重要信息和元素。

游戏界面中文字和图片相结合的并置方式

游戏界面中文字在图片上面的并置方式

游戏界面中文字和图像有机结合的并置方式

2.2.5 界面的和谐与一致性

游戏界面中的和谐与一致性是最抽象也最重要的部分，对此很难用文字表达，只可意会，不可言传，但游戏界面设计的成败就在于它。总体来说即前后用词、语义、结构和风格一致。

游戏界面的和谐与一致性

统一、和谐的游戏界面给人一种整体的画面效果，可使游戏在有丰富的界面环境之余还是一个统一生动的整体，这样制作出来的游戏界面才具有一定的灵魂性。

2.2.6 个性化

个性化非常通俗易懂，即每款游戏在设计上都应有每款游戏自己的特色，以此与其他游戏区别开来，如此便能极大地吸引玩家的眼球。下面就来欣赏极具个性的游戏界面。

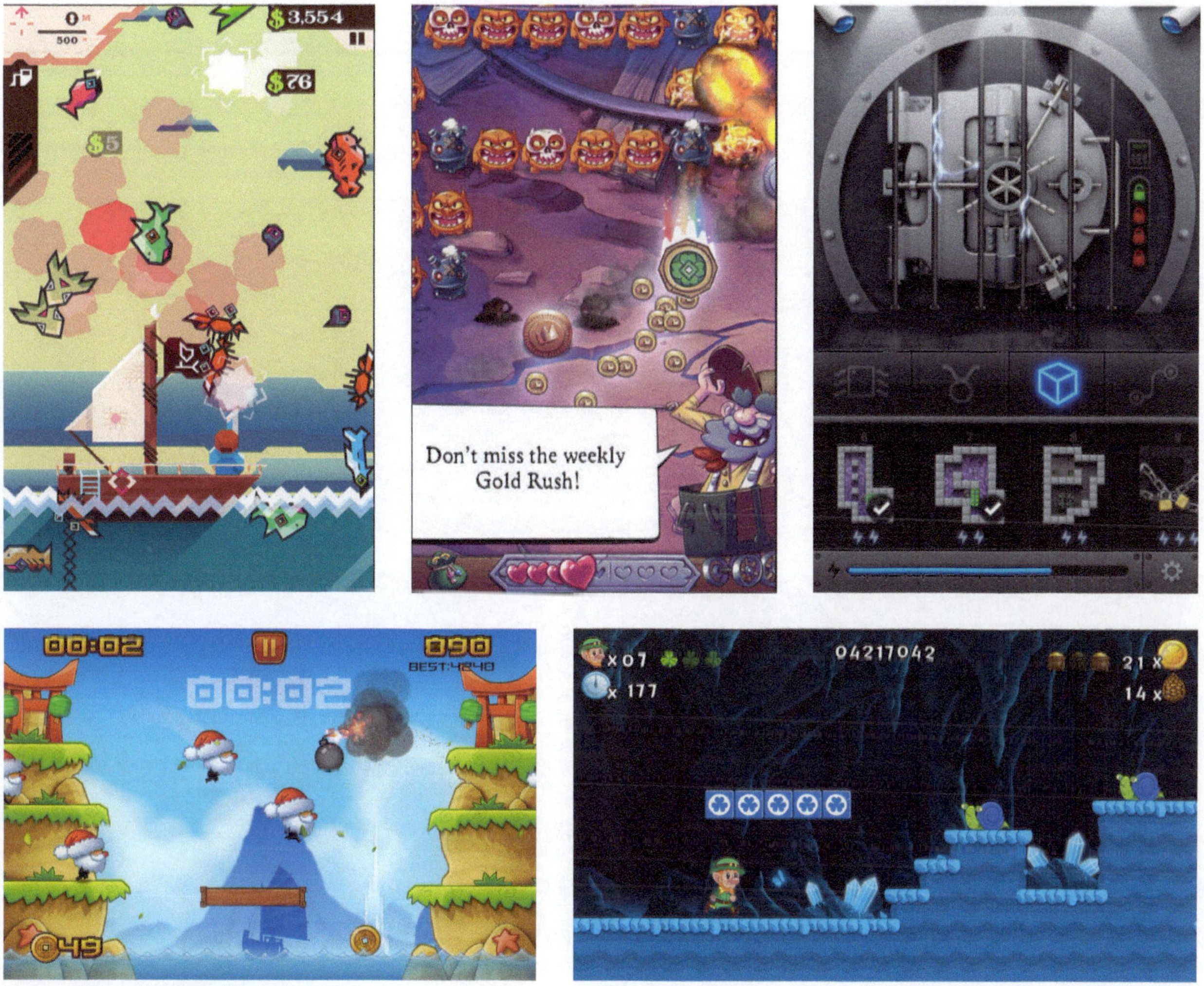

具有个性的游戏界面设计欣赏

小编分享

个性化，顾名思义就是非一般大众化的东西。在大众化的基础上增加独特、另类的个性化需求，以独具一格，别开生面的一种风格，打造一种与众不同的效果。

通过上面的学习，大家会对游戏界面的设计要点有一个详细和清晰的了解，这些因素在制作游戏界面时都要考虑。

2.3 不同游戏界面的操作特性

不同的游戏界面操作的特性也会有所不同，下面将从鼠标操作游戏、键盘鼠标双操作游戏、触控游戏、触控游戏和网页游戏的区别四个方面分别讲解不同的游戏界面制作中不同的操作特性，以便帮助读者们更好地制作精美的游戏界面。

2.3.1 鼠标操作游戏

鼠标操作游戏主要是单机游戏，即可以通过鼠标上的各个按键来控制游戏界面上的人物和物体场景之间的关系，从而进行游戏。鼠标对于电脑游戏界面的运用是非常广阔的，它就像人类的手和脚一样，是电脑游戏中一种必不可少的游戏操作方式。

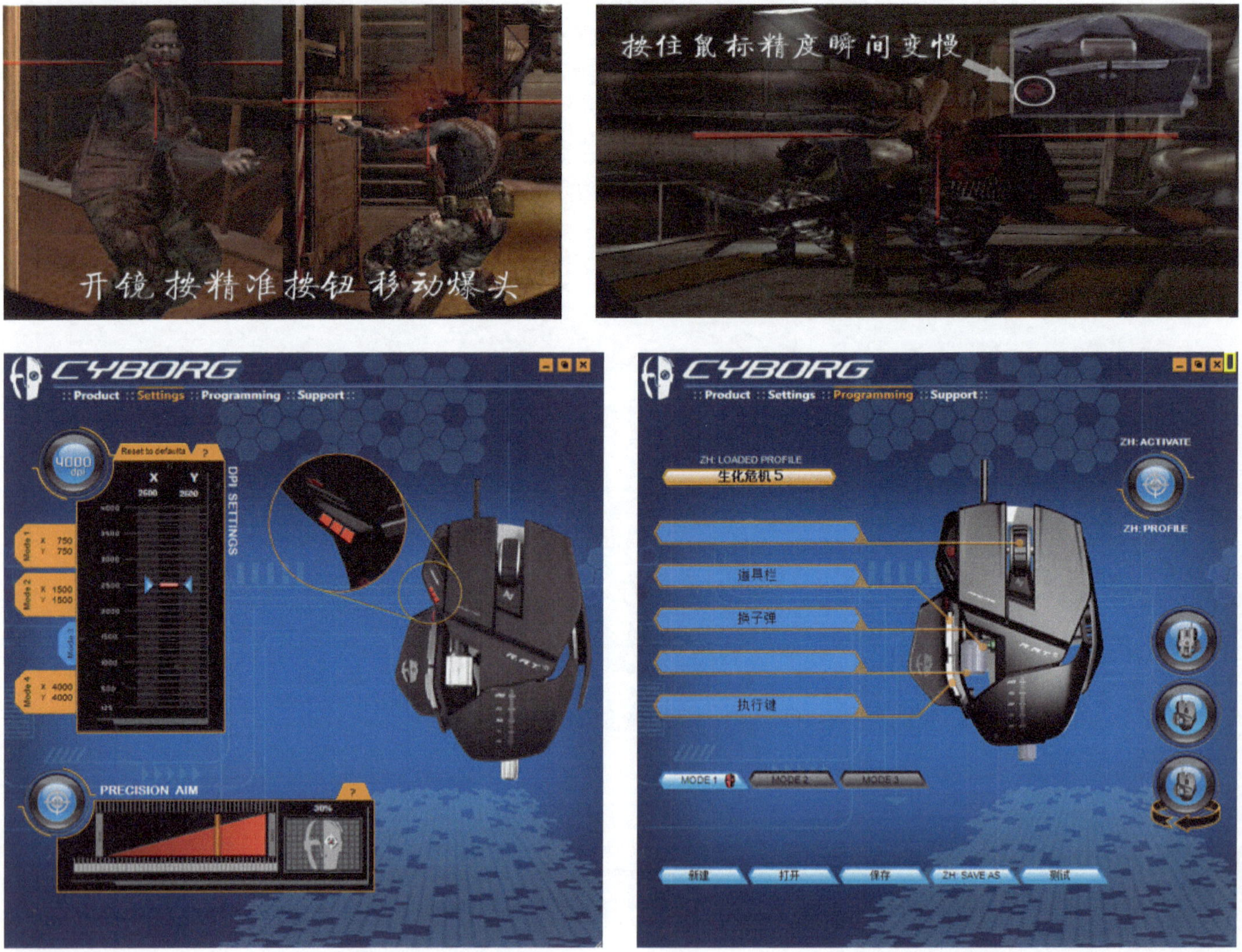

鼠标操作游戏

2.3.2 键盘鼠标双操作游戏

在进行网页游戏时还有一种较为常见的操作方式，就是键盘鼠标双操作，这样的游戏主要是一些较为复杂的单机游戏，需要两只手的巧妙配合来进行游戏操作。可以通过鼠标和键盘两种工具来实现游戏完整的操作过程，下面两图为需要双操作的游戏。

需要鼠标键盘同时配合的游戏场景界面

2.3.3 触控游戏

移动设备中有一个最重要的特性就是触控式交互特性，下面将从重复与循环动作、连贯动作法和关键动作法以及夸张的方式制作利于触碰等方面讲解移动设备 UI 设计中触控式交互特性。

循环动作原则就是描述一个物体的不同部分是如何按照不同的频率进行运动的，即使运动频率差异非常小，如果能精确地描述出来，也会让动画看起来更加真实。通常来说，在下一个动作开始前，上一个动作都不会完全结束。在移动端体验设计层面来说，需要多个 UI 元素整体考虑动效的重复和循环的速率，这有助于解释清楚各个 UI 元素之间的关系。

触控游戏界面

采用动态 Tile 的 Windows Phone 就是一个重复与循环动作很好的例证。这些动态的 Tile 并不是以一个整体运动，不同的 Tile 运动按照不同的速率。

大部分移动端用到的动画和动效都可以用关键动作法进行绘制，关键动作法使用起来工作量较小也能满足大部分移动端动效的表现。针对特别复杂且不常规的运动动效则可以选择连贯动作法进行表现。

植物大战僵尸是使用关键动作方法绘制的

水果忍者可以用连贯动作法描述动态运动轨迹

小编分享

预期原则在移动用户体验领域中同样适用。预期原则就是让用户有一种预感即将发生什么。例如，这个原则可以运用在“闪屏”界面的视觉设计中，也可以用在不同体验的过渡中，还可以用来帮助增加手势的可见性。总体来说，预期可以为元素在界面中将要运动的速度和方向还有可以使用哪些手势提供线索。

2.3.4 触控游戏和网页游戏的区别

触控游戏和网页游戏最直接的区别在于触控游戏主要是在平板和手机等设备上运行，而网页游戏主要是由鼠标操作和键盘鼠标双操作来实现游戏的操作。

触控游戏

网页游戏

小编分享

触控技术人们并不陌生，银行的取款机大多有触摸屏功能，很多医院和图书馆等公共地点的大厅都有这种有触控功能的电脑，支持触摸屏的手机、MP3和数码相机也很多。但是这些已经存在的触控屏都是单点触控，只能识别和支持每次一个手指的触控、单击，若同时有两个以上的点被触碰，就不能做出正确反应，而多点触控技术能把任务分解为两方面工作，一是同时采集多点信号，二是对每路信号的意义进行判断，也就是所谓的手势识别，从而实现屏幕识别人的五个手指同时做的单击和触控动作。

触控技术在网页游戏上也有无限可能，以往多点触控的体验都仅限于 App，而现在的游戏对触控的广泛支持使开发团队能进一步设计出需要用上双手才能完成的关卡。

网页触控游戏

2.4 游戏素材的下载源

在游戏设计中资源共享是基于网络的资源分享，是众多的网络爱好者不求利益，把自己收集的一些资料通过一些平台共享给大家的一种资源交流方式。下面通过安卓游戏下载源以及苹果游戏下载源分层素材共享详细地讲解游戏界面设计中资源共享的设计需求。

2.4.1 安卓游戏的下载源

游戏界面分层素材共享主要是在所需要的分层素材网站上分享图文设计资源，图层文件、图文教程、图文软件的接收及下载的过程，分层素材共享可以帮助的制作和设计更加完整和具有创意。

下面将简单地介绍一些图标分层素材共享的网站，以便大家更好地下载和制作游戏界面。

站酷（ZCOOL），中国人气设计师互动平台，2006 年 8 月创立于北京。深耕设计领域十年，站酷聚集了480 万杰出设计师、摄影师、插画师、艺术家、创意人，每日会员发布原创作品 20000 幅，产生互动交流 200000 次，覆盖中国 300+ 城市，在设计创意群体中具有强大的影响力与号召力。

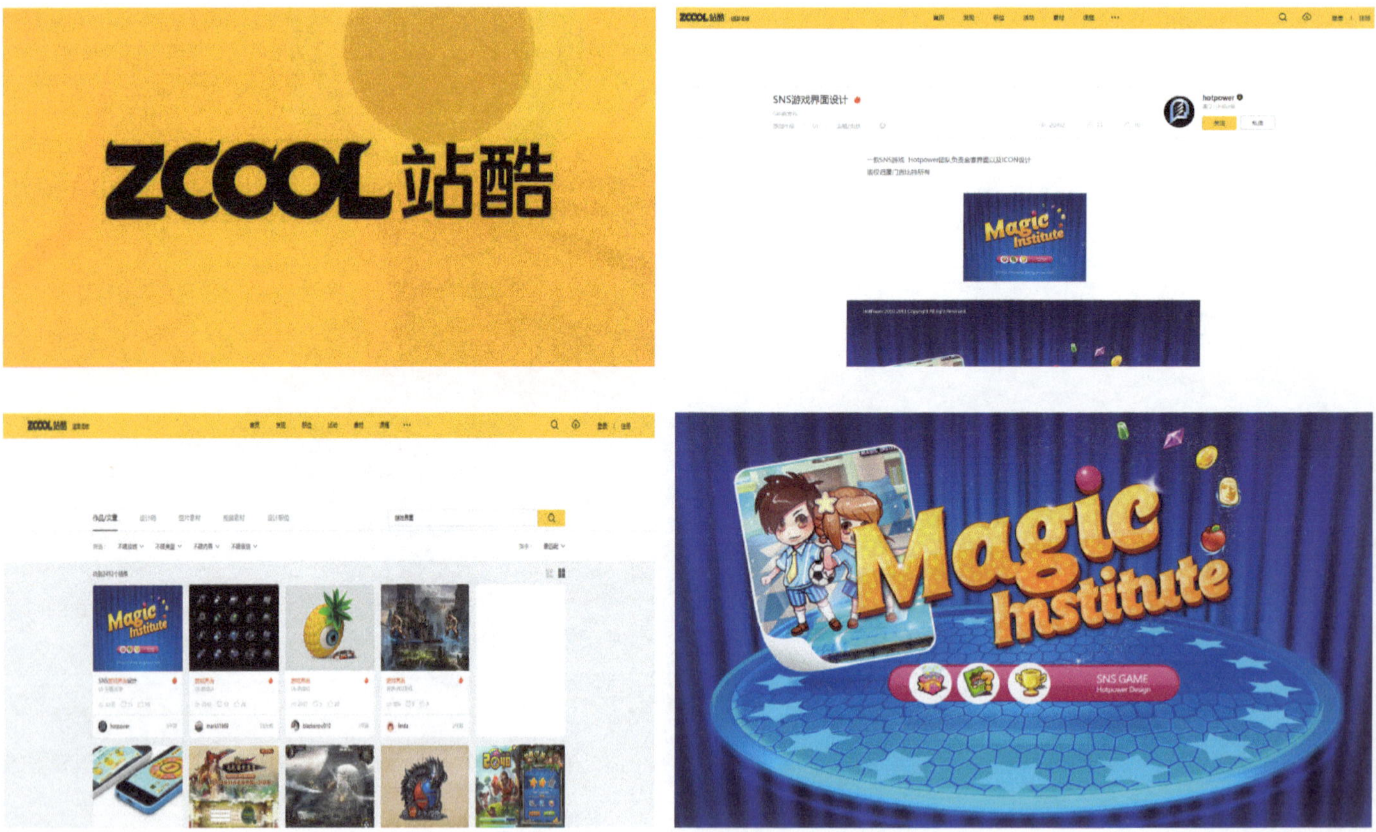

安卓游戏站酷网站下载源

昵图网成立于 2007 年 1 月 1 日，是中国第一设计 / 素材网站，是原创图片素材共享平台。昵图网的图基本都很大，在 2000 像素以上，图片都是经过精心挑选的，可以上传自己的好图片去换取积分，图片一旦被采纳，则会获得共享分，如果被别人下载，还可以获得其他共享资源，因此尽量多找些好图片上传，这样可以下载更多更好的图片。

安卓游戏昵图网站下载源

小编分享

昵图网版权问题。昵图网站内所有素材图片均由网友上传而来，昵图网不拥有此类素材图片的版权。昵图网内标明版权为共享、昵友原创、原创作品出售等图片素材均由网友上传用于学习交流之用，勿作它用；若需商业使用，需获得版权拥有者授权，并遵循国家相关法律、法规之规定。如因非法使用引起纠纷，一切后果由使用者承担。

黄蜂网拥有非常丰富的 UI 资源，包括游戏界面设计中的经典案例，界面设计精美并且画面中的分辨率也非常高。

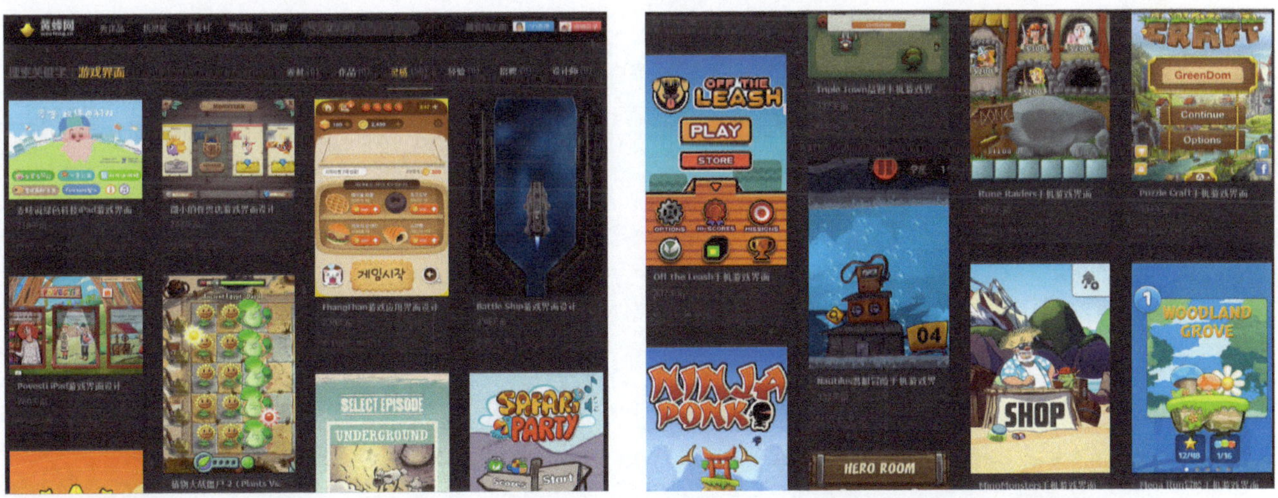

黄蜂网游戏分享资源

2.4.2 苹果游戏的下载源

苹果有 iOS 系统下载平台。系统支持 iPhone、iPhone 7、iPad mini4 和 iPad Pro、五代和六代 iPod Touch。用户需要先下载 iTunes，然后将 iOS 设备连接至 iTunes 即可更新新版操作系统。

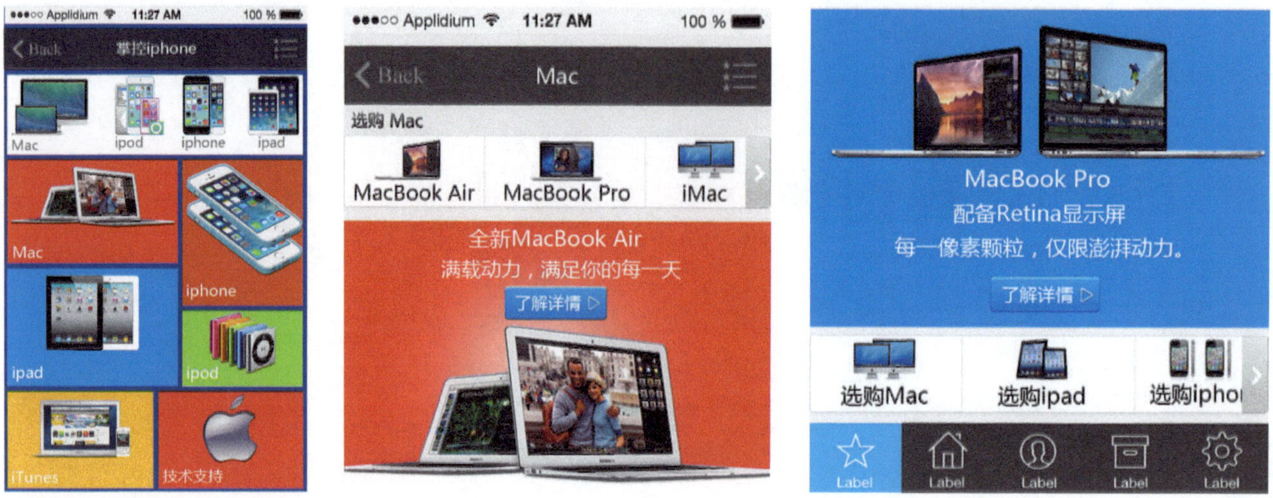

iOS系统App

面对众多的智能系统下载平台，很多人其实并不看重系统是什么，更加在乎的是使用智能手机时可以带来怎样的体验。说到体验，这自然而然就会和应用挂钩了。使用 iPhone 的用户都知道，苹果 App Store 的成功很大程度上都是取决于其大量且高质量的应用，这一点不容否认。如今 XY 苹果助手应用平台已经拥有接近 60 万的应用，下载量更是突破 250 亿。这样的成绩也给竞争对手带来了很大压力。

XY苹果助手下载平台

第3章

绘制游戏界面的家庭成员

本章将开始学习绘制游戏界面的基本要素，包括应用基本形状绘制游戏界面的基本图案、结合重复元素绘制闯关界面、混合色彩表现不同游戏、结合矢量对象制作游戏中的人和物，以及用不同图形与色彩的结合制作不同风格的游戏图标等。通过学习本章内容，读者可以认识和制作游戏界面的基本要素，了解游戏界面家庭成员的绘制方法。

3.1 应用基本形状绘制游戏界面的基本图案

游戏界面由很多细小的按钮和图标组成，一个小小的界面是众多元素的大合成，每一个图标和按钮都是应用基本形状绘制出来的。下面讲解 Photoshop 中的基本形状工具，以及如何运用这些基本形状工具绘制游戏界面中的基本图案。

在 Photoshop 的工具栏中有许多形状工具，包括圆角矩形工具、矩形工具、椭圆工具、多边形工具，以及钢笔工具。结合形状工具属性栏的设置，在画面上绘制需要的图形，是非常实用和方便的。下面欣赏运用基本形状工具绘制的形状和游戏按钮图标。

用矩形工具绘制的矩形

用圆角矩形工具绘制的圆角矩形

用椭圆工具绘制的圆形

用多边形工具绘制的五边形

用自定义形状工具绘制的图案

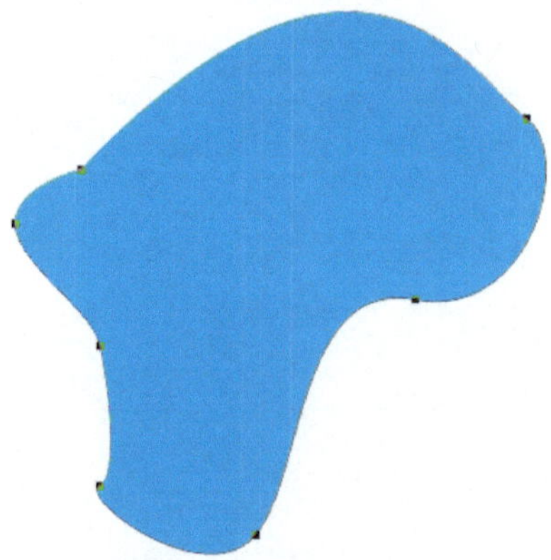
用钢笔工具绘制的不规则图形

用基本形状工具绘制的游戏按钮图标欣赏

3.1.1 制作游戏启动按钮

01 执行“文件>新建”命令，在弹出的“新建”对话框中设置各项参数及选项，设置完成后单击“确定”按钮，新建空白图像文件。

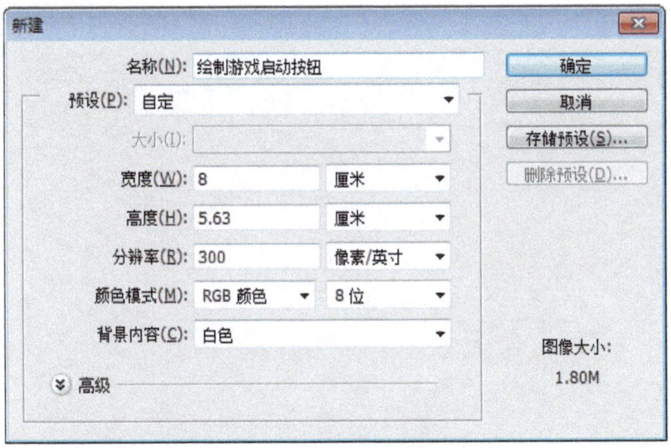

02 执行“文件>打开”命令，打开“图案1.jpg”文件，并拖曳到当前图像文件中，生成“图层1”， 按快捷键Ctrl+T变换图像大小，并将其平铺于整个画面。

03 使用矩形工具，在其属性栏中设置“填充”为黄灰色，“描边”为无，创建一个矩形形状。然后使用多边形工具，设置多边形的边数为5，单击“减去顶层形状”按钮，在矩形4个角的位置绘制4个大小相同的五边形，将矩形的4个角减去，可以通过旋转五边形的角度来控制位置和角度。

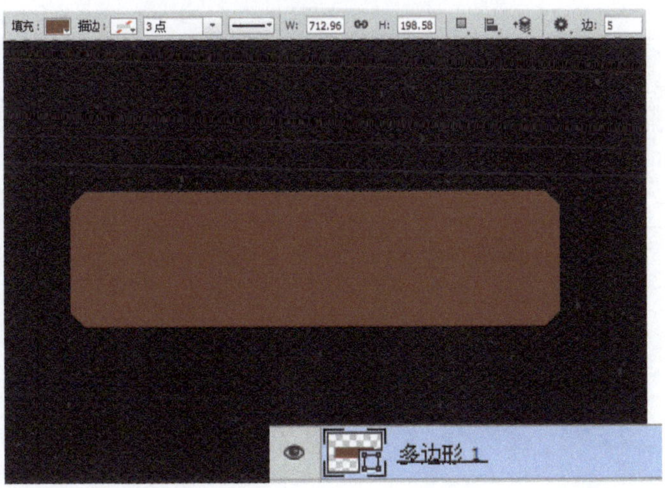

04 选择“多边形1”， 按快捷键Ctrl+J复制得到“多边形1拷贝”，将其移至“多边形1”下方，并设置前景色为黑色。按快捷键Alt+Delete，将“多边形1拷贝”的填色更改成为黑色。按快捷键Ctrl+T变换“多边形1拷贝”的大小，制作按钮下面的阴影效果。

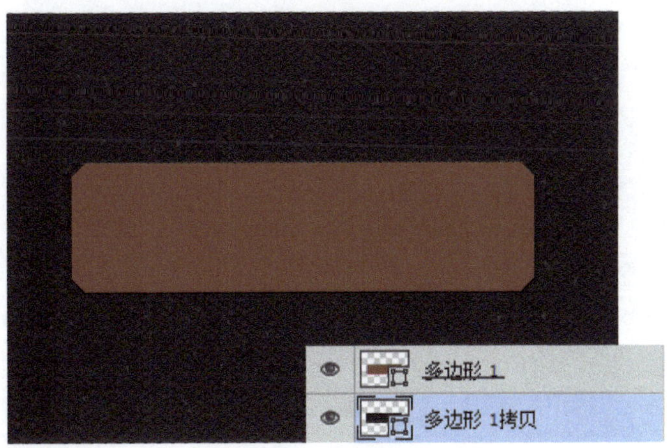

05 回到“多边形1”，执行“文件>打开”命令，打开“图案2.jpg”文件，并拖曳到当前图像文件中，生成“图层2”，按快捷键Ctrl+T变换图像大小，并将其放置到画面中间合适的位置，按住Alt键并单击鼠标左键，创建其图层剪贴蒙版。在“图层”面板中，设置其混合模式为“划分”，“不透明度”为40%，制作出按钮图标的质感。

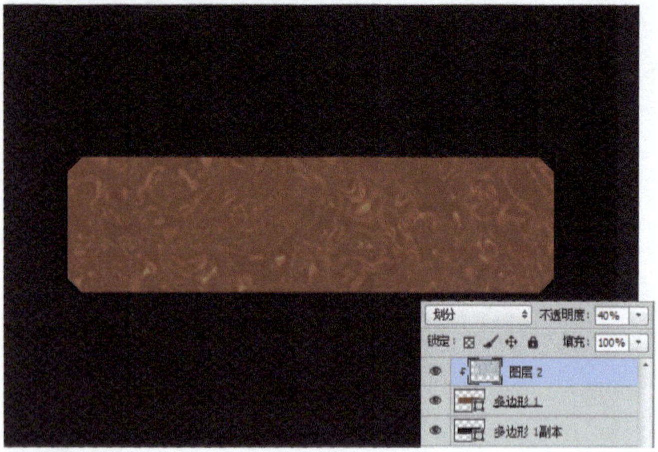

06 选择“多边形1”，按快捷键Ctrl+J复制得到“多边形1拷贝2”，将其移至图层上方，并设置前景色为灰色。按快捷键Alt+Delete，将“多边形1拷贝”的填色更改为灰色。使用钢笔工具，结合其属性栏的设置，在画面上绘制需要的图形，制作按钮上的层次划分。

07 选择“多边形1拷贝2”，单击“添加图层样式”按钮fx，选择“内阴影”选项并设置参数，制作图层样式。

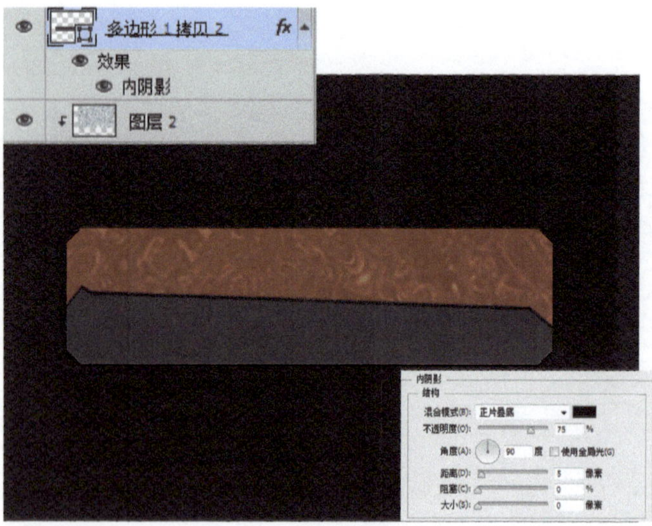

08 选择“图层2”，按快捷键Ctrl+J复制得到“图层2拷贝”，将其移至图层上方，按住Alt键并单击鼠标左键，创建其图层剪贴蒙版。在其“图层”面板中，设置混合模式为“划分”，“不透明度”为40%，继续制作按钮图标的质感。

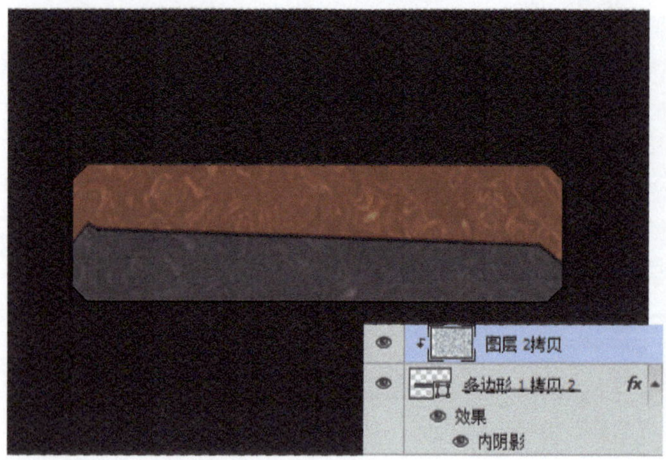

09 选择“多边形1”，按快捷键Ctrl+J复制得到“多边形1拷贝3”，将其移至图层上方，并设置前景色为暗黄灰色。按快捷键Alt+Delete，将“多边形1拷贝3”的填色更改为暗黄灰色，继续制作按钮图标的层次。

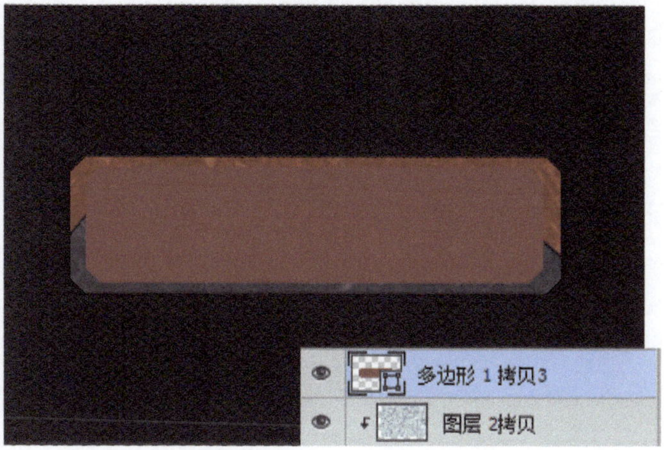

10 选择“多边形1”，按快捷键Ctrl+J复制得到“多边形1拷贝4”，将其移至图层上方，并设置前景色为灰色。按快捷键Alt+Delete，将“多边形1拷贝4”的填色更改为灰色。使用钢笔工具，结合其属性栏的设置，在画面上绘制需要的图形。使用和“多边形1拷贝2”相同的“内阴影”图层样式，制作按钮图标的效果。

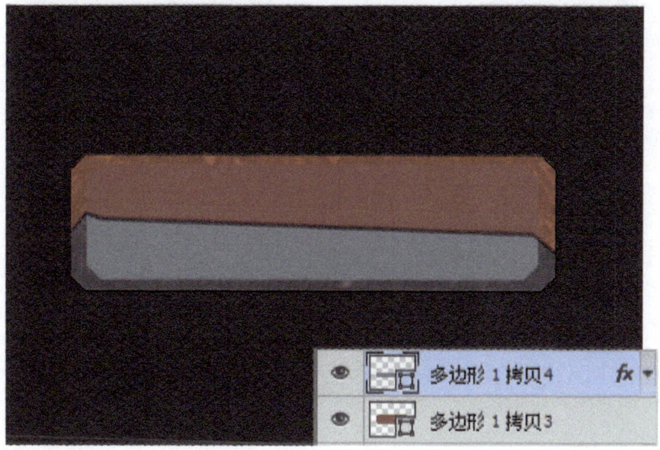

11 单击钢笔工具按钮，在其属性栏中设置属性为“形状”，“填色”为橘灰色，在按钮的右方绘制需要的形状，得到“形状1”。单击“添加图层蒙版”按钮，使用渐变工具，设置渐变颜色为黑色到透明色的线性渐变，并在其蒙版上从上到下拖动，制作按钮上的反光效果。

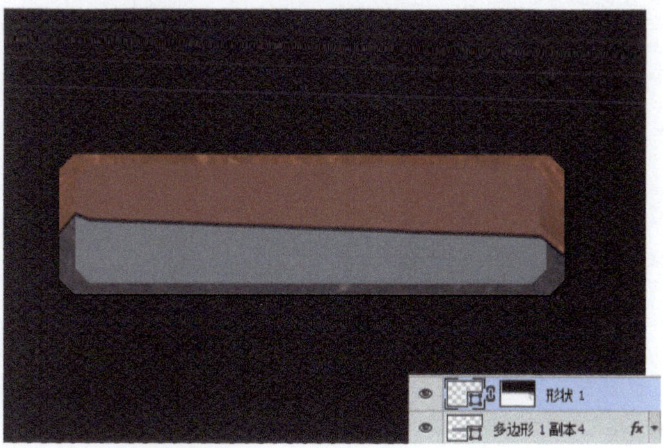

12 使用钢笔工具，在其属性栏中设置属性为“形状2”，“填色”为无，描边为橘灰色、大小为0.25点的实线，在画面中图标上方的边缘绘制其光感。单击“添加图层蒙版”按钮，单击画笔工具按钮，选择柔角画笔并适当调整大小及透明度，在蒙版上把不需要的部分加以涂抹，制作按钮图标的光感。

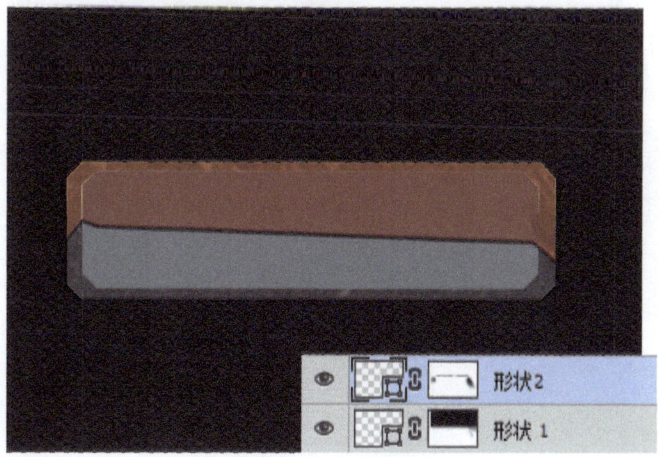

13 选择“形状2”，按快捷键Ctrl+J复制得到“形状2拷贝”。按快捷键Ctrl+T变换图像方向并将其放置于图标下方。继续使用画笔工具，选择柔角画笔并适当调整大小及透明度，在蒙版上把不需要的部分加以涂抹，制作按钮图标下方的发光样式。

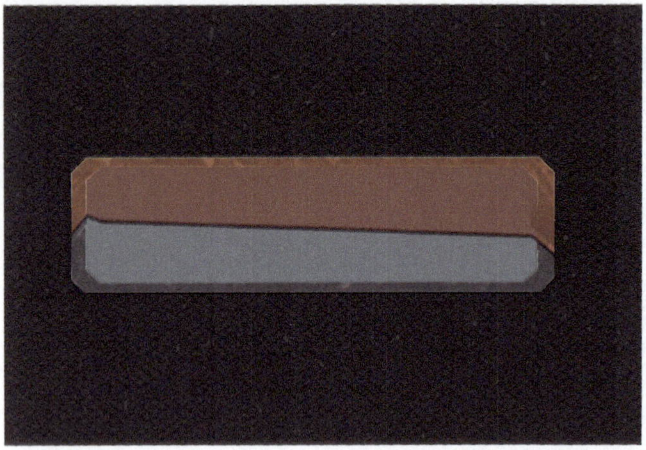

14 选择“多边形1”，按快捷键Ctrl+J复制得到“多边形1拷贝5”，将其移至图层上方，并设置前景色为黑色。按快捷键Alt+Delete将“多边形1拷贝5”的填色更改为黑色。按快捷键Ctrl+T变换图像大小，并将其放置于按钮中间合适的位置。

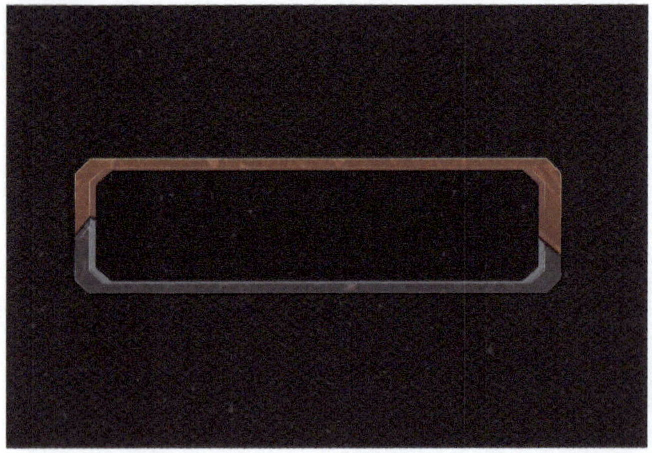

15 选择“多边形1”，按快捷键Ctrl+J复制得到“多边形1拷贝6”。按快捷键Ctrl+T变换图像大小，并将其放置于按钮中间合适的位置。单击“添加图层样式”按钮，选择“渐变叠加”选项并设置参数，制作图层样式。

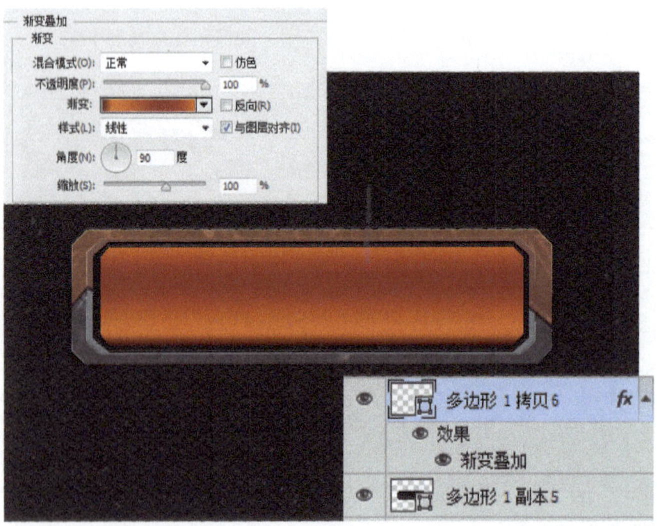

16 使用横排文字工具，设置前景色为黄色，输入所需文字，双击文字图层，在其属性栏中设置文字的字体样式及大小，将其放置于按钮中间合适的位置。

17 选择文字图层，单击“添加图层样式”按钮 fx，选择“投影”选项并设置参数，然后选择“斜面和浮雕”选项并设置参数，制作文字样式。

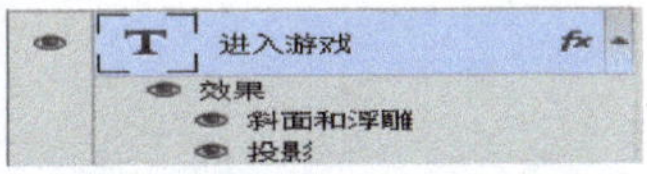

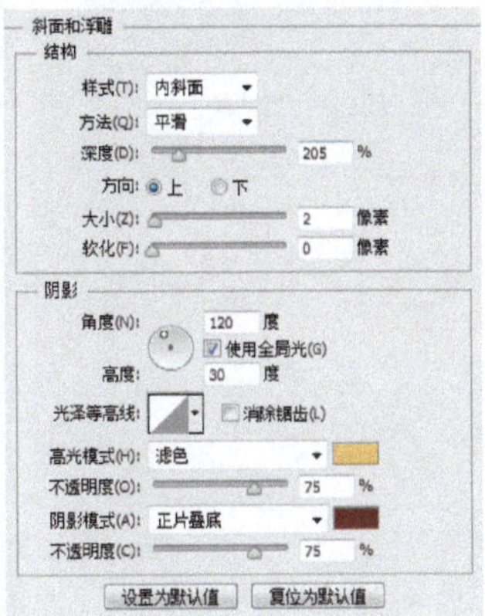

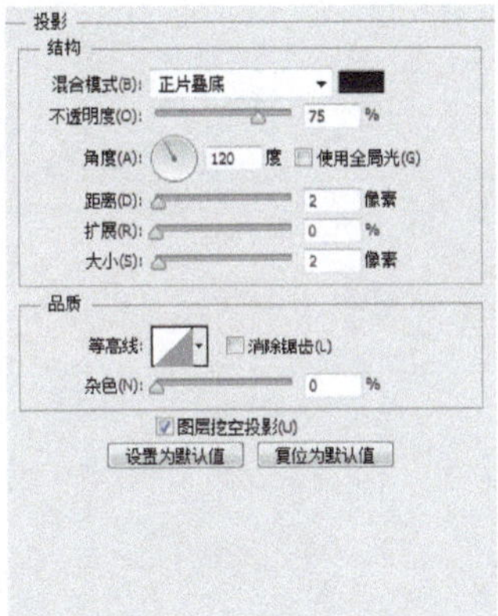

18 将文字的图层样式制作完毕后的效果。

19 执行“文件>打开”命令，打开“图案3.jpg”文件，拖曳到当前图像文件中，生成“图层3”，按快捷键Ctrl+T变换图像大小，将其放置于图标上方合适的位置，在其“图层”面板中设置混合模式为“划分”，“不透明度”为25%。选择按钮的选区，单击“添加图层蒙版”按钮，使用画笔工具，选择柔角画笔并适当调整大小及透明度，在蒙版上把不需要的部分加以涂抹，制作图标的质感。

20 选择“多边形1”，按快捷键Ctrl+J复制得到“多边形1拷贝7”，将其移至图层上方，并设置前景色为黑色，按快捷键Alt+Delete将“多边形1拷贝5”的填色更改为黑色按快捷键Ctrl+T变换图像大小，将其放置于按钮中间合适的位置。在其“图层”面板中设置“填充”为0%。单击“添加图层样式”按钮 fx，选择“内阴影”选项并设置参数，制作图层样式。

21 使用钢笔工具，在其属性栏中设置属性为“形状”，“填色”为橘灰色，“描边”为无，在“图层2”上方、“多边形 1 拷贝 7”下方，绘制图标左下侧的立体阴影效果，得到“形状3”。

22 回到“多边形1拷贝 7”，按快捷键Ctrl+J复制得到“多边形1拷贝8”。按快捷键Ctrl+T变换图像方向，将其移至按钮下方合适的位置。单击“添加图层蒙版”按钮，使用画笔工具，选择柔角画笔并适当调整大小及透明度，在蒙版上把不需要的部分加以涂抹。

23 选择“形状3”，按快捷键Ctrl+J复制得到“形状3拷贝”，将其移至图层上方。按快捷键Ctrl+T变换图像方向，将其放置于图标右下方合适的位置，制作图标的右下侧的立体阴影效果。

24 使用钢笔工具，在其属性栏中设置属性为“形状2”，“填色”为无，“描边”为橘灰色、大小为0.25的实线，在绘制的图标上方绘制立体的高光线条，依次得到“形状4”和“形状5”。

25 按住Shift键，选择“形状4”和“形状5”，按快捷键Ctrl+J复制得到“形状4拷贝”和“形状5拷贝”。按快捷键Ctrl+T变换图像方向，将其放置于图标左上方合适的位置，将图标前面的立体效果制作完整。

26 使用钢笔工具，在其属性栏中设置属性为“形状”，“填色”为灰色，在图标右侧绘制灰色的形状，得到“形状6”，制作按钮右侧的凹陷效果。

27 使用钢笔工具，在其属性栏中设置属性为“形状”，“填色”为白色，在按钮的左下侧绘制需要的高光图案，得到“形状7”。单击“添加图层蒙版”按钮，使用渐变工具和画笔工具，选择柔角画笔并适当调整大小及透明度，在蒙版上把不需要的部分加以涂抹。

28 使用和上一个步骤相同的方法，在按钮的右下侧绘制需要的高光图案，得到“形状8”。单击“添加图层蒙版”按钮，使用渐变工具和画笔工具，选择柔角画笔并适当调整大小及透明度，在蒙版上把不需要的部分加以涂抹。至此，本实例制作完成。

3.1.2 制作游戏进度条

01 执行“文件>新建”命令，在弹出的“新建”对话框中设置各项参数及选项，设置完成后单击“确定”按钮，新建空白图像文件。

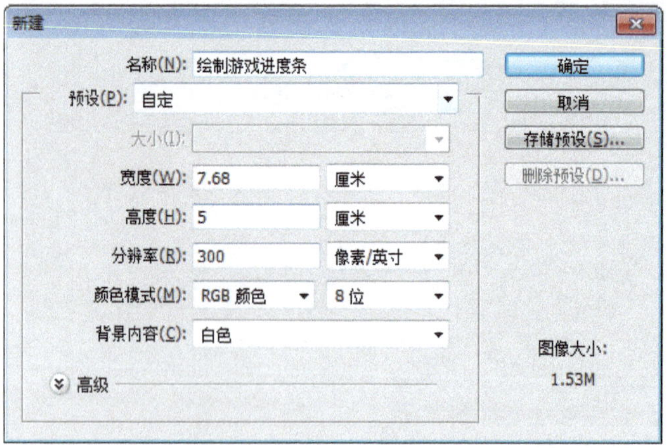

02 执行“文件>打开”命令，打开“背景.jpg”文件，拖曳到当前图像文件中，生成“图层1”，按快捷键Ctrl+T变换图像大小，并将其平铺于画面中。

03 使用圆角矩形工具，在其属性栏中设置“填充”为黄色，“描边”为无，在画面中间绘制进度条的形状，得到“圆角矩形1”。

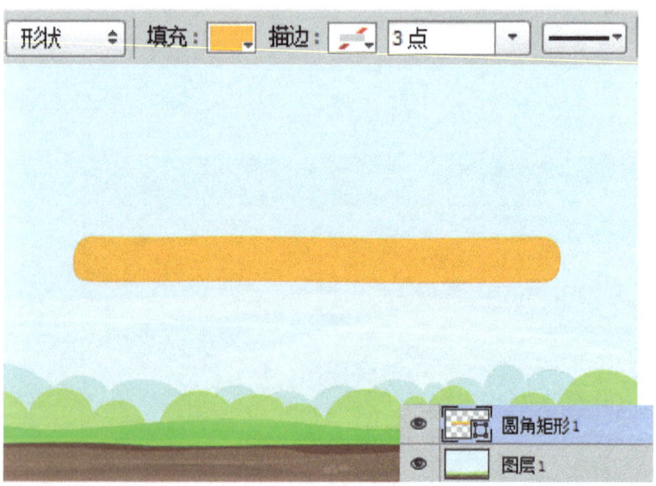

04 选择“圆角矩形1”，单击“添加图层样式”按钮，选择“内阴影”选项并设置参数，制作图层样式。

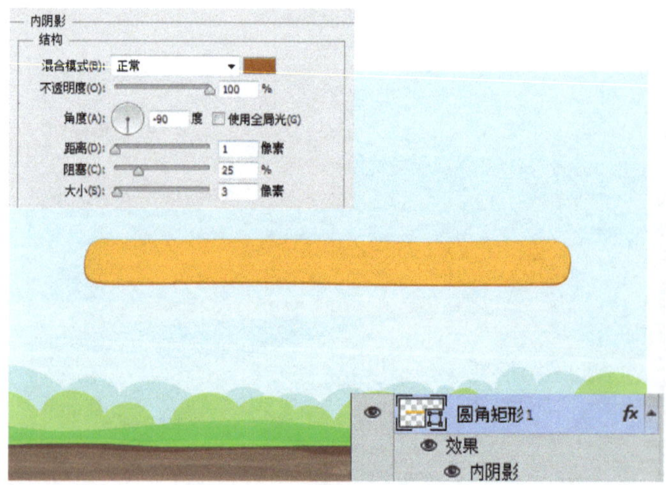

05 单击“添加图层样式”按钮[fx]，选择“渐变叠加”选项并设置参数，制作图层样式。

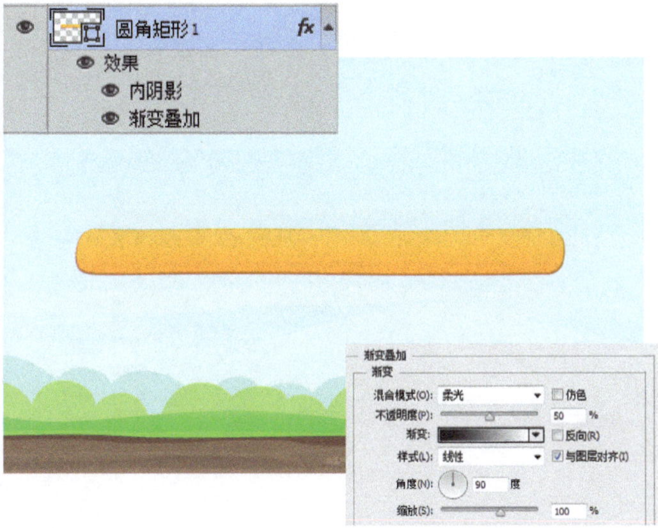

06 使用圆角矩形工具，在其属性栏中设置“填充”为棕黄色，“描边”为无，继续在画面中间绘制进度条上面的形状，得到“圆角矩形2”。

07 选择“圆角矩形2”，单击“添加图层样式”按钮[fx]，选择“内阴影”选项并设置参数，制作图层样式。

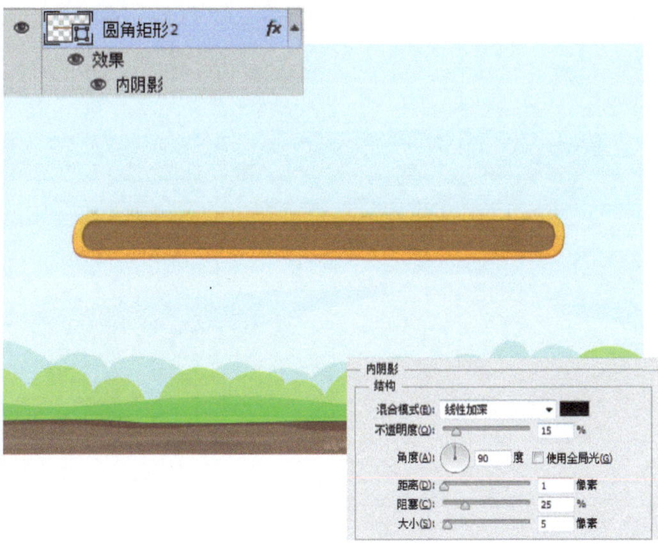

08 单击“添加图层样式”按钮[fx]，选择“渐变叠加”选项并设置参数，制作图层样式。

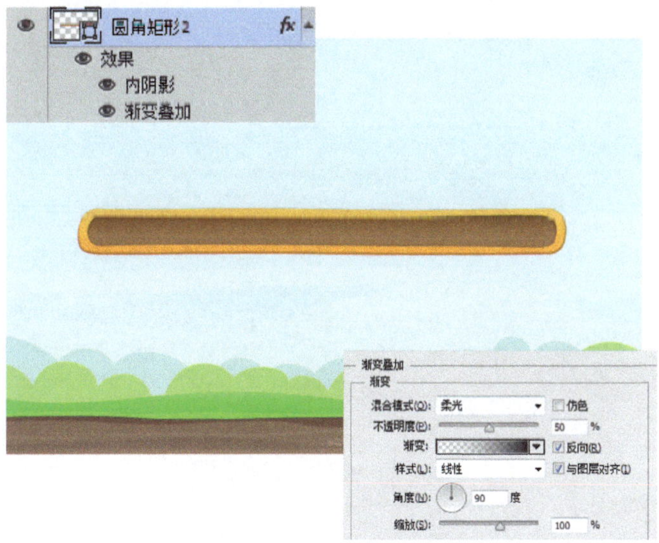

09 使用圆角矩形工具，在其属性栏中设置“填充”为蓝灰色，“描边”为无，继续在画面中间绘制进度条上面的形状，得到“圆角矩形3”。

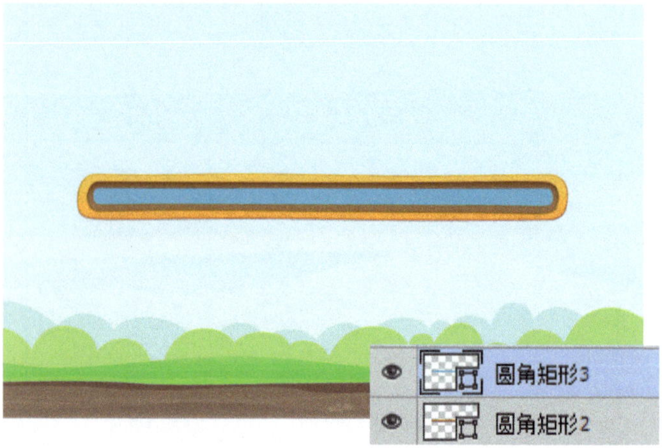

10 选择“圆角矩形3”，单击“添加图层样式”按钮，选择“内阴影”选项并设置参数，制作图层样式。

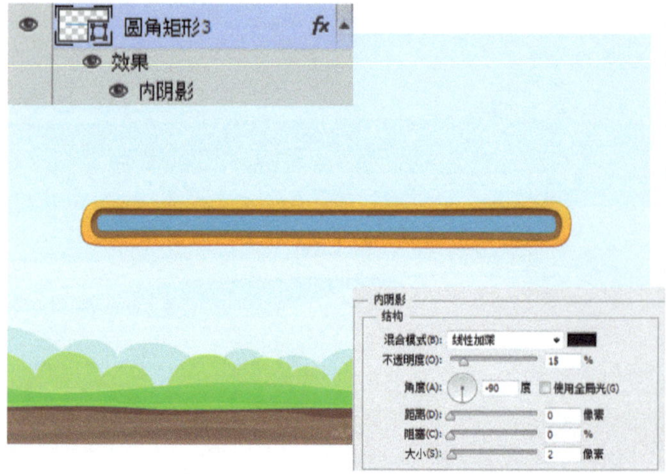

11 单击“添加图层样式”按钮，选择“渐变叠加”选项并设置参数，制作图层样式。

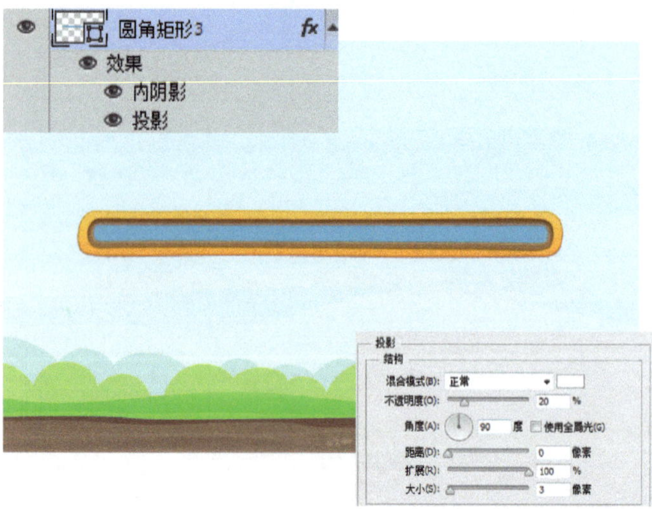

12 使用圆角矩形工具，在其属性栏中设置“填充”为绿色，“描边”为无，继续在画面中间绘制进度条上面的形状，得到“圆角矩形4”。

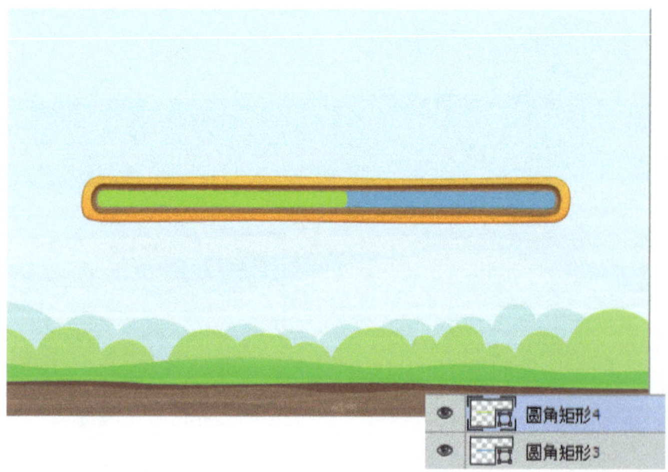

小编分享

圆角矩形工具的选项栏中左边起第二、三、四个按钮，分别为“形状图层”“路径”“填充像素”。“填充像素”按钮用于生成快速蒙版，“路径”按钮用于在路径面板生成路径层，“形状图层”按钮用于生成带路径矢量蒙版的图层。单击“形状图层”按钮，生成需要大小的路径图层，将该层置于要生成圆角图片的层下，按快捷键Ctrl+G连接即可。

13 选择“圆角矩形4”，单击“添加图层样式”按钮fx，选择“斜面和浮雕”选项并设置参数，制作图层样式。

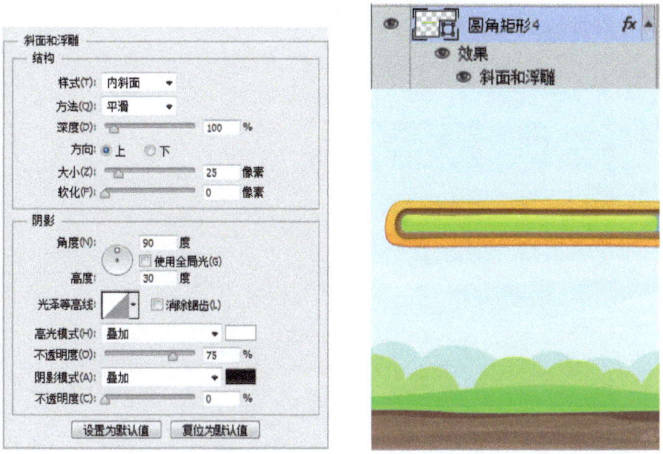

14 单击“添加图层样式”按钮fx，选择“内发光”选项并设置参数，制作图层样式。

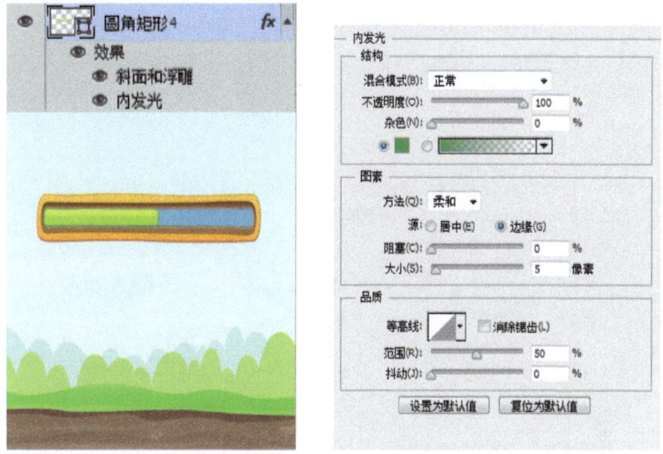

15 单击“添加图层样式”按钮fx，选择“渐变叠加”选项并设置参数，制作图层样式。

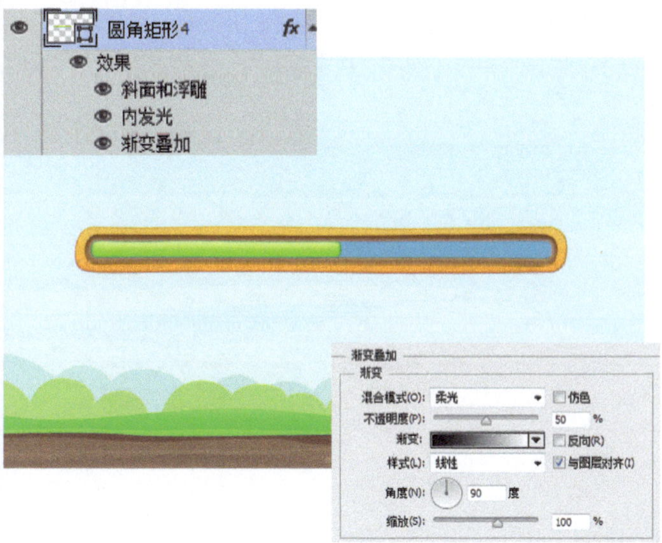

16 使用钢笔工具，在其属性栏中设置“填充”为白色，“描边”为无，分别使用圆角矩形工具和椭圆工具，结合属性栏的设置，在画面上绘制需要的旗帜图形，得到“形状1”。

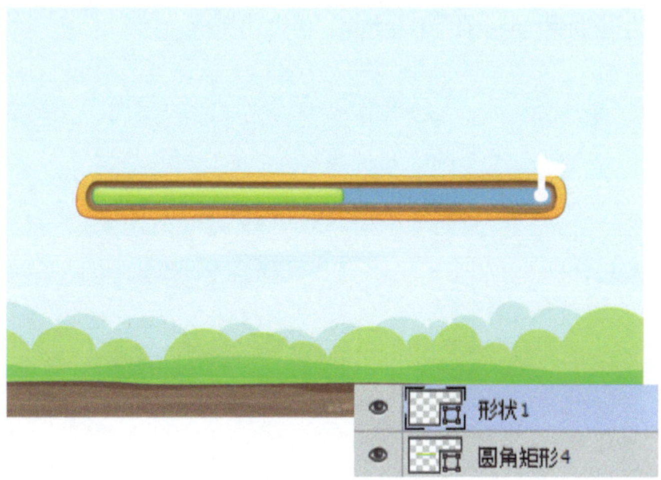

17 选择“形状1”，单击“添加图层样式”按钮fx，选择“投影”选项并设置参数，制作图层样式。

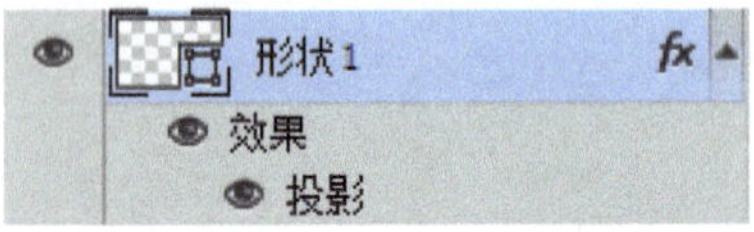

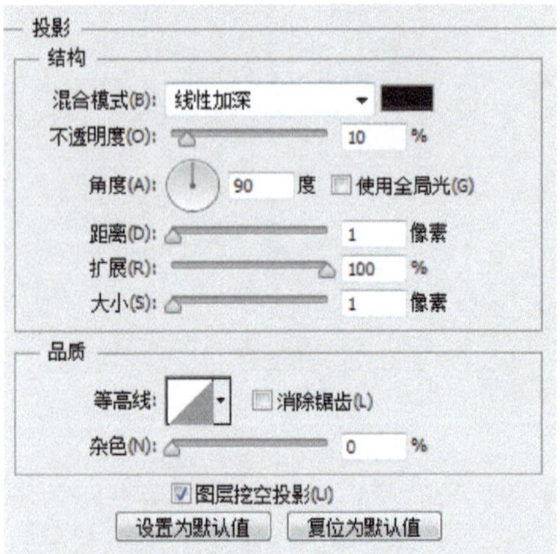

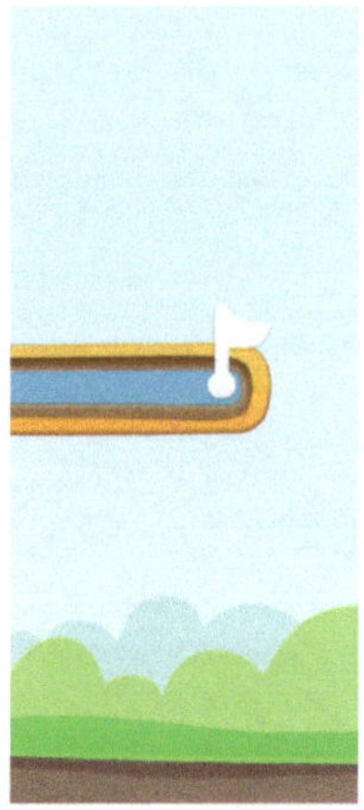

18 使用钢笔工具，在其属性栏中设置“填充”为红色，“描边”为无，在旗帜上绘制旗帜的颜色，得到“形状2”。单击“添加图层样式”按钮fx，选择“渐变叠加”选项并设置参数，制作图层样式。

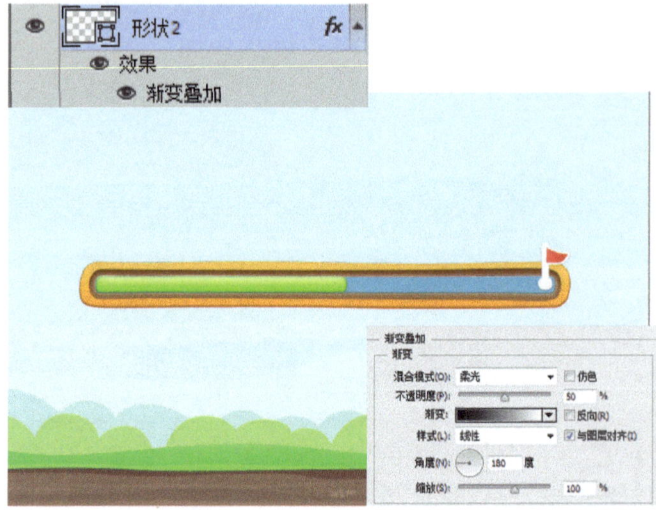

19 使用圆角矩形工具，设置“填充”为棕色，“描边”为无，使用椭圆工具结合其形状属性栏的设置，在画面上绘制旗帜的旗杆形状和颜色，得到“圆角矩形5”。

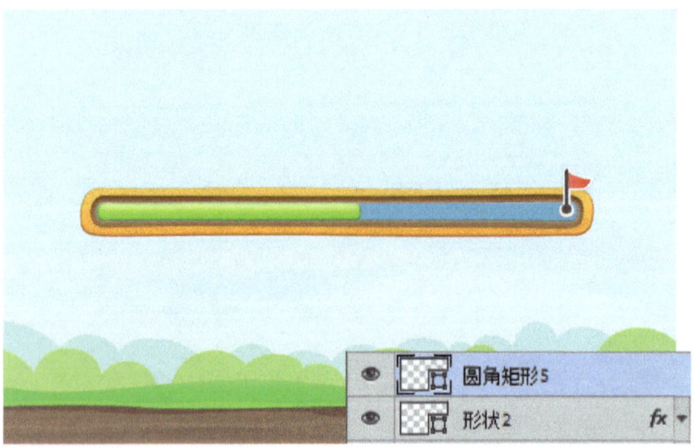

20 使用钢笔工具，在其属性栏中设置“填充”为粉红色，“描边”为无，在画面上的进度条上绘制小虫子的外形，得到“形状3”。

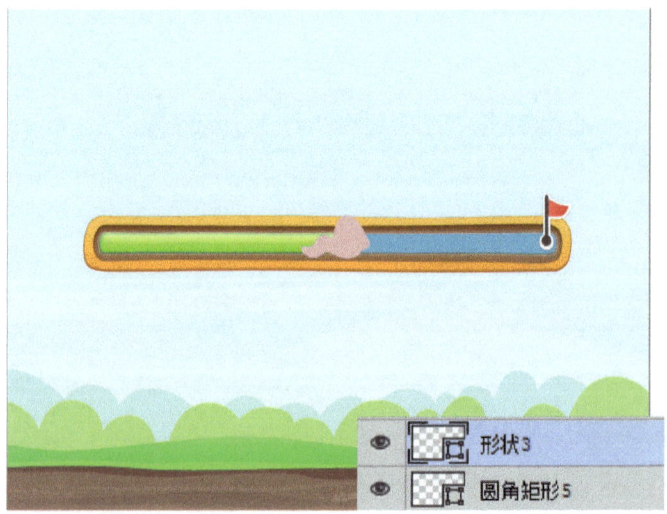

21 选择“形状3”，单击“添加图层样式”按钮，选择“内阴影”选项并设置参数，选择“渐变叠加”选项并设置参数，选择“投影”选项并设置参数，制作图层样式。

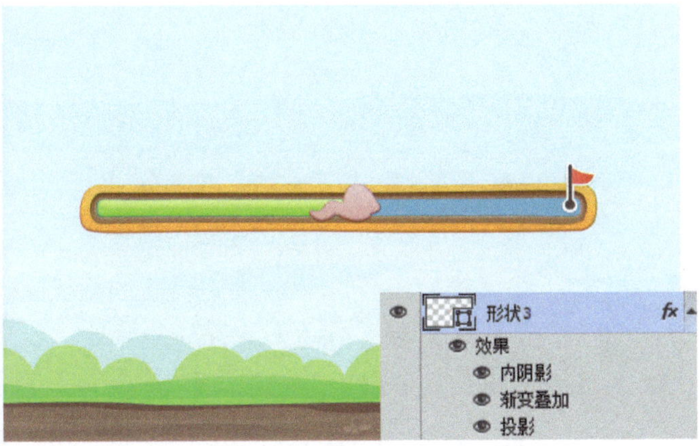

22 使用椭圆工具，在其属性栏中设置“填充”为白色，“描边”为无，在画面上绘制“椭圆1”。按快捷键Ctrl+T变换图像方向，将其放置于绘制好的小虫的身体上作为眼睛。单击“添加图层样式”按钮，选择“投影”选项并设置参数，制作图层样式。

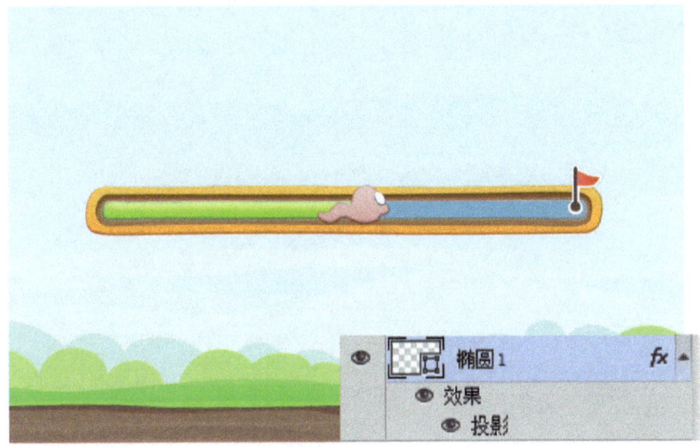

23 选择“椭圆1”，按快捷键Ctrl+J复制得到“椭圆1拷贝”，按快捷键Ctrl+T变换图像大小，并将其放置到前面合适的位置，将画面中的小虫子的眼睛绘制出来。

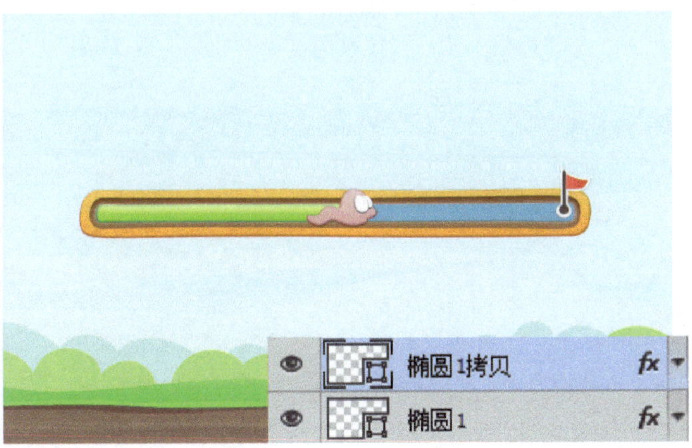

24 选择“椭圆1”，按快捷键Ctrl+J复制得到“椭圆1拷贝2”，将其“投影”图层样式删除，设置前景色为黑色，按快捷键Alt+Delete，设置“填充”颜色为黑色，制作小虫子的眼睛。

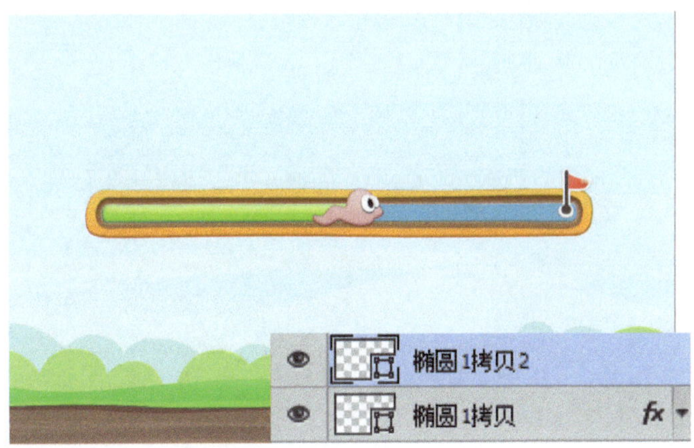

25 使用钢笔工具，在其属性栏中设置属性为“形状”，“填色”为白色，在绘制好的小虫子上绘制嘴巴，得到“形状4”。单击“添加图层样式”按钮，选择“内阴影”选项并设置参数，制作图层样式。

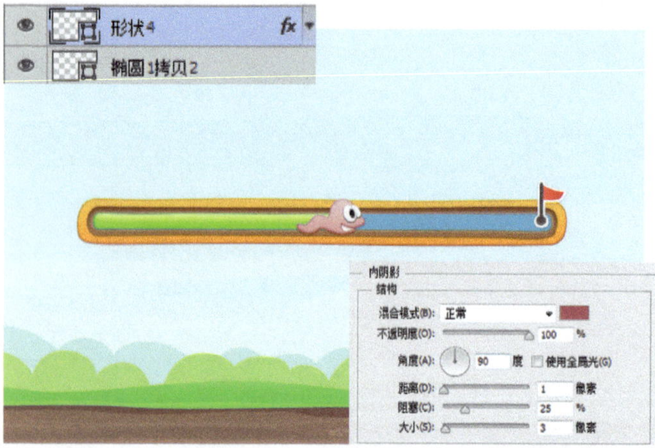

26 选择“椭圆1拷贝2”，按快捷键Ctrl+J复制得到“椭圆1拷贝3”，将其移至图层上方，按快捷键Ctrl+T变换图像大小，将其放置于其后面更合适的位置，将小虫子的眼睛制作完整。

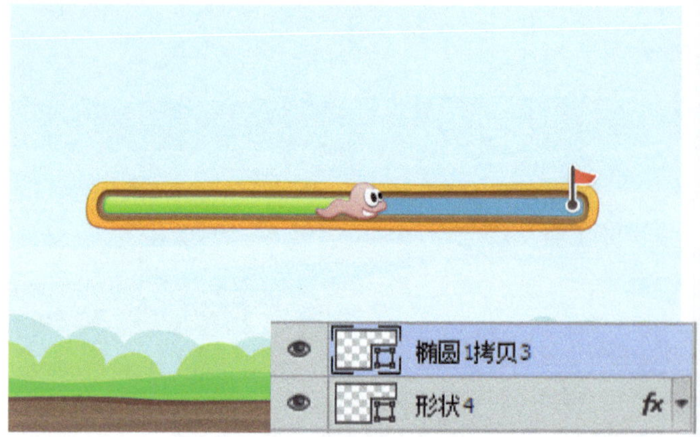

27 使用横排文字工具，设置前景色为白色，输入所需文字，双击文字图层，在其属性栏中设置文字的字体样式及大小，将其放置于画面上合适的位置。单击“添加图层样式”按钮，选择“投影”选项并设置参数，制作图层样式。

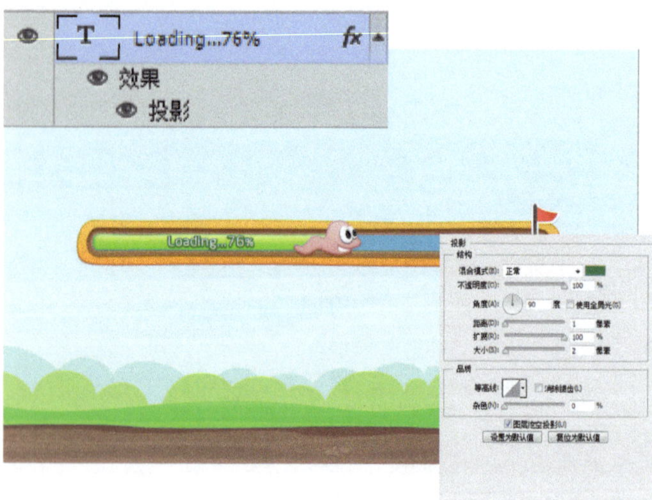

28 单击“创建新的填充或调整图层”按钮，在弹出的菜单中选择“色相/饱和度”选项并设置参数，调整画面的色调。至此，本实例制作完成。

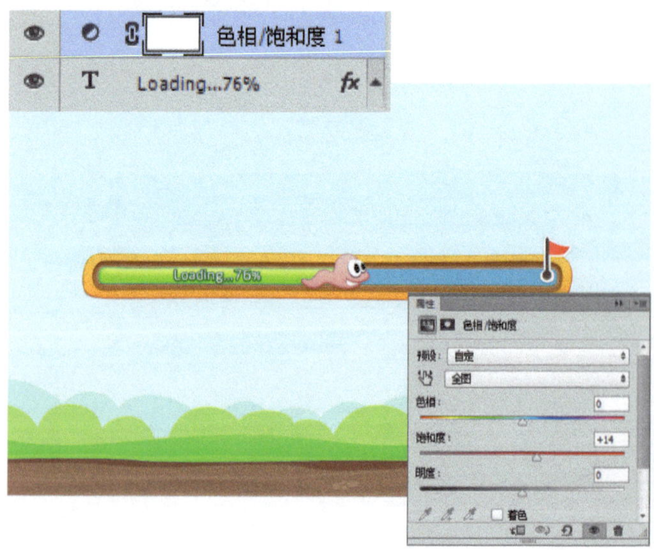

3.1.3 制作游戏开关按钮

01 执行“文件>新建”命令，在弹出的“新建”对话框中设置各项参数及选项，设置完成后单击“确定”按钮，新建空白图像文件。

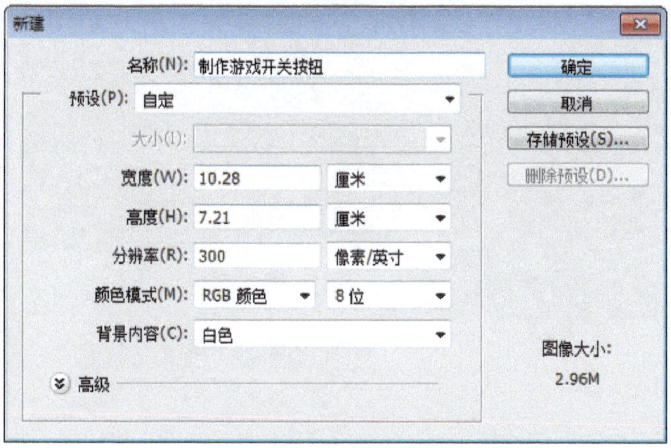

02 单击“创建新的填充或调整图层”按钮，在弹出的菜单中选择“图案填充”选项并设置参数。单击“添加图层样式”按钮，选择“渐变叠加”选项并设置参数，制作画面的背景。

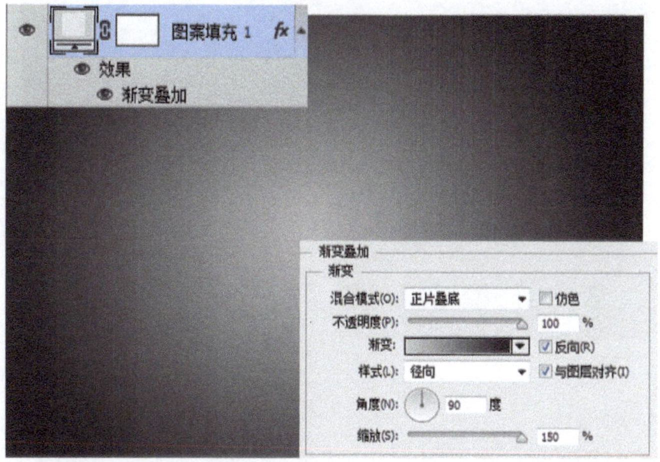

03 单击椭圆工具，在其属性栏中设置“填充”为黑色，“描边”为无，按住Shift键并拖动光标在画面中间绘制黑色的圆，得到“椭圆1”。

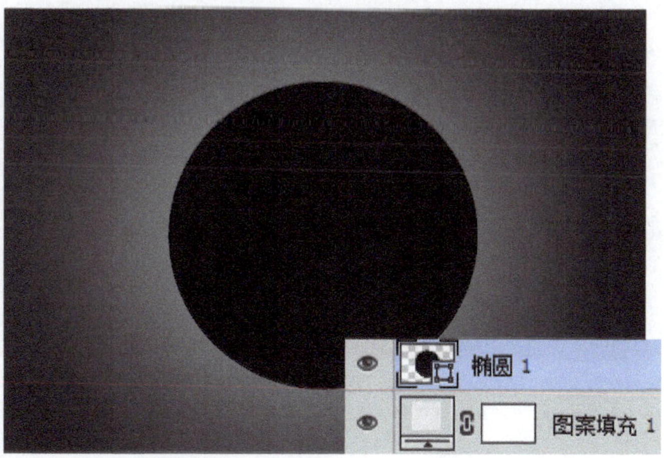

04 选择绘制的“椭圆1”，单击“添加图层样式”按钮，选择“斜面和浮雕”选项并设置参数，制作图层样式。

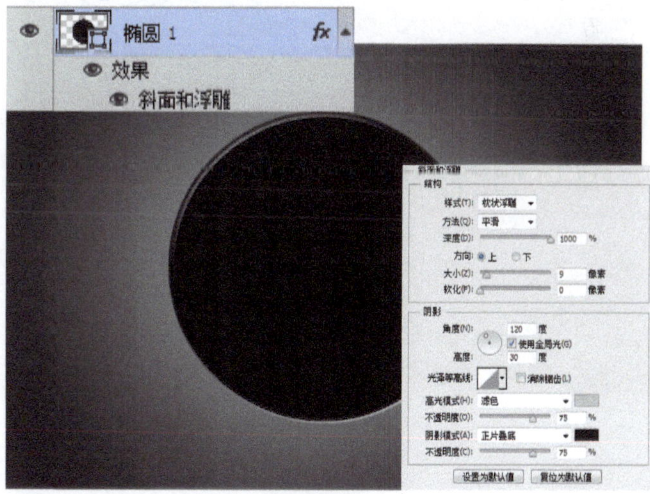

05 单击“添加图层样式”按钮[fx]，选择“渐变叠加”选项并设置参数，制作图层样式。

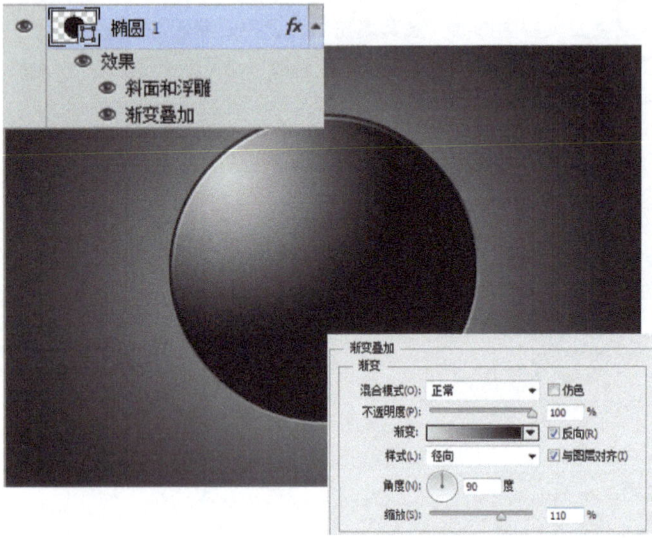

06 选择“椭圆1”，按快捷键Ctrl+J复制得到“椭圆1拷贝”，删除其图层样式，按快捷键Ctrl+T变换图像大小，并将其放置于画面中间合适的位置。

07 选择“椭圆1拷贝”，单击“添加图层样式”按钮[fx]，选择“描边”选项并设置参数，制作图层样式。

08 在“椭圆1拷贝”上单击“添加图层样式”按钮[fx]，选择“内发光”选项并设置参数，制作图层样式。

09 在“椭圆1拷贝”上单击“添加图层样式”按钮fx，选择“渐变叠加”选项并设置参数，制作图层样式。

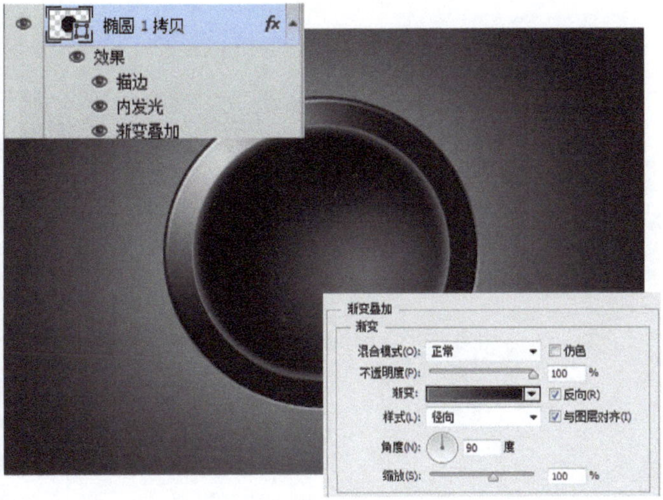

10 在“椭圆1拷贝”上单击“添加图层样式”按钮fx，选择“投影”选项并设置参数，制作图层样式。

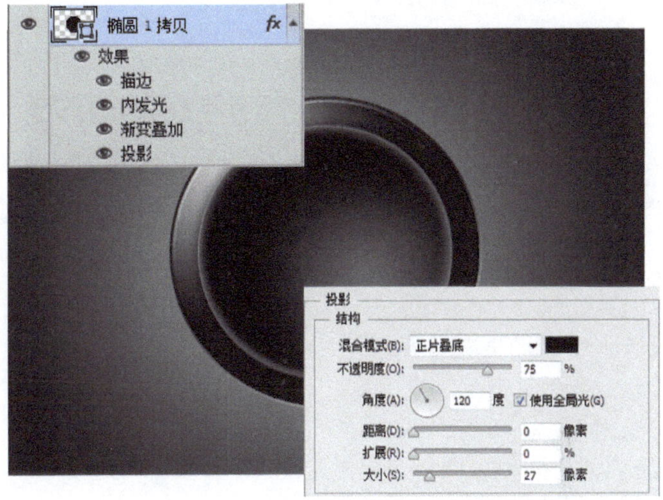

11 选择“椭圆1”，按快捷键Ctrl+J复制得到“椭圆1拷贝2”，将其移至图层上方，删除其图层样式，按快捷键Ctrl+T变换图像大小，并将其放置于画面中间合适的位置。使用椭圆工具，结合属性栏的设置，在画面上绘制圆环图形。

12 选择“椭圆1拷贝2”，单击“添加图层样式”按钮fx，选择“斜面和浮雕”选项并设置参数，制作图层样式。

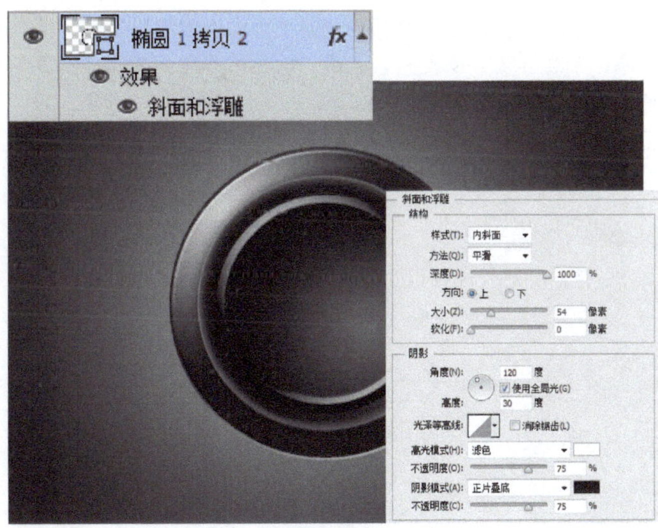

小编分享

在绘制需要的图案时可以根据图案的形状选择需要的形状工具，结合其属性栏的设置，在画面上绘制需要的图形。

13 选择“椭圆1拷贝2”，单击“添加图层样式”按钮，选择“颜色叠加”选项并设置参数，选择“外发光”选项并设置参数，制作图层样式。

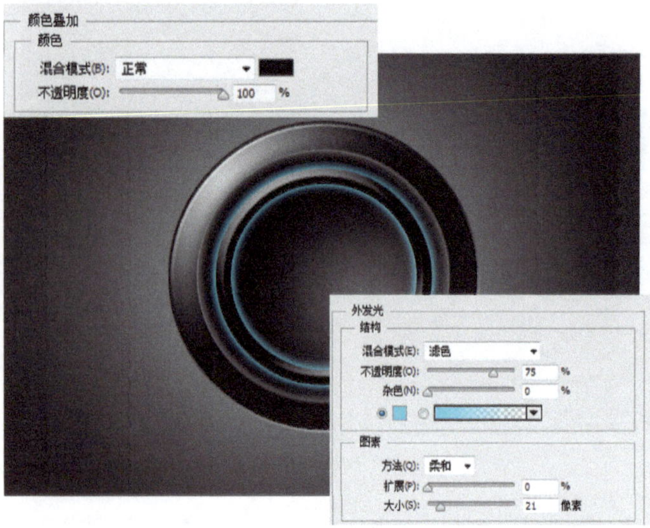

14 在“椭圆1拷贝2”上，单击“添加图层样式”按钮，选择“投影”选项并设置参数，制作图层样式。

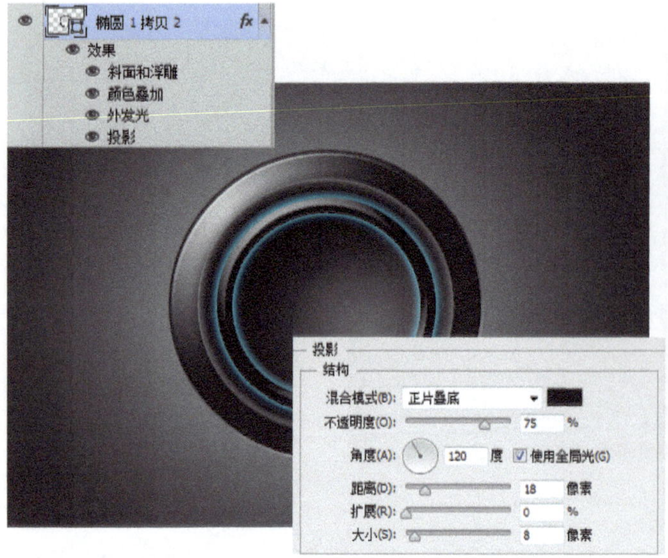

15 选择“椭圆1”，按快捷键Ctrl+J复制得到“椭圆1拷贝3”，删除其图层样式，将其移至图层上方，按快捷键Ctrl+T变换图像大小，并将其放置于画面中合适的位置。单击“添加图层样式”按钮，选择“斜面和浮雕”选项并设置参数，制作图层样式。

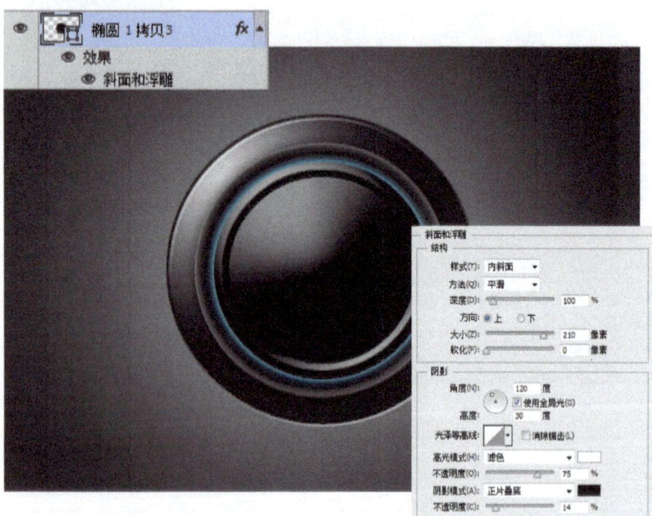

16 在“椭圆1拷贝3”上单击“添加图层样式”按钮，选择“描边”选项并设置参数，制作图层样式。

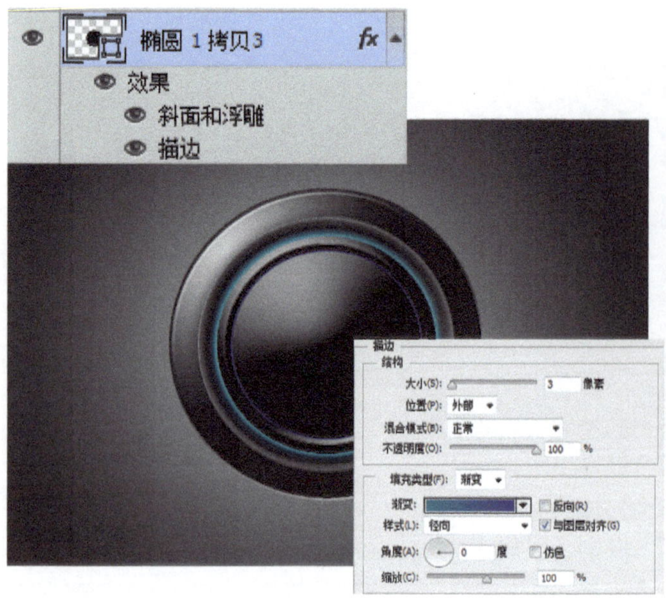

17 在“椭圆1拷贝3”上，单击“添加图层样式”按钮，选择“渐变叠加”选项并设置参数，制作图层样式。

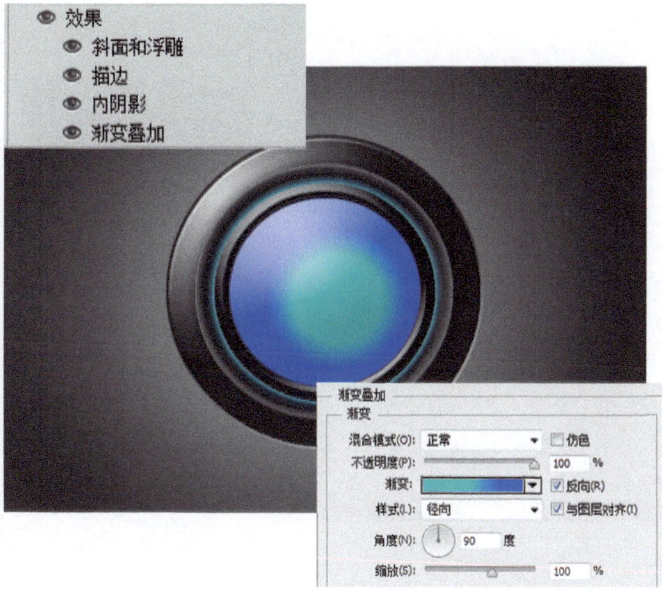

18 在“椭圆1拷贝3”上，单击“添加图层样式”按钮，选择“内阴影”选项并设置参数，制作图层样式。

19 单击椭圆工具，在其属性栏中设置“填充”为亮灰色，“描边”为无，在画面上绘制需要的图形，得到“椭圆2”。

20 使用椭圆工具，在其属性栏中设置“填充”为亮灰色，“描边”为无，在画面上绘制需要的图形，得到“椭圆3”，将画面中的开关按钮的大体形状绘制出来。

21 按住Shift键并选择“椭圆2”和“椭圆3”，按快捷键Ctrl+G新建“组1”。单击“添加图层样式”按钮[fx]，选择“内发光”选项并设置参数，制作图层样式。

22 选择“组1”，单击“添加图层样式”按钮[fx]，选择“外发光”选项并设置参数，制作图层样式。

23 选择“组1”，单击“添加图层样式”按钮[fx]，选择“投影”选项并设置参数，制作开关按钮的图层样式。

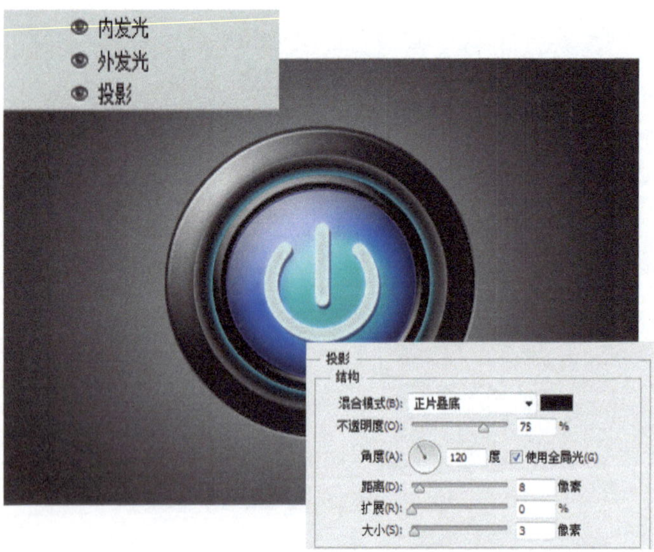

24 单击“创建新的填充或调整图层”按钮[●]，在弹出的菜单中选择“色相/饱和度”选项并设置参数，调整画面的色调，使其颜色更加明亮。至此，本实例制作完成。

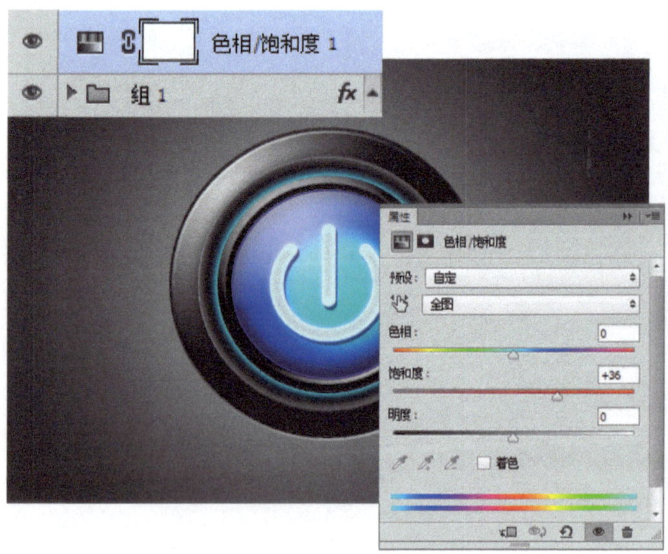

3.1.4 制作游戏声音设置项

01 执行“文件>新建”命令，在弹出的“新建”对话框中设置各项参数及选项，设置完成后单击“确定”按钮，新建空白图像文件。

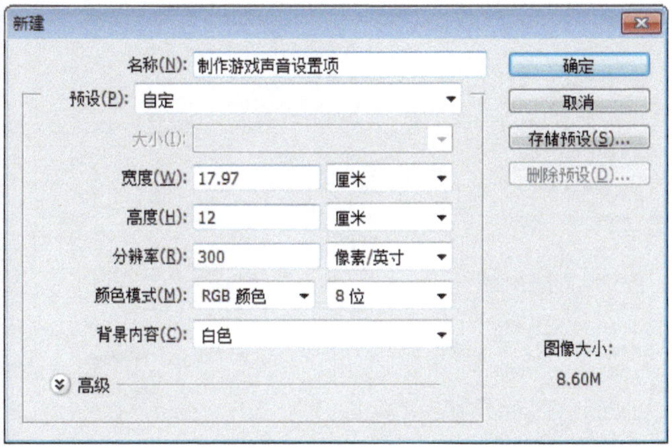

02 新建“图层1”，使用渐变工具，设置颜色为蓝灰色到灰色再到亮灰色的径向渐变，并在画面中上方从内向外拖出渐变。

03 新建“图层2”，使用钢笔工具，在其属性栏中设置属性为“路径”，并在画面上绘制音量按钮的形状，完成后单击鼠标右键，并选择“创建选区”选项，设置前景色为白色。按快捷键Alt+Delete，将绘制的音量按钮的选区的填充色设置为白色，完成后按快捷键Ctrl+D取消选区。

04 使用圆角矩形工具，在其属性栏中设置“填充”为深蓝灰色，“描边”为无，在画面上绘制好的音量按钮中间绘制圆角矩形，得到“圆角矩形1”。

05 使用圆角矩形工具，在其属性栏中设置“填充”为黑色，“描边”为无，在画面上绘制好的“圆角矩形1”上绘制更细的圆角矩形，得到“圆角矩形2”。

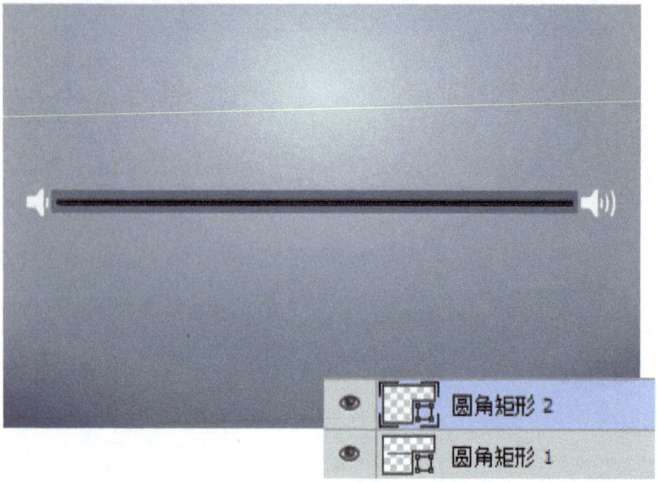

06 选择绘制好的“圆角矩形2”，单击“添加图层样式”按钮，选择“斜面和浮雕”选项并设置参数，选择“外发光”选项并设置参数，制作图层样式。

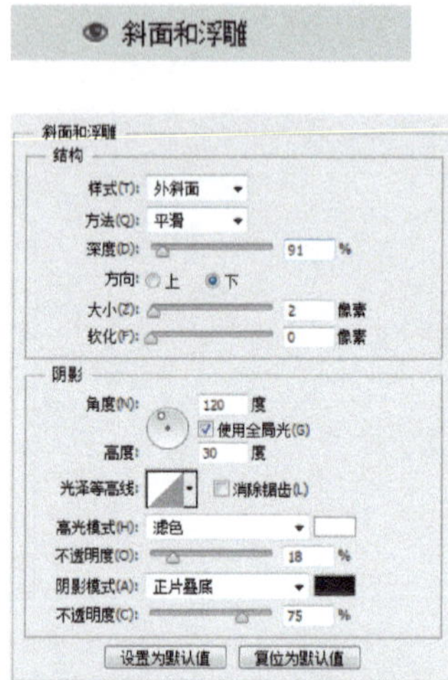

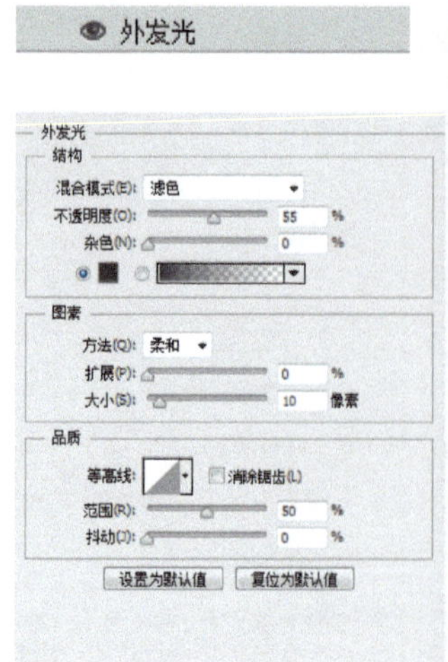

07 选择“圆角矩形2”，单击“添加图层样式”按钮，选择“渐变叠加”选项并设置参数，制作图层样式。

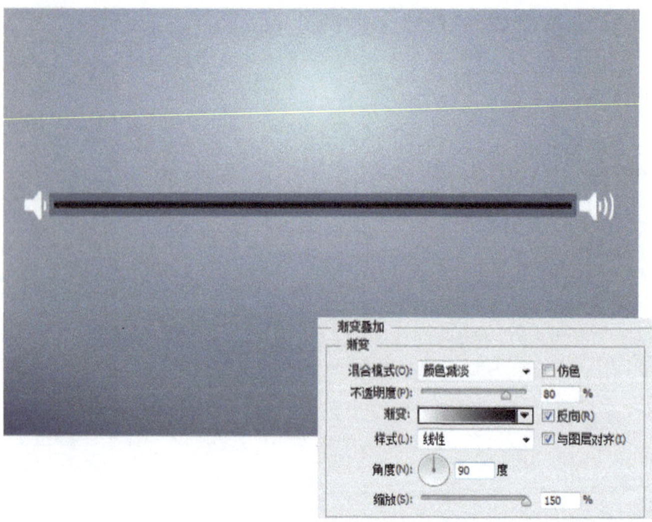

08 选择“圆角矩形2”，单击“添加图层样式”按钮，选择“图案叠加”选项并设置参数，制作图层样式。

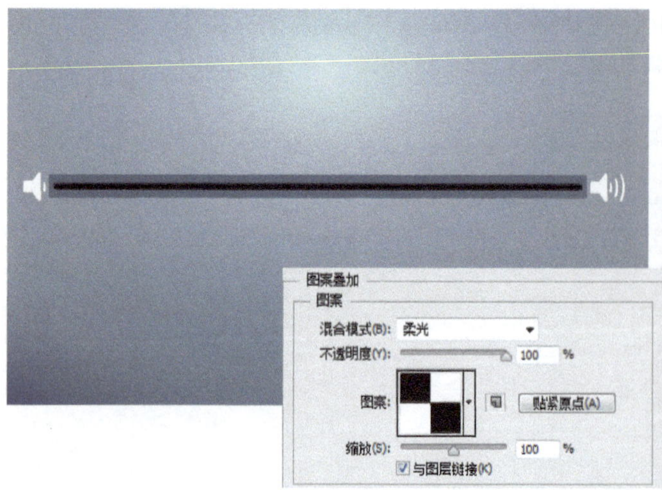

09 选择“圆角矩形2”，单击“添加图层样式”按钮fx，选择“描边”选项并设置参数，制作图层样式。

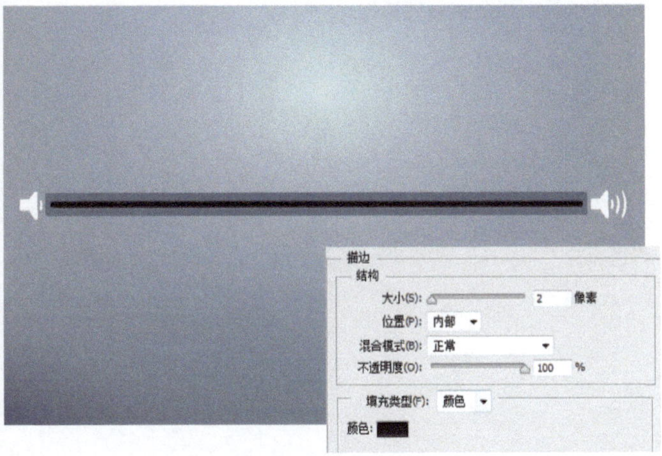

10 使用圆角矩形工具，在其属性栏中设置“填充”为亮灰色，“描边”为无，在画面上绘制好的“圆角矩形2”上绘制稍短的圆角矩形，得到“圆角矩形3”。

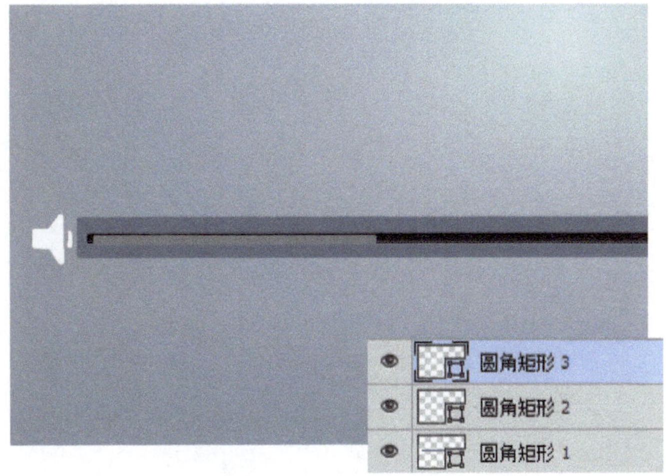

11 选择绘制好的“圆角矩形3”，单击“添加图层样式”按钮fx，选择“内阴影”选项并设置参数，制作图层样式。

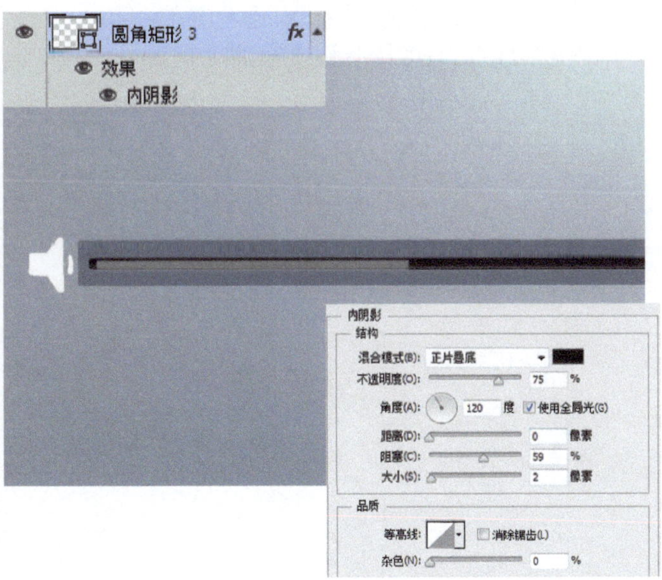

12 选择“圆角矩形3”，单击“添加图层样式”按钮fx，选择“颜色叠加”选项并设置参数，选择“渐变叠加”选项并设置参数，制作图层样式。

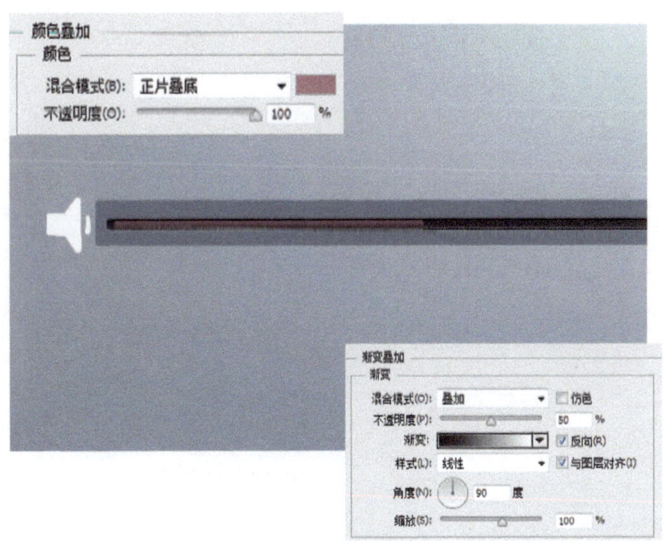

13 选择“圆角矩形3”，单击“添加图层样式”按钮 fx，选择“图案叠加”选项并设置参数，制作图层样式。

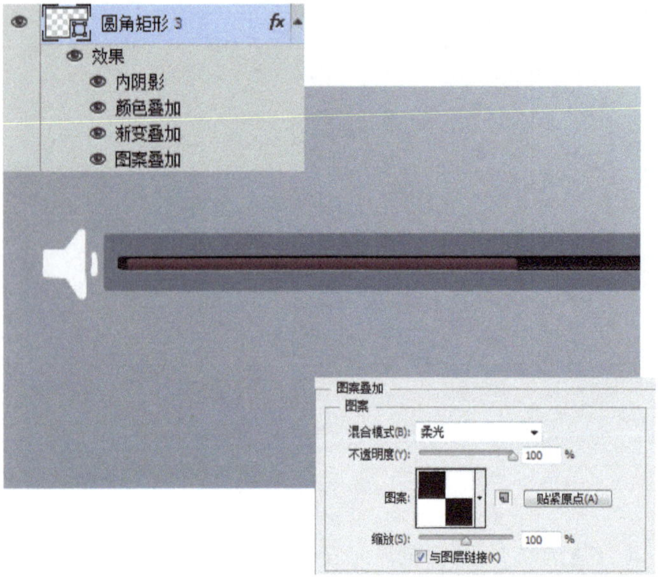

14 使用椭圆工具，按住Shift键的同时单击鼠标左键并拖动，在绘制好的声音条上绘制圆形，结合其属性栏的设置，得到“椭圆1”。在“图层”面板中，设置“填充”为0%。单击“添加图层样式”按钮 fx，选择“斜面和浮雕”选项并设置参数，制作图层样式。

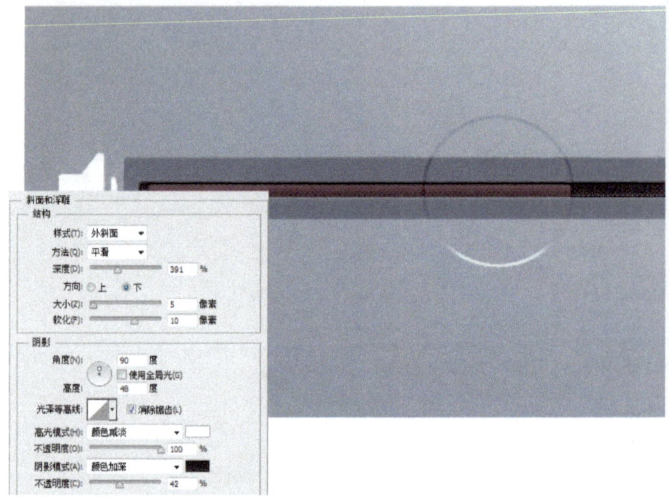

15 选择绘制好的“椭圆1”，单击“添加图层样式”按钮 fx，选择“投影”选项并设置参数，制作图层样式。

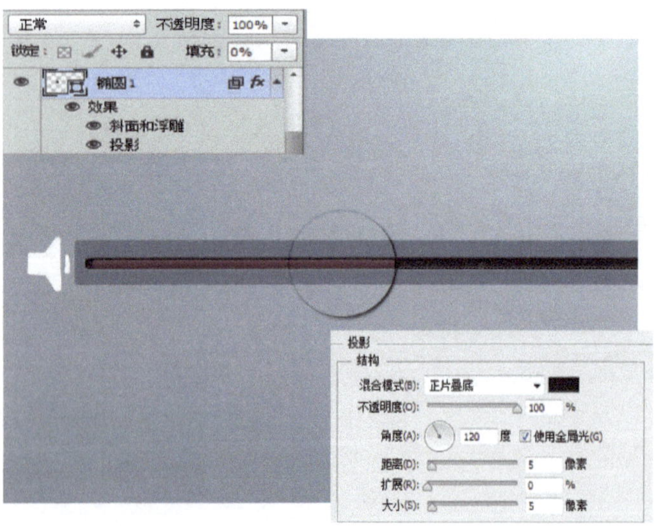

16 使用椭圆工具，在其属性栏中设置“填充”为灰色，“描边”为无，按住Shift键的同时单击鼠标左键并拖动，在绘制好的“椭圆1”上继续绘制需要的圆形，得到“椭圆2”。

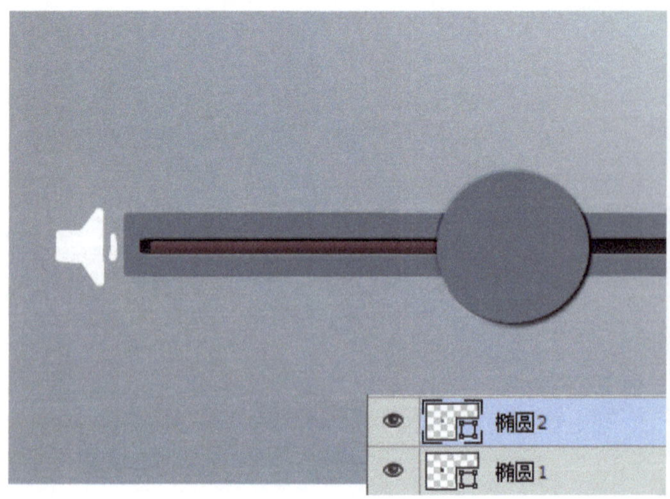

17 在“椭圆2”上，单击“添加图层样式”按钮，选择“描边”选项并设置参数，制作图层样式。

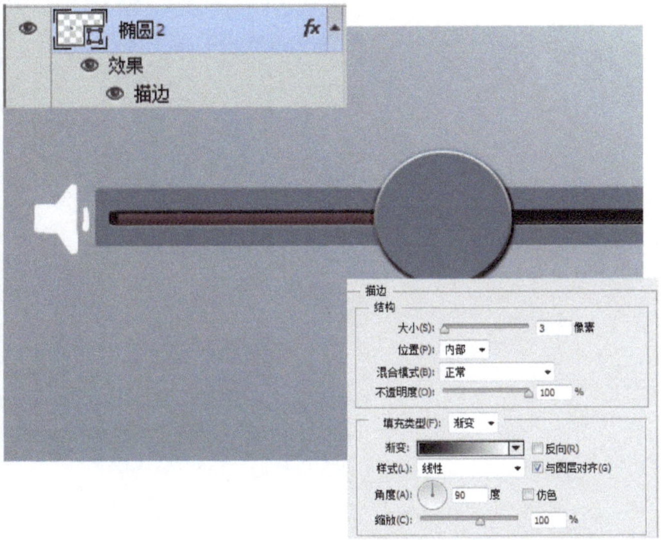

18 在“椭圆2”上，单击“添加图层样式”按钮，选择“渐变叠加”选项并设置参数，制作图层样式。

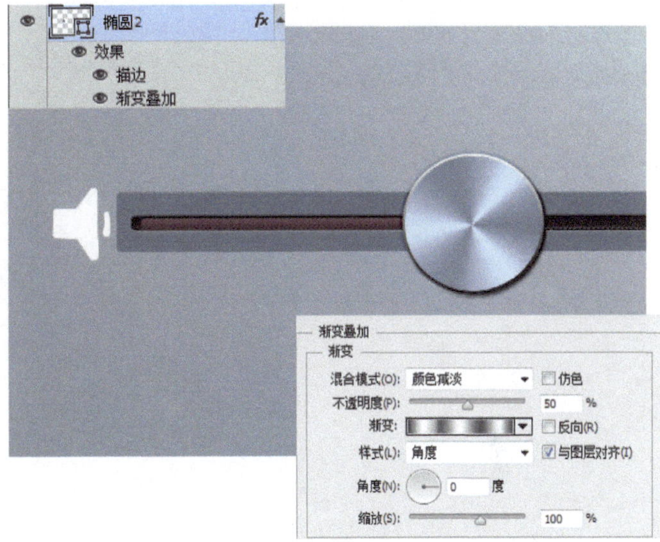

19 在“椭圆2”上，单击“添加图层样式”按钮，选择“图案叠加”选项并设置参数，制作图层样式。

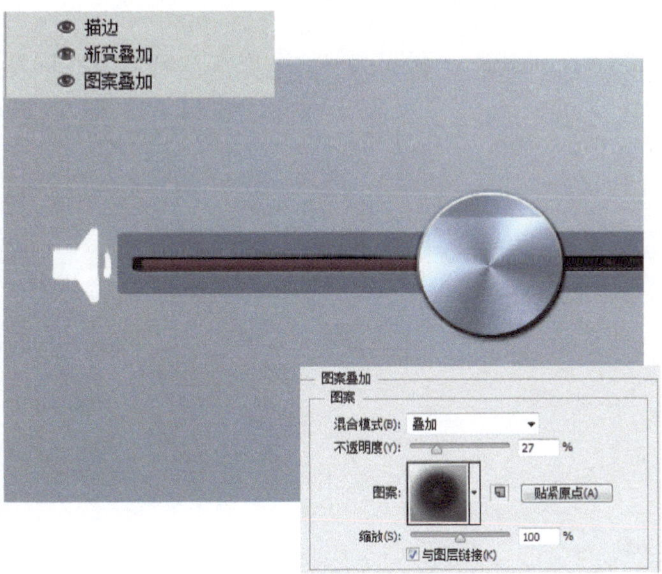

20 在“椭圆2”上，单击“添加图层样式”按钮，选择“图案叠加”选项并设置参数，制作图层样式。至此，本实例制作完成。

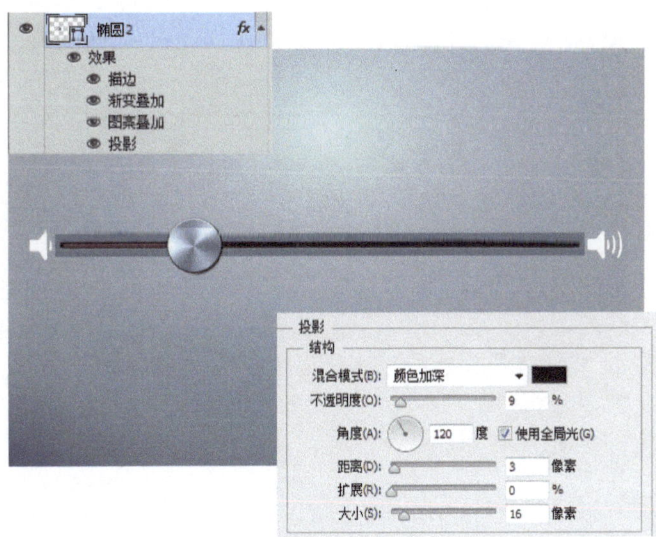

3.2 结合重复元素绘制闯关界面

游戏的闯关界面都由若干关卡组成。关卡都是由简单的形状制作出来的。一般单击重复的元素来制作游戏的闯关界面，这样制作出来的界面会更加具有次序性和完整性。在运用重复的形状制作游戏界面的时候，需要将界面中的各个元素进行对齐。对齐命令是制作游戏闯关界面必须掌握的。

在Photoshop中任意拖入的元素

将图层全部选中后单击垂直居中按钮

将图层全部选中后单击左对齐按钮

将其图层全部选中后单击底对齐按钮

3.2.1 重复正方形闯关界面

01 执行“文件>新建”命令，在弹出的“新建”对话框中设置各项参数及选项，设置完成后单击“确定”按钮，新建空白图像文件。

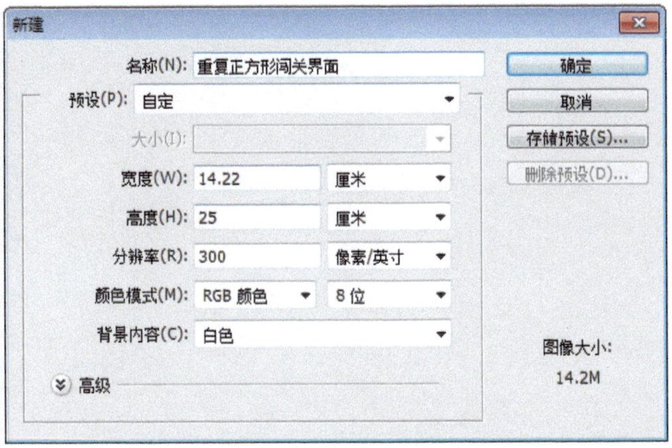

02 执行“文件>打开”命令，打开“背景.jpg”文件，拖曳到当前图像文件中，生成“图层1”，按快捷键Ctrl+T变换图像大小，并将其平铺于画面中。

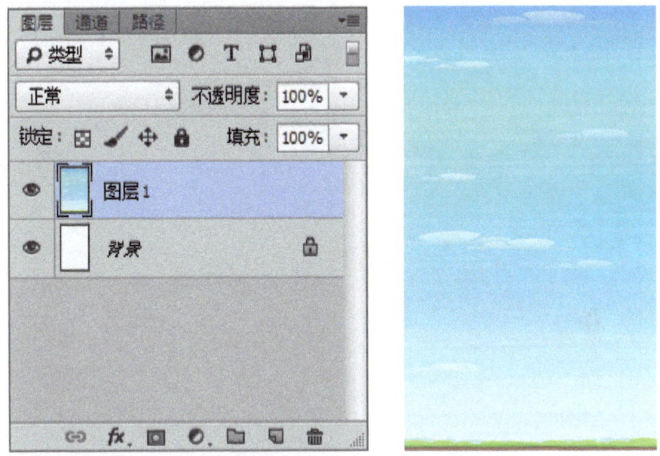

03 执行“文件>打开”命令，打开“背景2.png”文件，拖曳到当前图像文件中，生成“图层2”，按快捷键Ctrl+T变换图像大小，并将其放置到画面中间合适的位置。

04 执行“文件>打开”命令，打开“背景3.png”“背景4.png”“背景5.png”文件，拖曳到当前图像文件中，生成“图层3”“图层4”“图层5”，按快捷键Ctrl+T变换图像大小，并将其放置于画面图片中合适的位置。

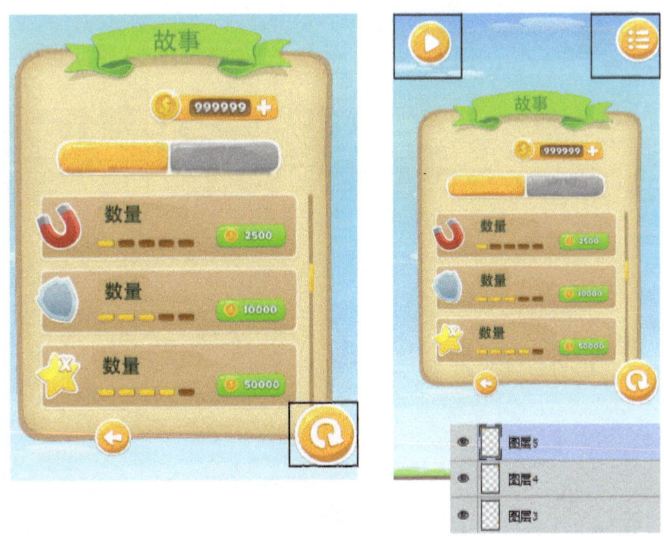

05 新建“图层6”，使用渐变工具，设置渐变颜色为亮蓝色到黑色的径向渐变，并从画面中间向外拖出渐变。在“图层”面板中设置其混合模式为“正片叠底”。

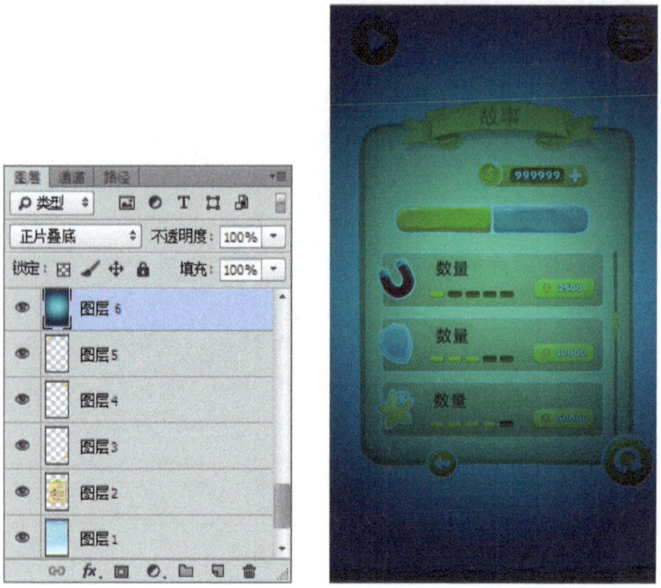

06 使用钢笔工具，在其属性栏中设置属性为“形状”，“填色”为黄灰色，“描边”为无，在画面中间绘制需要的不规则圆角矩形，得到“形状1”。单击“添加图层样式”按钮，选择“内阴影”选项并设置参数，选择“内发光”选项并设置参数，制作图层样式。

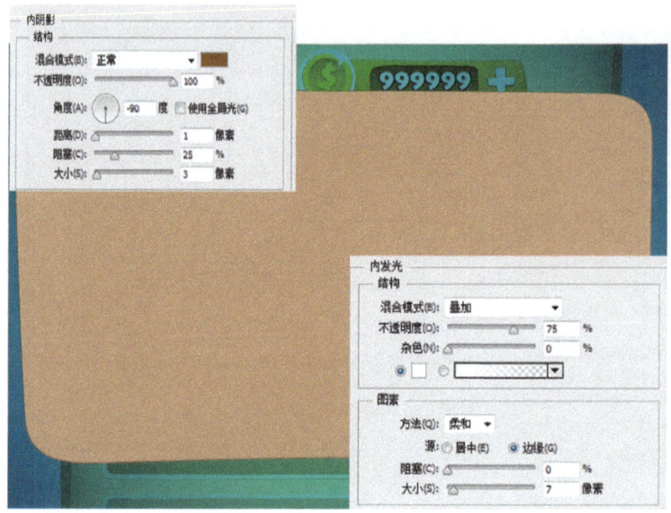

07 选择“形状1”，按快捷键Ctrl+J复制得到“形状1拷贝”，将其填充样式删除，并更改其“填色”为淡黄色，继续单击“添加图层样式”按钮，选择“内阴影”选项并设置参数，选择“投影”选项并设置参数，制作图层样式。

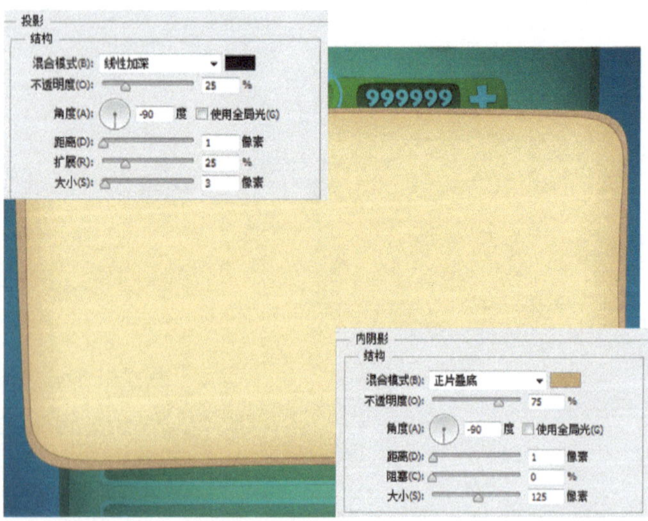

08 使用椭圆工具，在其属性栏中设置“填充”为棕黄色，“描边”为无，按住Shift键并在画面上绘制需要的圆形翻页提示图标，得到“椭圆1”。单击“添加图层样式”按钮，选择“渐变叠加”选项并设置参数，选择“投影”选项并设置参数，制作图层样式。

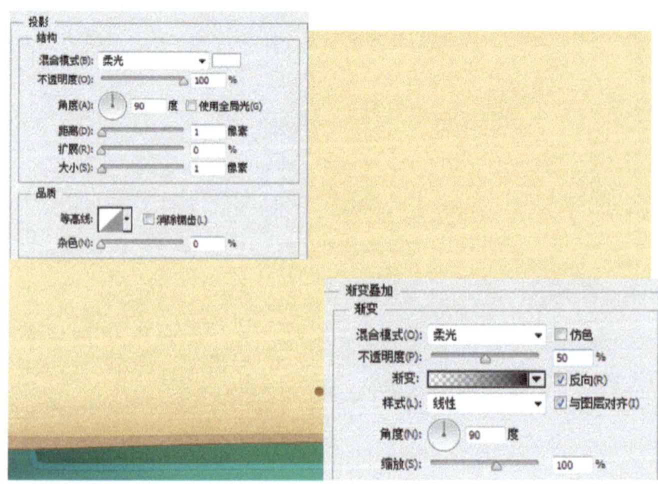

09 选择“椭圆1”，连续按快捷键Ctrl+J复制得到多个“椭圆1拷贝”，使用移动工具[移动工具图标]，将其依次向右移动一定的位置，制作提示栏中的翻页效果。

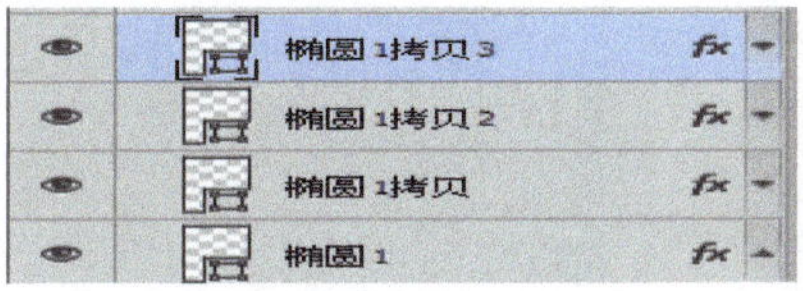

10 选择“椭圆1”，按快捷键Ctrl+J复制得到“椭圆1拷贝4”，将其移至图层上方并单击“添加图层样式”按钮[fx]，选择“内阴影”“描边”“斜面和浮雕”选项并设置参数，制作图层样式。

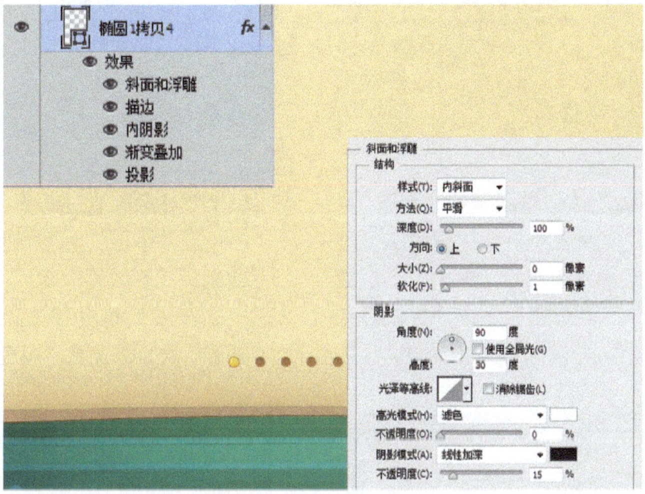

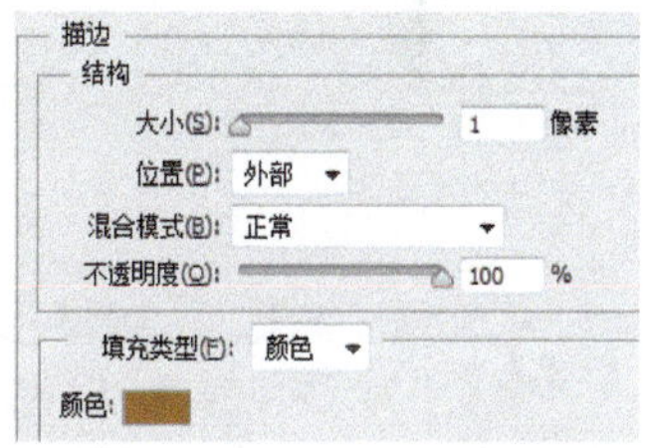

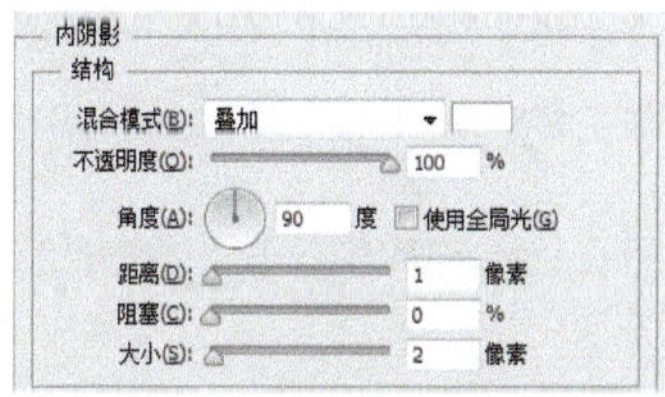

11 使用钢笔工具[钢笔工具图标]，在其属性栏中设置属性为“形状”，“填色”为红黄色，“描边”为棕色、大小为1点的实线，在画面的提示栏上绘制需要的形状，得到“形状2”，单击“添加图层样式”按钮[fx]，选择“投影”“渐变叠加”选项并设置参数，制作图层样式。

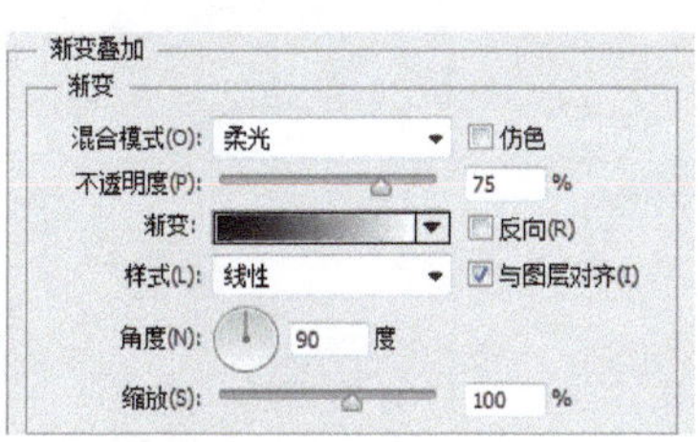

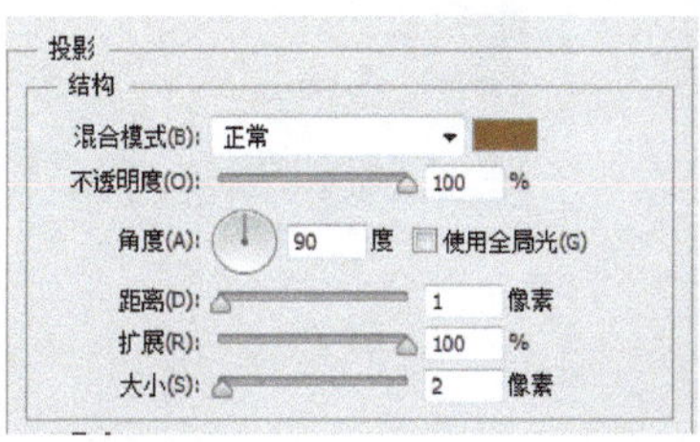

12 选择“形状2”，按快捷键Ctrl+J复制得到“形状2拷贝”，更改其填色为亮灰色，按快捷键Ctrl+T变换图像方向，并使用移动工具将其放置于画面提示栏上合适的位置。

13 使用椭圆工具，在其属性栏中设置“填充”为白色，“描边”为无，在提示栏下方合适的位置按住Shift键绘制需要的椭圆，得到“椭圆2”，单击“添加图层样式”按钮，选择“投影”选项并设置参数，制作图层样式。

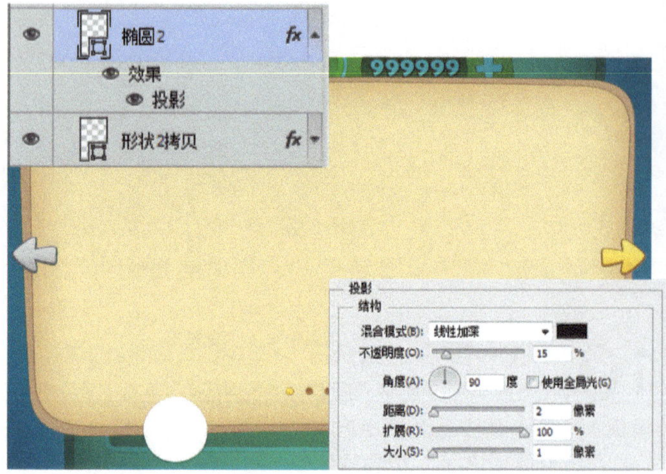

14 选择“椭圆2”，按快捷键Ctrl+J复制得到“椭圆2拷贝”，按快捷键Ctrl+T变换图像大小，并更改其“填充”为黄色，“描边”大小为1点的橘黄色实线，单击“添加图层样式”按钮，选择“内阴影”“渐变叠加”选项并设置参数，制作图层样式。

15 使用钢笔工具，在其属性栏中设置属性为“形状”，“填色”为橘黄色，在制作好的提示栏下的椭圆按钮上绘制其阴影效果，得到“形状3”。设置混合模式为“正片叠底”，按住Alt键并单击鼠标左键，创建其图层剪贴蒙版并在其“图层”面板上设置“填充”为25%，将阴影效果制作完整。

16 使用钢笔工具，在其属性栏中设置属性为“形状”，设置需要的“填色”，在制作好的提示栏下的椭圆按钮上绘制其高光效果，得到“形状4”。设置混合模式为“叠加”，按住Alt键并单击鼠标左键，创建其图层剪贴蒙版并在其“图层”面板上设置“填充”为50%。

17 使用钢笔工具，在其属性栏中设置属性为“形状”，设置需要的“填色”，在制作好的提示栏下的椭圆按钮上绘制其反光效果，得到“形状5”。设置混合模式为“叠加”，按住Alt键并单击鼠标左键，创建其图层剪贴蒙版，制作提示栏下椭圆按钮的反光效果。

18 选择“形状2”，按快捷键Ctrl+J复制得到“形状2拷贝2”，将其移至图层上方，更改其“填色”为白色，按快捷键Ctrl+T变换图像大小和方向，并将其放置于画面合适的位置。按住Shift键并选择“椭圆2”到“形状5”，按快捷键Ctrl+G新建“组1”。

19 选择“组1”，按快捷键Ctrl+J复制得到“组1拷贝”，将其移至界面中提示栏上合适的位置。使用自定形状工具，在其属性栏中选择需要的形状，设置前景色为白色，在画面上绘制需要的形状，得到“形状6”，单击“添加图层样式”按钮，选择“投影”选项并设置参数，制作图层样式。

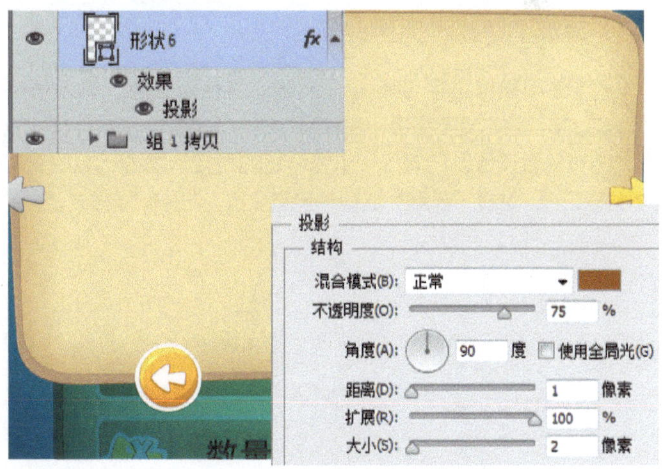

20 使用矩形工具，在其属性栏中设置“填充”为灰色，“描边”为无，在制作好的提示界面中绘制需要的矩形，得到“矩形1”，单击“添加图层样式”按钮，选择“投影”选项并设置参数，制作图层样式。

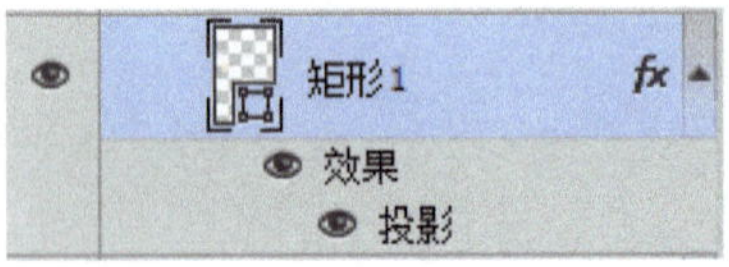

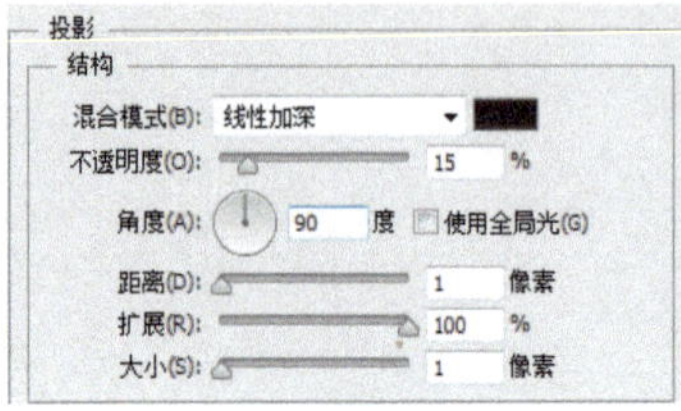

21 使用矩形工具，在其属性栏中设置需要的“填充”，“描边”为无，在绘制的“矩形1”上绘制需要的矩形，得到“矩形2”，单击“添加图层样式”按钮，选择“投影”“渐变叠加”“内阴影”选项并设置参数，制作图层样式。

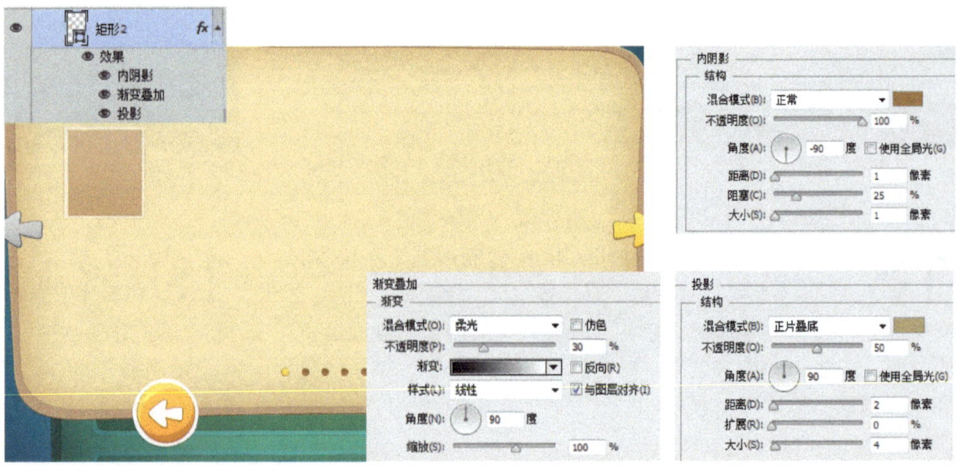

22 使用横排文字工具，设置前景色为白色，输入所需文字，双击文字图层，在其属性栏中设置文字的字体样式及大小，将其放置于绘制的矩形关卡上合适的位置，单击“添加图层样式”按钮，选择“投影”选项并设置参数，制作图层样式。

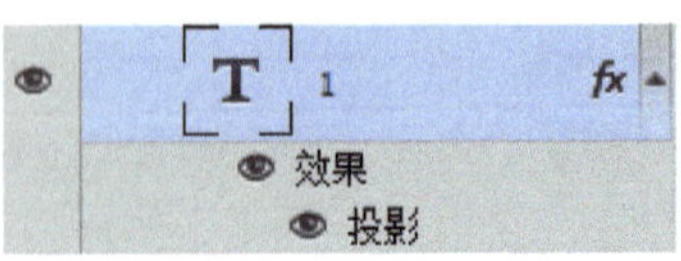

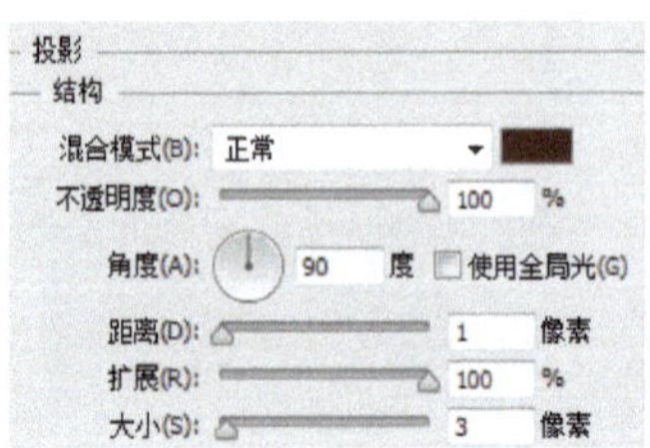

23 使用钢笔工具，在其属性栏中设置属性为“形状”，设置需要的“填色”，在画面上绘制星级的图案，得到“形状7”，单击“添加图层样式”按钮，选择“投影”“渐变叠加”“内阴影”“描边”选项并设置参数，制作图层样式。

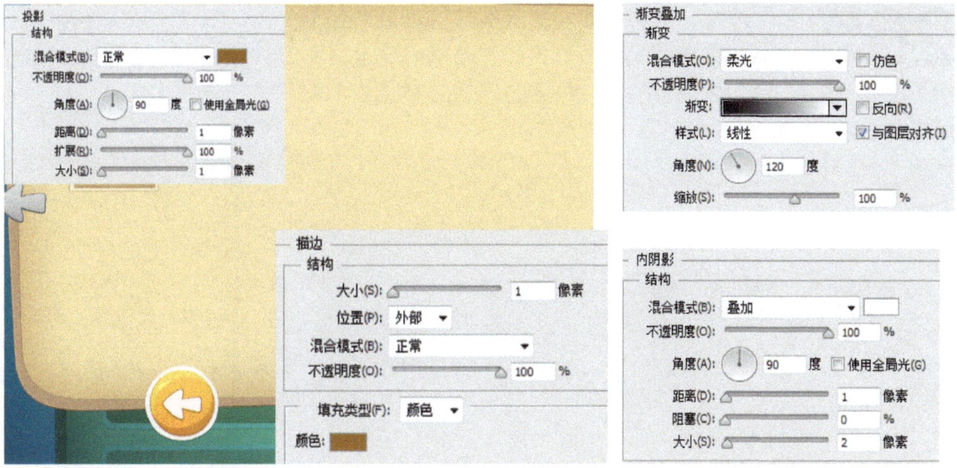

24 选择“形状7”，连续两次按快捷键Ctrl+J复制得到两个“形状7拷贝”，使用移动工具，将其依次向右移动一定的距离，制作矩形关卡上的星级提示效果。

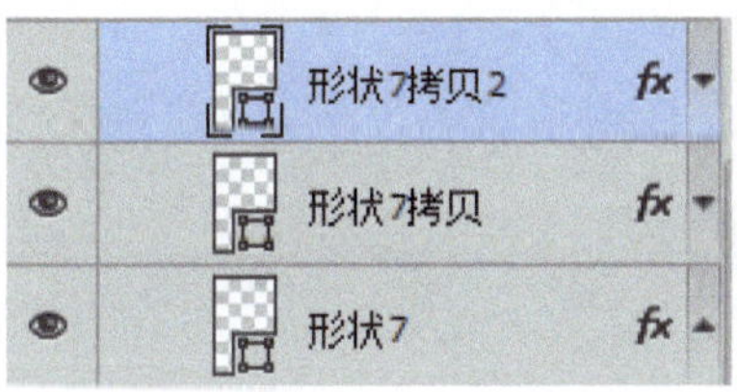

25 按住Shift键并选择“矩形1”到“形状7拷贝2”，按快捷键Ctrl+G新建“组1”，并将其重命名为“1”。复制“1”，得到复制图层组并将其依次重命名为“2”和“3”，打开图层组更改其文字。

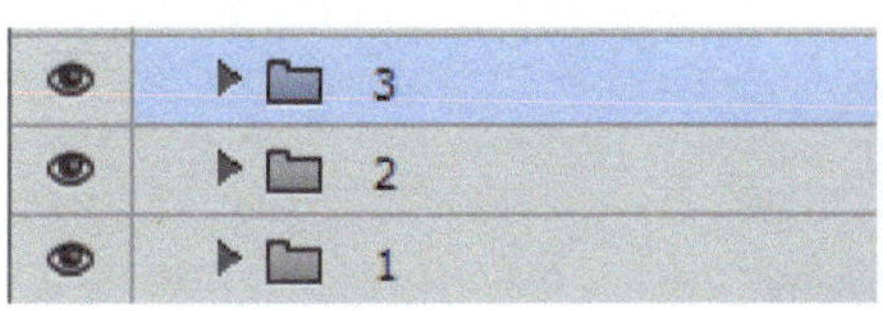

26 复制“1”图标，得到其复制图层组并将其重命名为“4”，将其移至图层上方，并打开图层组更改其文字。选择“形状7拷贝2”的副本，将“描边”和“内阴影”图层样式的可见性关闭。

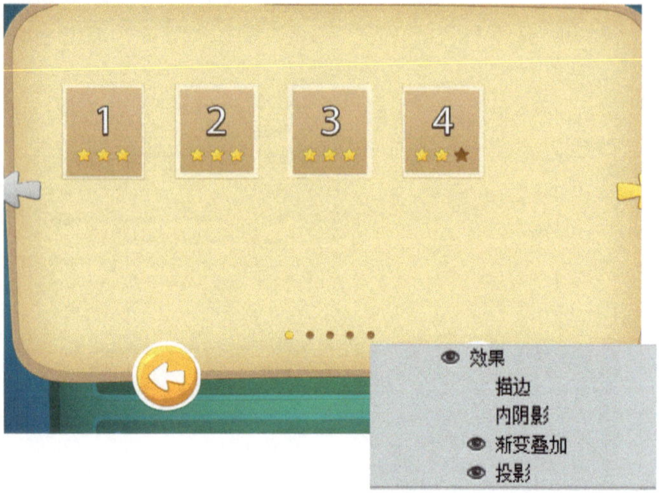

27 依次使用与上面相同的方法，重复制作正方形闯关界面中的关卡和星级。

28 复制“1”图标，得到其复制图层组并将其重命名为“8”，将其移至图层上方，并打开图层组更改其文字。

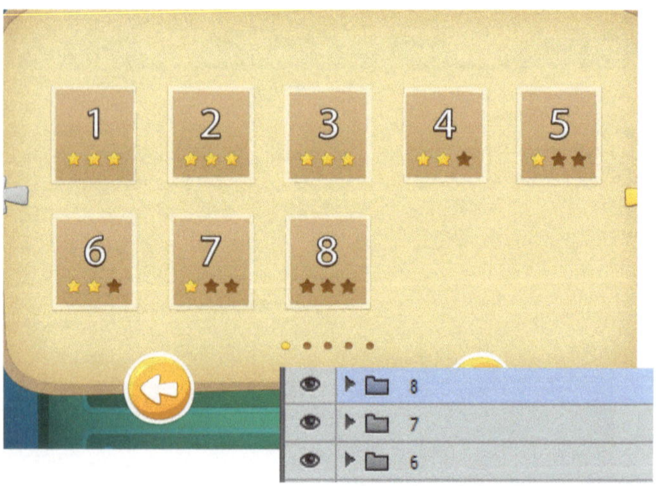

29 展开图层组“8”，在其上方单击“创建新的填充或调整图层”按钮，在弹出的菜单中选择“色相/饱和度”选项并设置参数，调整图层的色调。

30 展开图层组“8”，在其上方单击“创建新的填充或调整图层”按钮，在弹出的菜单中选择“色阶”选项并设置参数，调整图层的色调。

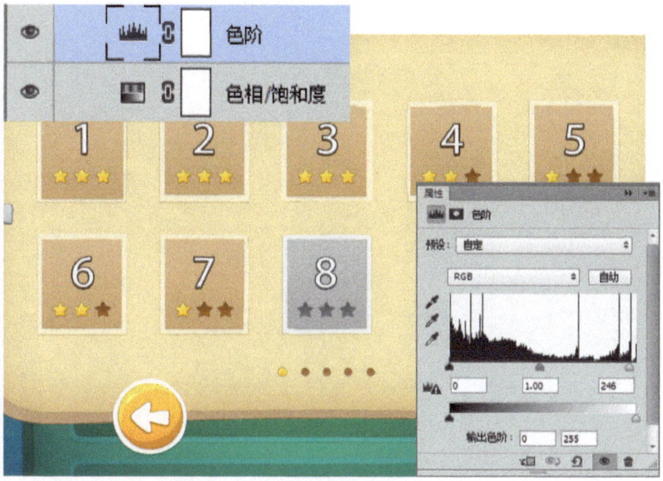

31 打开“锁.png”文件，将其拖曳到当前图像文件中，生成“图层7”，按快捷键Ctrl+T变换图像大小，并将其放置于画面中合适的位置。

32 使用相同的方法，以灰色重复制作正方形闯关界面中的关卡和星级。

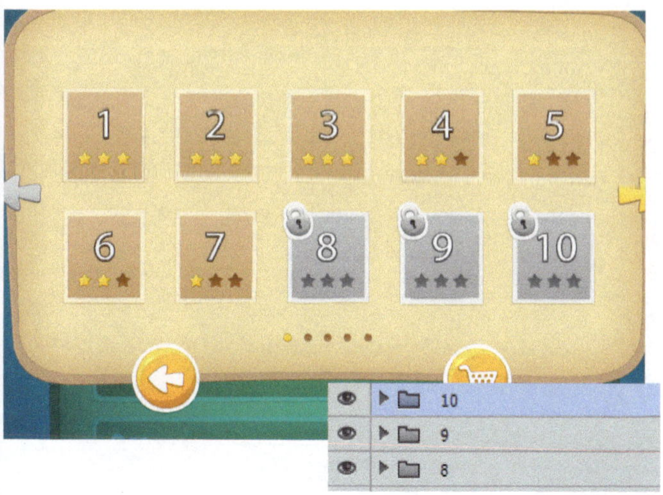

33 使用椭圆工具，在其属性栏中设置需要的“填充”，“描边”为无，在画面上提示栏上方绘制需要的椭圆形状，并使用钢笔工具，在其属性栏中设置属性为“形状”，设置需要的“填色”，绘制按钮的投影和高光，依次按住Alt键并单击鼠标左键，创建图层剪贴蒙版。

34 使用钢笔工具，在其属性栏中设置属性为“形状”，“填色”为白色，在绘制好的椭圆按钮上绘制叉号的形状，单击“添加图层样式”按钮，选择“投影”选项并设置参数，制作图层样式。

35 使用钢笔工具，在其属性栏中设置属性为“形状”，设置需要的“填色”，在绘制好的椭圆按钮上绘制叉号的形状，单击“添加图层样式”按钮，选择“投影”和“内阴影”选项并设置参数，制作图层样式。

36 选择“形状12”，按快捷键Ctrl+J复制得到“形状12拷贝”，将其移至“形状12”下方，更改其“填充”为黑色，在“图层”面板上设置“填充”为10%，设置混合模式为“线性加深”，并向画面下方移动一定的距离，制作投影效果。

37 回到“形状12”，继续使用钢笔工具，在其属性栏中设置属性为“形状”，设置需要的“填色”，在画面上方绘制阴影效果，按住Alt键并单击鼠标左键，创建图层剪贴蒙版。

38 使用钢笔工具，在其属性栏中设置属性为“形状”，设置需要的“填色”，在画面上方绘制高光效果，添加蒙版并适当地涂抹，创建图层剪贴蒙版。

39 使用横排文字工具，设置前景色为白色，输入所需文字，双击文字图层，在其属性栏中设置文字的字体样式及大小，将其放置于界面上合适的位置，单击“添加图层样式”按钮，选择“投影”选项并设置参数，制作图层样式。

40 打开“等待.png”文件，将其拖曳到当前图像文件中，生成“图层8”，按快捷键Ctrl+T变换图像大小，并将其放置于画面中合适的位置，使用横排文字工具，设置需要的前景色，输入所需文字。至此，本案例制作完成。

3.2.2 重复圆形闯关界面

01 执行“文件>新建”命令，在弹出的“新建”对话框中设置各项参数及选项，设置完成后单击“确定”按钮，新建空白图像文件。

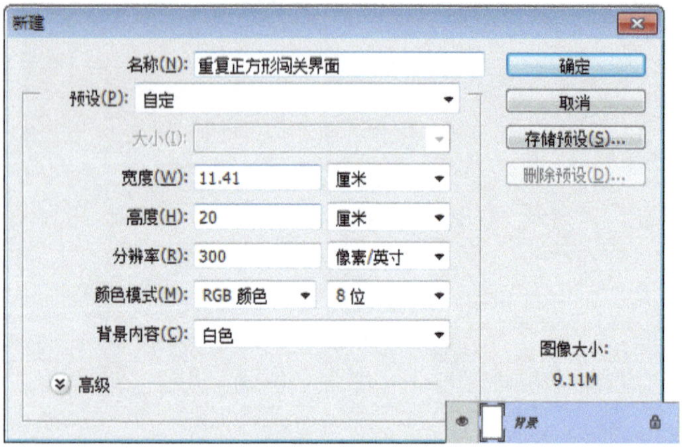

02 设置前景色为蓝绿色，按快捷键Alt+Delete，填充背景色为蓝绿色。新建“图层2”，使用矩形选框工具，在画面上绘制需要的矩形选区，并将其填充为暗黄绿色。然后，按快捷键Ctrl+D取消选区。

03 使用圆角矩形工具，在其属性栏中设置“填充”为白色，“描边”为无，在画面中合适的位置绘制圆角矩形，得到“圆角矩形1”，在其“图层”面板上设置“填充”为30%，制作具有透明效果的圆角矩形框。

04 选择绘制好的“圆角矩形1”，单击“添加图层样式”按钮，选择“斜面和浮雕”选项并设置参数，选择“投影”选项并设置参数，制作图层样式。

05 新建“图层2”，使用椭圆选框工具，在绘制好的圆角矩形透明的界面上合适的位置按住Shift键绘制需要的圆形选区，设置渐变颜色为白色到玫红色的径向渐变，并从选区的右下方合适的位置向外拖出渐变，得到圆形图标的样式，然后按快捷键Ctrl+D取消选区。

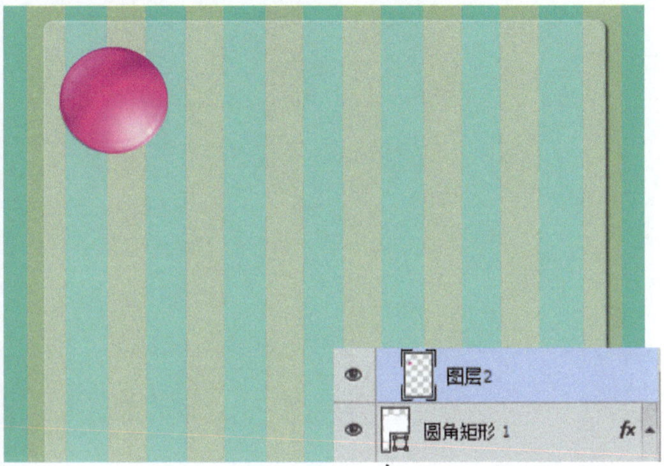

06 选择“图层2”，连续3次按快捷键Ctrl+J复制得到3个“图层2拷贝”，使用移动工具，将副本移至画面中合适的位置。

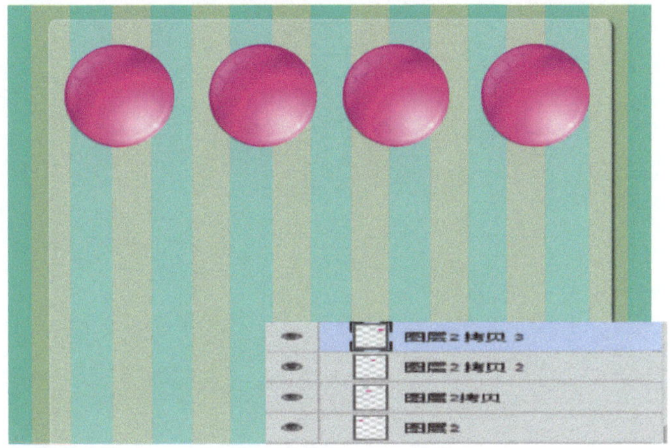

07 选择“图层2”，按快捷键Ctrl+J复制得到“图层2拷贝4”，将其移至图层上方，使用移动工具，将副本移至画面中合适的位置。然后按快捷键Ctrl+U调整图标的色相/饱和度，变换图标的色相。

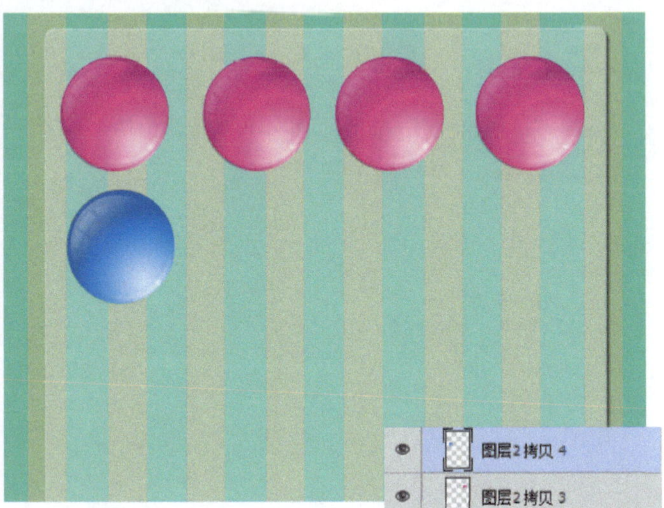

08 选择“图层2拷贝4”，连续两次按快捷键Ctrl+J复制得到两个“图层2拷贝”，使用移动工具，将副本移至画面中合适的位置。

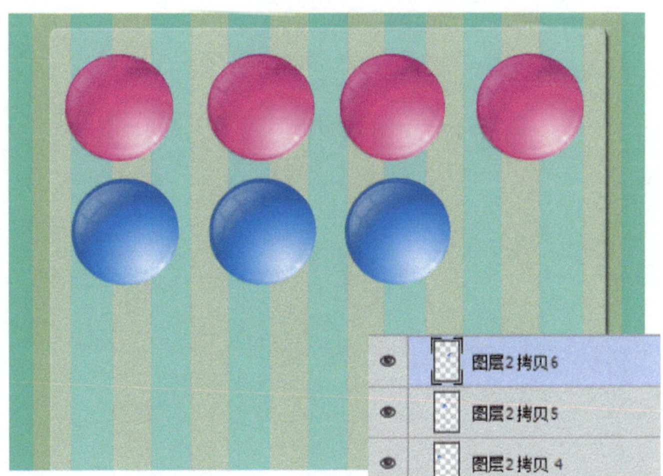

09 选择“图层2拷贝2”，按快捷键Ctrl+J复制得到“图层2拷贝7”，将其移至图层上方，使用移动工具，将副本移至画面中合适的位置。然后按快捷键Ctrl+U调整图标的色相/饱和度，变换图标的饱和度。

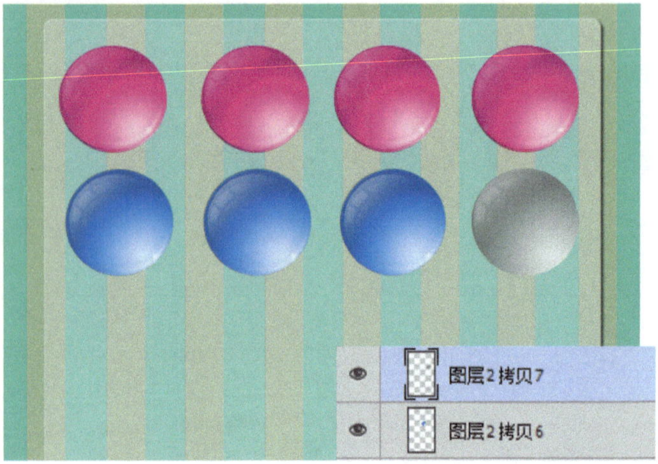

10 选择“图层2拷贝4”，连续4次按快捷键Ctrl+J复制得到多个“图层2拷贝”，使用移动工具，将副本移至画面中合适的位置。

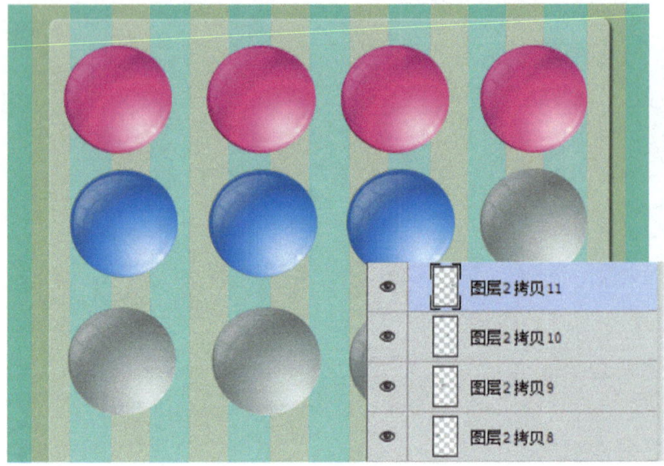

11 选择“图层2拷贝4”，连续4次按快捷键Ctrl+J复制得到多个“图层2拷贝”，使用移动工具，将副本移至画面中合适的位置。按住Shift键并选择“图层2”到“图层2拷贝15”，按快捷键Ctrl+G新建“组1”。

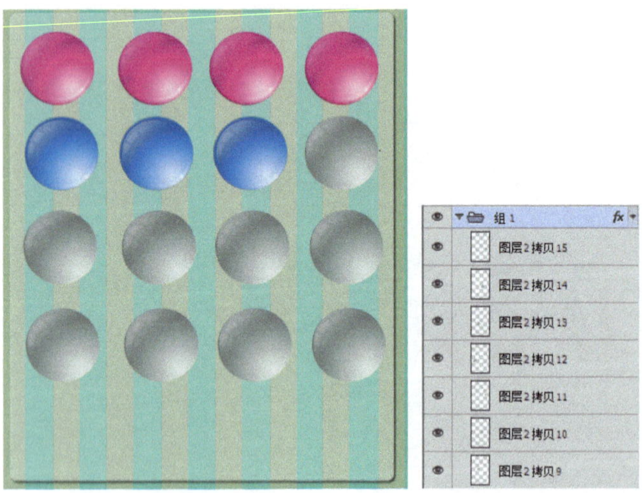

12 选择“组1”，单击“添加图层样式”按钮，选择“投影”选项并设置参数，制作图层样式。

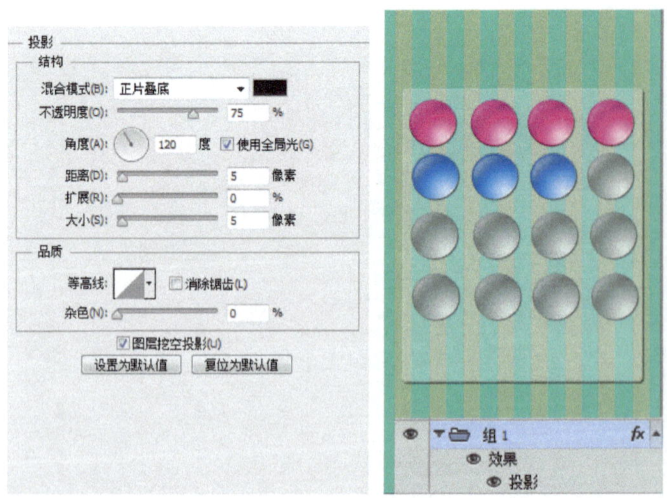

13 使用圆角矩形工具，在其属性栏中设置“填充”为黄色，“描边”为无，在画面左上方绘制圆角矩形，得到“圆角矩形2”，按快捷键Ctrl+J复制得到“圆角矩形2拷贝”，按快捷键Ctrl+T变换图像大小，更改其“填色”为白色。选择“圆角矩形2”，单击“添加图层样式”按钮，选择“投影”选项并设置参数，制作图层样式。选择“圆角矩形2拷贝”，单击“添加图层样式”按钮，选择“斜面和浮雕”选项并设置参数，制作图层样式。在“圆角矩形2”上添加蒙版，选择“圆角矩形2拷贝”的选区在其蒙版上将其填充为黑色。

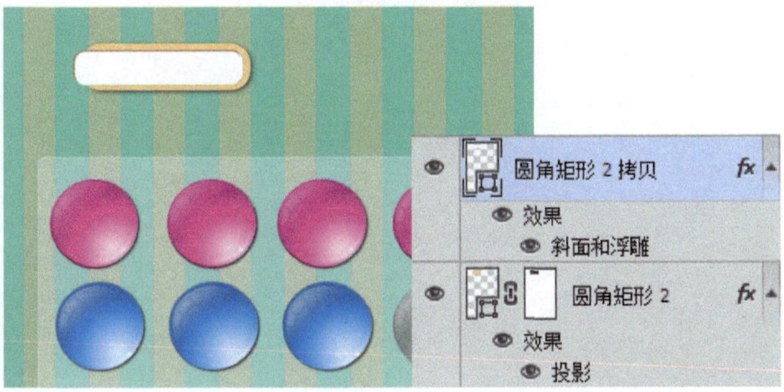

14 使用横排文字工具，设置前景色为棕红色，输入所需文字，双击文字图层，在其属性栏中设置文字的字体样式及大小并将其放置于画面左上方合适的位置。

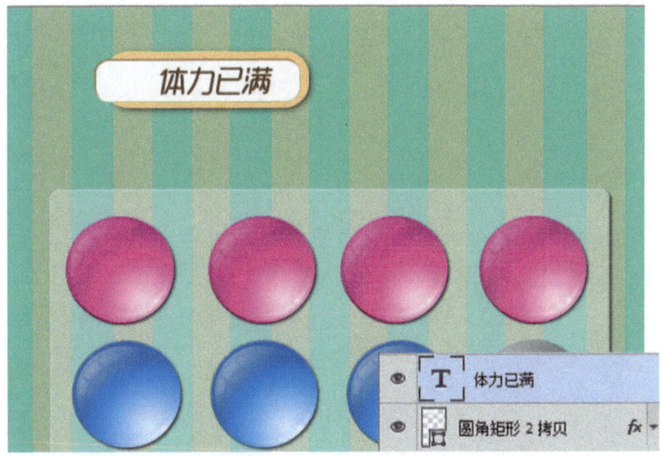

15 执行“文件>打开”命令，打开“01.png”文件，将其拖曳到当前图像文件中，生成“图层3”，按快捷键Ctrl+T变换图像大小，并将其放置于画面左上方合适的位置，制作游戏界面上的提示栏。

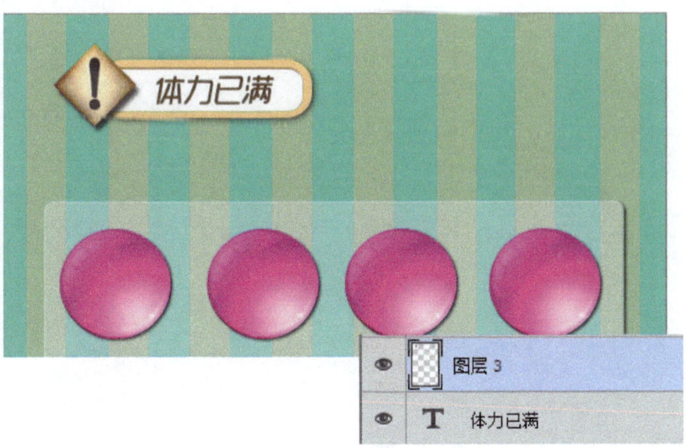

16 执行“文件>打开”命令，打开“草坪.png”文件，将其拖曳到当前图像文件中，生成“图层4”，按快捷键Ctrl+T变换图像大小，并将其放置于画面左上方合适的位置，制作游戏界面下面的草坪图案。

17 打开“青蛙.png”文件，将其拖曳到当前图像文件中，生成“图层5”，按快捷键Ctrl+T变换图像大小，并将其放置于画面左下方合适的位置。在其图层下方，新建“图层6”，设置前景色为深棕色，使用画笔工具，选择柔角画笔并适当调整大小及透明度，在其下方适当地涂抹，设置混合模式为“正片叠底”，“不透明度”为77%，制作其青蛙的投影。

18 回到“图层5”，执行“文件>打开”命令，打开“锁.png”文件，将其拖曳到当前图像文件中，生成“图层7”，按快捷键Ctrl+T变换图像大小，并将其放置于画面上合适的位置，制作没有解锁的按钮样式。

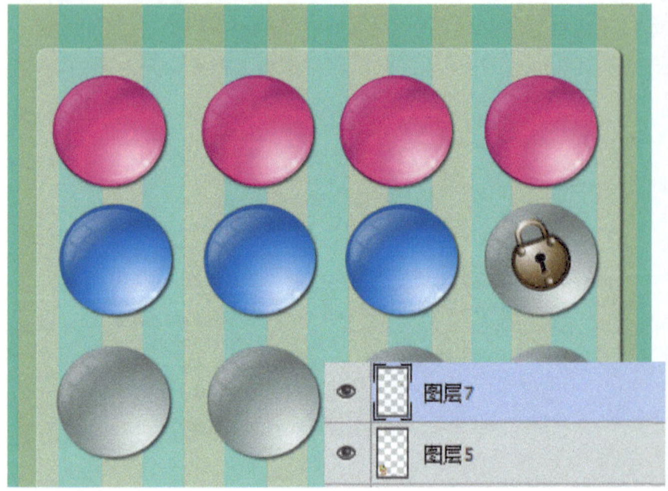

19 选择“图层7”，按住Alt键并拖动鼠标左键，复制“图层7”，得到“图层7拷贝”，使用相同的方式连续复制“图层7”，得到多个“图层7拷贝”，选择需要的图层并单击垂直居中按钮。

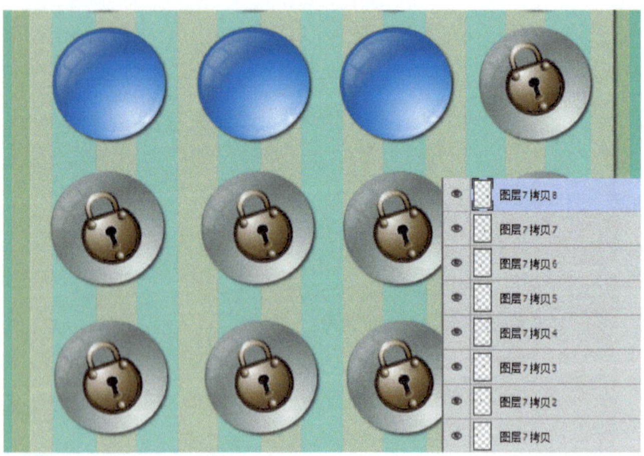

20 执行“文件>打开”命令，打开“星星.png”文件，将其拖曳到当前图像文件中，生成“图层8”，按快捷键Ctrl+T变换图像大小，并将其放置于圆形左下方合适的位置。

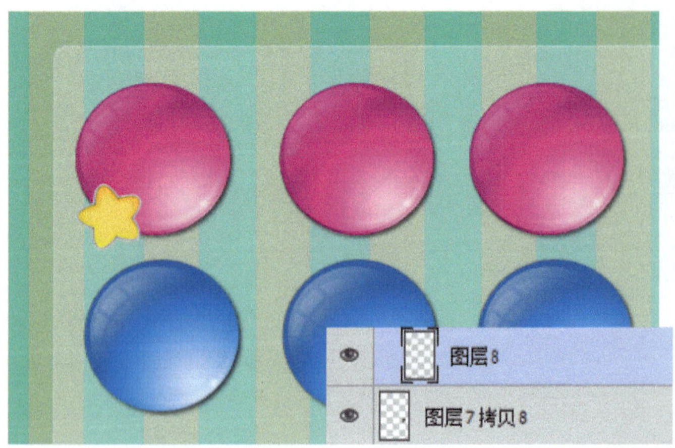

21 选择“图层8”，连续两次按快捷键Ctrl+J复制得到两个“图层8拷贝”，并将其移至画面上合适的位置。按住Shift键并选择“图层8”到“图层8拷贝”。按快捷键Ctrl+G新建“组2”。

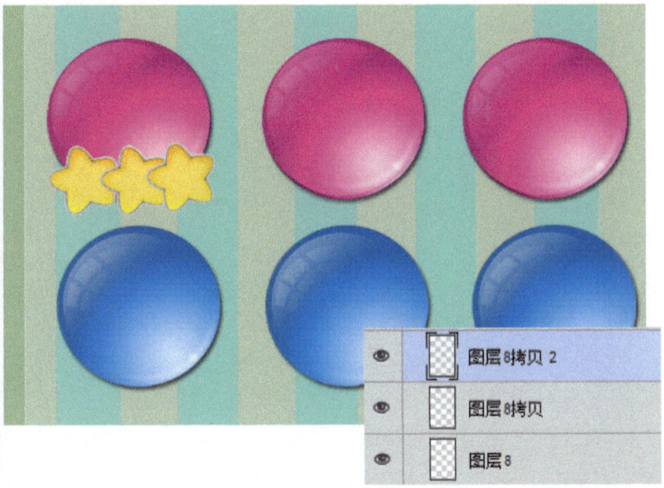

22 选择“组2”，单击“添加图层样式”按钮，选择“投影”选项并设置参数，制作图层样式。

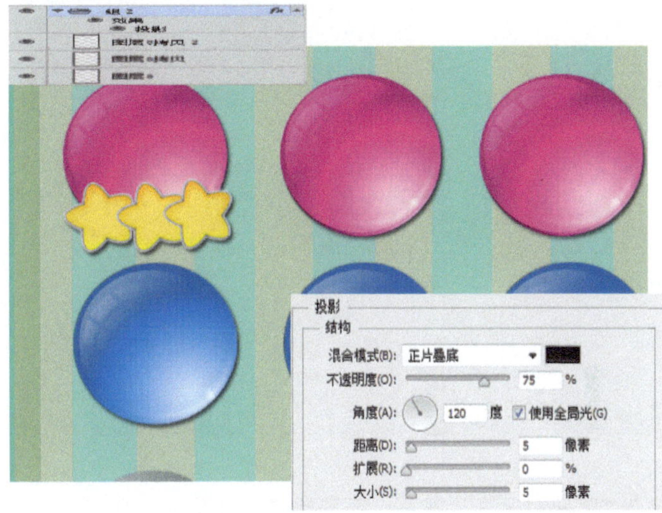

23 选择“组2”，连续两次按快捷键Ctrl+J复制得到两个“组2拷贝”，并将其移至画面上合适的位置。

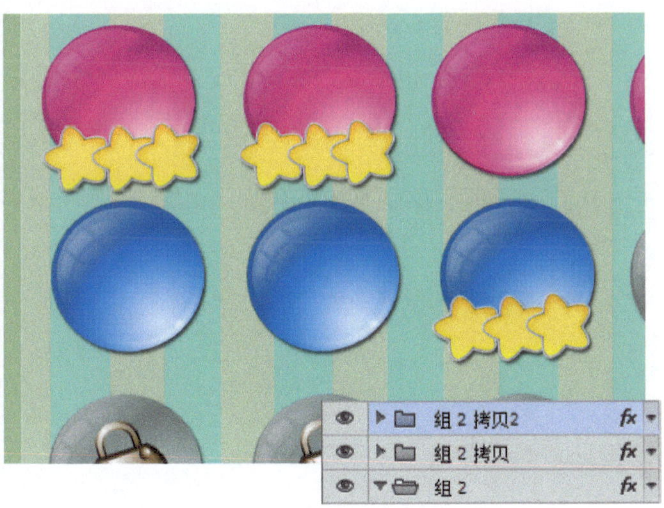

24 复制“组2”，得到“组2拷贝3”，将其展开，选择“图层8拷贝2”，使用魔棒工具，将星星的里面填充为白色，制作星星的层次。

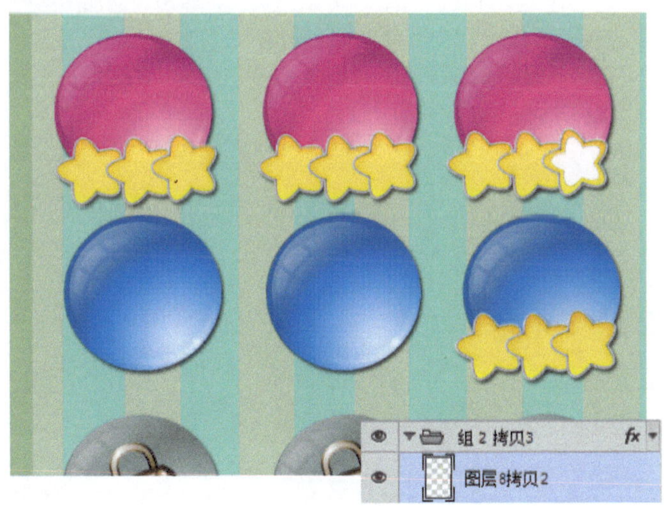

25 选择“组2拷贝3”，连续两次按快捷键Ctrl+J复制得到两个“组2拷贝”，并将其移至画面上合适的位置。

26 复制“组2”得到“组2拷贝5”“组2拷贝6”，将其展开，选择“图层8拷贝”图层，分别使用魔棒工具，将星星的里面填充为白色，继续制作星星的层次。

27 使用椭圆工具，在其属性栏中设置“填充”为黄色，“描边”为无，在画面左上方绘制圆角矩形，得到“椭圆1”，按快捷键Ctrl+J复制得到“椭圆1拷贝”，按快捷键Ctrl+T变换图像大小，更改其“填色”为蓝色，选择“椭圆1”，单击“添加图层样式”按钮，选择“投影”选项并设置参数，制作图层样式。选择“椭圆1拷贝”，单击“添加图层样式”按钮，选择“斜面和浮雕”选项并设置参数，制作图层样式。在“椭圆1”上添加蒙版，选择“椭圆1拷贝”的选区，在其蒙版上将其填充为黑色。

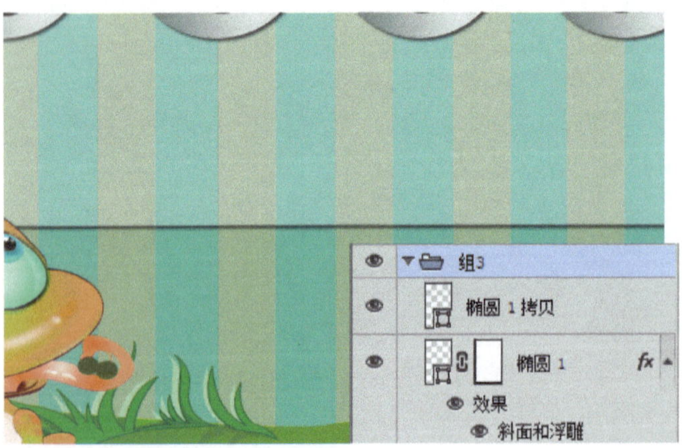

28 按住Shift键并选择“椭圆1”到“椭圆1拷贝”。按快捷键Ctrl+G新建“组3”。选择“组3”，连续两次按快捷键Ctrl+J复制得到两个“组3拷贝”，并将其移至画面上合适的位置。

29 选择“组3”，按快捷键Ctrl+J复制得到“组3拷贝3”，并将其移至画面上合适的位置。将其展开，选择“椭圆1拷贝”，单击“添加图层样式”按钮，选择“斜面和浮雕”选项并设置参数，制作图层样式。

30 使用钢笔工具，在其属性栏中设置属性为“形状”，设置需要的“填色”，“描边”为无，在画面上绘制需要的图案，完成后按住Shift键并选择绘制的所有形状图层，按快捷键Ctrl+E合并图层，并双击图层将其重命名为“图层9”。按快捷键Ctrl+T变换图像大小，并将其放置于画面右下方合适的位置。

31 新建“图层10”，使用钢笔工具，在其属性栏中设置属性为“路径”，并在画面右上方勾选需要的选区，单击鼠标右键并选择“创建选区”选项。填充需要的颜色，使用相同的方法依次绘制。新建“图层11”，使用画笔工具选择尖角画笔并适当调整大小及透明度，设置需要的颜色，在画面右上方合适的位置绘制需要的箭头图案。

32 单击“创建新的填充或调整图层”按钮，在弹出的菜单中选择“色相/饱和度”选项设置参数，调整画面的色调。至此，本实例制作完成。

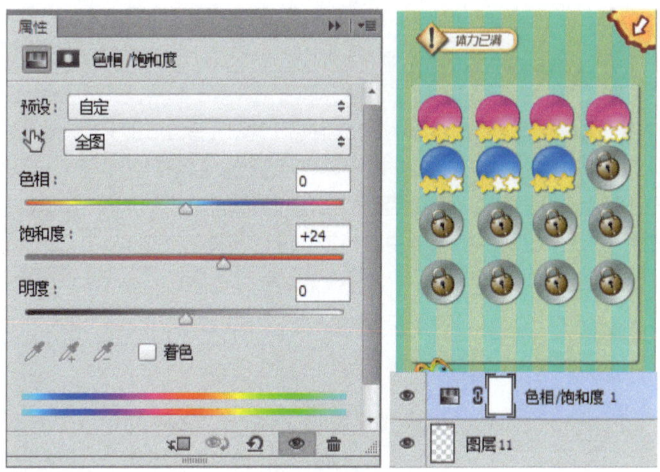

3.2.3 重复圆角矩形闯关界面

01 执行“文件>新建”命令，在弹出的“新建”对话框中设置各项参数及选项，设置完成后单击“确定”按钮，新建空白图像文件。

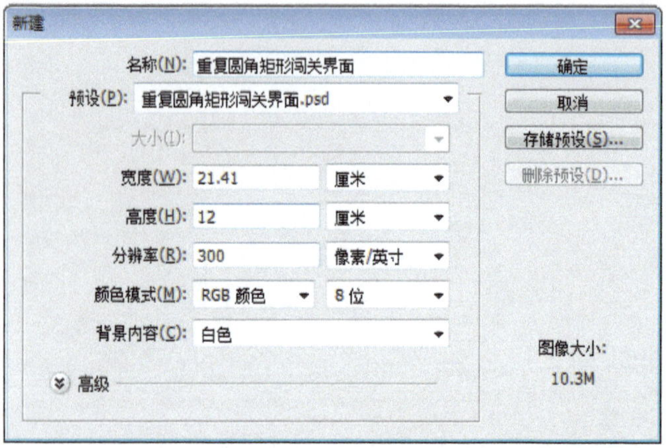

02 执行“文件>打开”命令，打开“背景.jpg”文件，将其拖曳到当前图像文件中，生成“图层1”。新建“图层2”，将其填充为墨绿色，设置混合模式为“柔光”，“不透明度”为21%，制作界面的背景。

03 使用圆角矩形工具，在其属性栏中设置“填充”为蓝色到白色的线性渐变，“描边”为无，在画面上绘制需要的圆角矩形图标，得到“圆角矩形1”，单击“添加图层样式”按钮，选择“描边”和“投影”选项并设置参数，制作出界面上的图标。

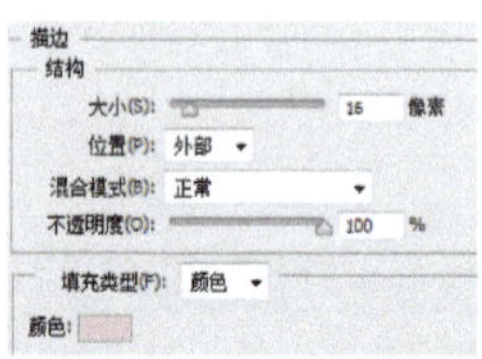

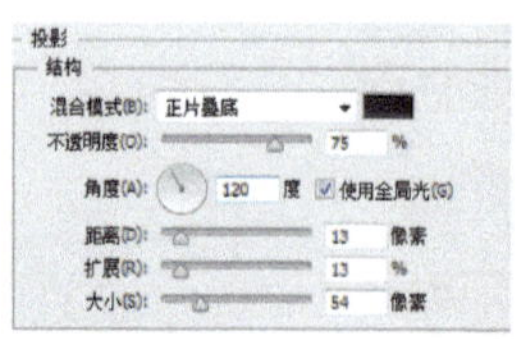

04 选择“圆角矩形1”，连续7次按快捷键Ctrl+J复制得到7个“圆角矩形1拷贝”，并使用移动工具将其移至画面上合适的位置。按住Shift键并选择需要的图层，继续使用移动工具，单击其属性栏上的垂直居中对齐按钮和水平居中对齐按钮，将其对齐分布。

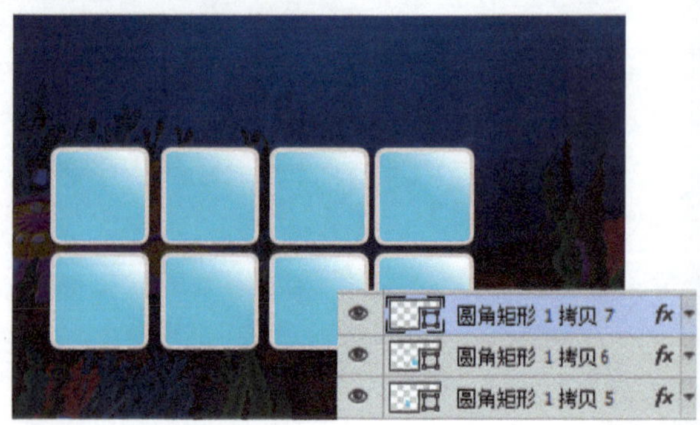

05 新建“图层3”，设置前景色为白色，使用画笔工具，选择柔角画笔并适当调整大小及透明度，在需要添加元素的圆角矩形图标上绘制白色光感。新建“图层4”，设置需要的前景色，选择尖角画笔并适当调整大小，在画面上绘制需要的图形并适当地缩小，制作图标上的元素。

06 按住Shift键并选择“图层3”和“图层4”，按快捷键Ctrl+J复制得到“图层3拷贝”和“图层4拷贝”，将其移至画面上合适的位置。继续制作画面上需要的图形并适当地缩小，制作图标上的元素。

07 选择“图层3”，按快捷键Ctrl+J复制得到“图层3拷贝”，将其移至图层上方，移至画面中图标上合适的位置。新建“图层5”，设置需要的前景色，选择尖角画笔并适当调整大小，在画面上绘制需要的图形并适当地缩小，制作图标上的元素。

08 按住Shift键并选择“图层3拷贝2”和“图层5”，按快捷键Ctrl+J复制得到“图层3拷贝3”和“图层5拷贝”，将其移至画面上合适的位置。继续制作画面上需要的图形并适当地缩小，制作图标上的元素。

09 新建“图层6”，设置需要的前景色，选择尖角画笔并适当调整大小，在画面上绘制需要的图形并适当地缩小，制作图标上的元素。连续3次按快捷键Ctrl+J复制得到3个“图层6拷贝”，并将其移至画面上合适的位置，将界面中按钮上的图案绘制完整。

10 新建“图层7”，设置需要的前景色，选择尖角画笔并适当调整大小，在画面右侧绘制需要的人物图形，制作画面上的主题人物，突出画面的主题。

11 新建“图层8”，使用多边形套索工具，在画面右上方绘制关闭的图案选区，将其填充为白色，然后按快捷键Ctrl+D取消选区。单击“添加图层样式”按钮，选择“描边”和“外发光”选项并设置参数，制作图层样式。

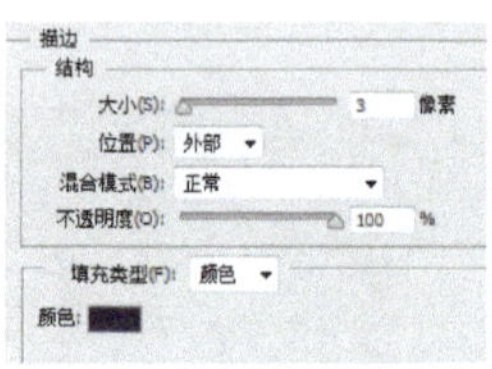

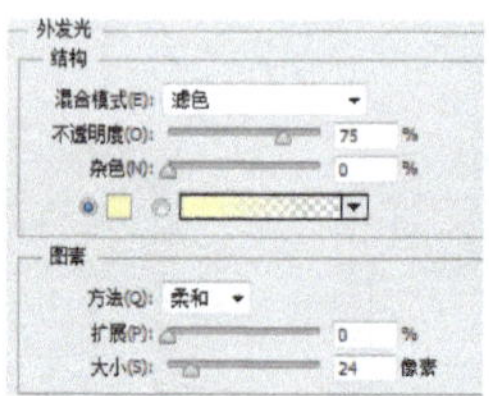

12 使用横排文字工具，设置前景色为亮蓝色，输入所需文字，双击文字图层，在其属性栏中设置文字的字体样式及大小，将其放置于画面左上方合适的位置，并创建“外发光”图层样式。新建“图层9”，使用渐变工具，设置渐变颜色为白色到蓝色的线性渐变，并在图层上从上到下拖出渐变，按住Alt键并单击鼠标左键，创建其图层剪贴蒙版。至此，本实例制作完成。

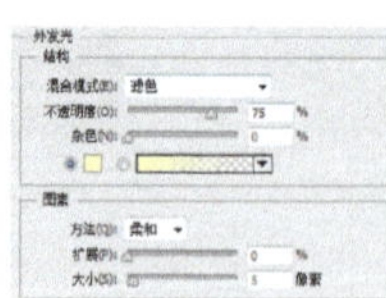

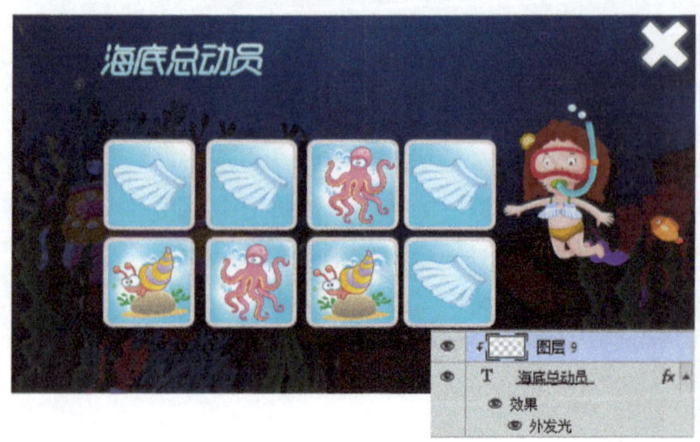

3.3 混合色彩表现不同游戏界面

游戏界面上都不是单一的颜色，都是由多种颜色混合表现的，颜色不同，表达的画面效果也不尽相同，色彩构成着重研究色彩本身的色相、明度，纯度之间对比、调和的规律及色彩的感情和象征性等方面的问题。它强调其自身的创造意识，充分运用色彩概括、夸张的功能，使其具有非常生动的画面效果。下面欣赏不同的混合色彩带来的不同的游戏界面视觉享受。

例如，在蓝色的界面中单击一些黄色和红色作为界面的点缀可以使得画面变得丰富并且具有一定的突出画面主题物的功能，使得人眼的聚焦点会非常明显，如下图所示。

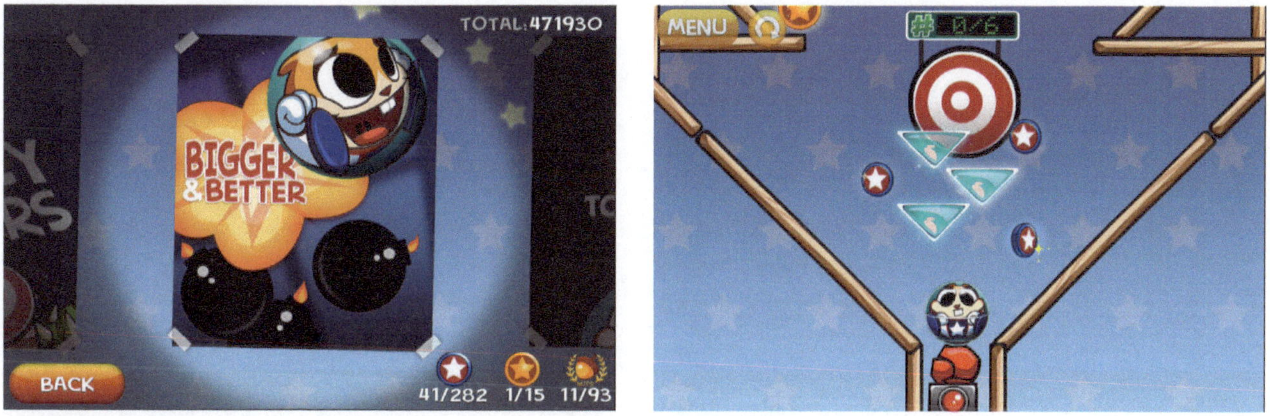

混合色彩表现儿童游戏界面

女性游戏中的颜色一般都非常地多并且复杂。在颜色非常多的游戏界面中，混合颜色的运用就更加需要注意了，颜色的丰富可以提高游戏的可看性和操作感。制作颜色较多的游戏界面的时候需要注意，统一的色调可以帮助我们有效地完成游戏界面的制作。

颜色较为复杂的女性游戏界面

3.3.1 粉色调游戏界面

01 执行“文件>新建”命令，在弹出的“新建”对话框中设置各项参数及选项，设置完成后单击“确定”按钮，新建空白图像文件。

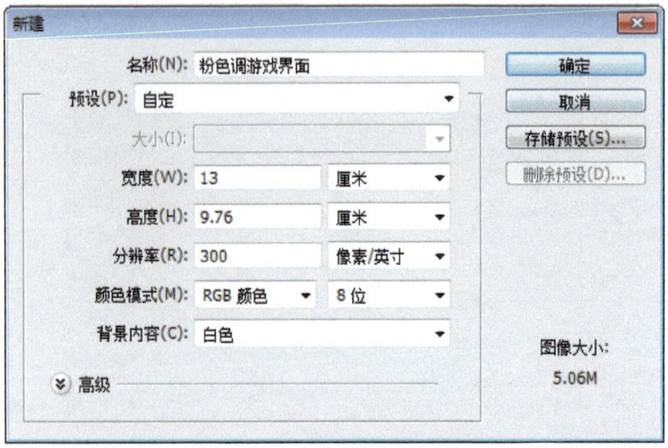

02 新建“图层1”，使用钢笔工具，在图层上绘制需要的天空和云朵的形状并创建选区，设置颜色为粉色和亮粉色，对图层上需要填充粉色的选区进行填充，制作粉色背景。

03 新建“图层2”，继续使用钢笔工具，在图层上绘制需要的粉色树木，并创建选区，设置颜色为粉色和深亮粉色，对图层上需要填充粉色的选区进行填充，制作粉色的树木。

04 新建“图层3”，继续使用钢笔工具，在图层上绘制需要的粉色树木，并创建选区，设置颜色为粉色和粉紫色，对图层上需要填充粉色的选区进行填充，制作粉色的树木。

05 按住Shift键并选择“图层2”和“图层3”，按快捷键Ctrl+J复制得到“图层2拷贝”和“图层3拷贝”，按快捷键Ctrl+T变换图像方向，并将其放置于画面中合适的位置，继续制作画面中的树木。

06 新建“图层4”，继续使用钢笔工具，在图层上绘制需要的树木，并创建选区，设置颜色并对图层上需要填充粉色的选区进行填充，制作出画面中树木的层次感。

07 使用钢笔工具，在其属性栏中设置属性为“形状”，“填色”为白色，在画面下方绘制画面之间的分割，得到“形状1”，按快捷键Ctrl+J复制得到“形状1拷贝”并更改其“填色”为深灰色，使用移动工具，将其向下移动一定的距离。

08 执行“文件>打开”命令，打开“01.png”和“02.png”文件，将其拖曳到当前图像文件中，生成“图层5”和“图层6”，按快捷键Ctrl+T变换图像大小，并将其放置于画面中合适的位置。使用横排文字工具，输入所需文字，单击“添加图层样式”按钮，选择“投影”选项并设置参数，制作文字样式，并将其放置于画面中合适的位置。至此，本实例制作完成。

小编分享

在Photoshop中添加投影效果后，图层的下方会出现一个轮廓和层的内容相同的“影子”，这个影子有一定的偏移量，默认情况下会向右下角偏移。由于阴影的颜色一般都是偏暗的，因此通常设置为“正片叠底”。阴影的默认混合模式是正片叠底，不透明度为75%。

3.3.2 蓝色调游戏界面

01 执行“文件>新建”命令，在弹出的“新建”对话框中设置各项参数及选项，设置完成后单击“确定”按钮，新建空白图像文件。

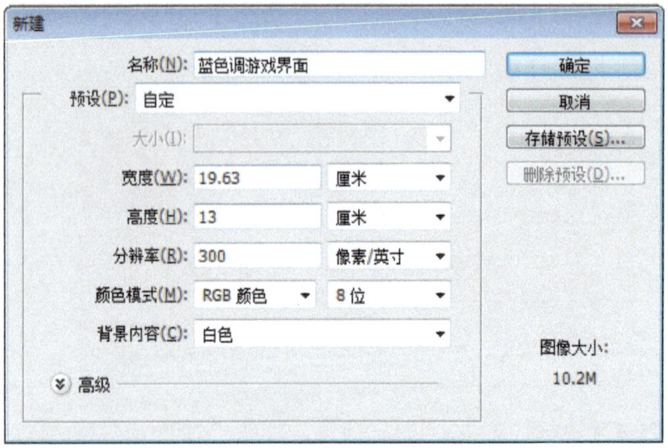

02 设置前景色为亮绿色（R58，G210，B181），按快捷键Alt+Delete，填充背景色为亮绿色。

03 新建“图层1”，使用渐变工具，设置渐变颜色为绿色到透明色的线性渐变，并在图层上从上到下拖出渐变，制作画面的背景颜色。

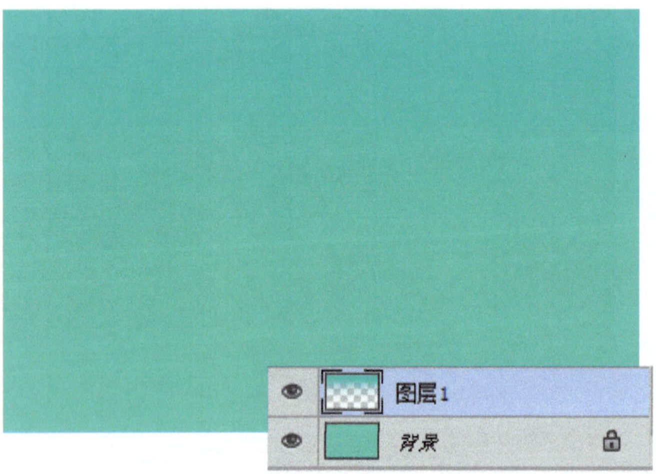

04 新建“图层2”，使用矩形选框工具，在画面上方创建一个矩形选区，并使用渐变工具，设置渐变颜色为蓝色到亮紫色的线性渐变，并从选区下方到选区上方拖出渐变，完成后按快捷键Ctrl+D取消选区。设置混合模式为“正片叠底”，在其“图层”面板上设置“填充”为45%。

05 新建“图层3”，使用钢笔工具，在其属性栏中设置属性为“路径”，在画面上绘制需要的形状。绘制完成后单击鼠标右键并选择“创建选区”选项，填充需要的颜色，完成后按快捷键Ctrl+D取消选区。

06 新建“图层4”，使用钢笔工具，在其属性栏中设置属性为“路径”，结合矩形选框工具，在画面上绘制需要的形状，绘制完成后单击鼠标右键并选择“创建选区”选项，填充需要的颜色后，按快捷键Ctrl+D取消选区，绘制画面中的山形状。

07 新建“图层5”，使用钢笔工具，在其属性栏中设置属性为“路径”，在画面上绘制需要的形状，绘制完成后单击鼠标右键并选择“创建选区”选项，填充需要的颜色后，按快捷键Ctrl+D取消选区，绘制山前面的树的形状。

08 新建“图层6”，使用钢笔工具，在其属性栏中设置属性为“路径”，结合椭圆工具在画面上绘制需要的形状，绘制完成后单击鼠标右键并选择“创建选区”选项，填充需要的颜色后，按快捷键Ctrl+D取消选区，绘制画面上的草坪的形状，并设置其图层的“不透明度”为40%。

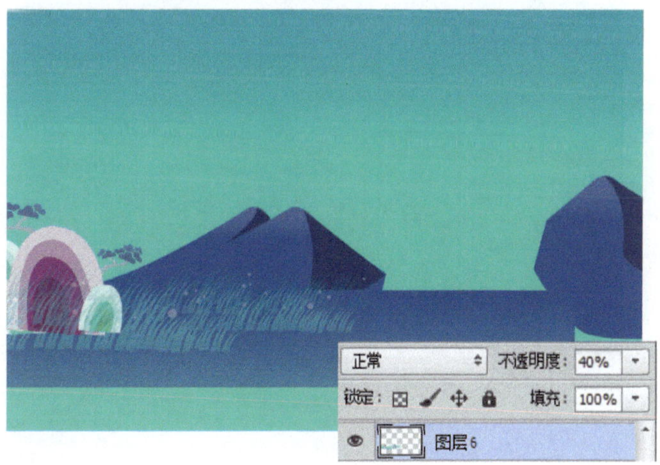

09 新建“图层7”，使用钢笔工具，在其属性栏中设置属性为“路径”，结合椭圆工具在画面上绘制需要的形状，绘制完成后单击鼠标右键并选择“创建选区”选项，填充需要的颜色后，按快捷键Ctrl+D取消选区，绘制画面上的夜空。

10 选择“图层5”，按快捷键Ctrl+J复制得到“图层5拷贝”，将其移至图层上方，按快捷键Ctrl+T变换图像大小，并将其放置于画面中合适的位置。按快捷键Ctrl+U，调整色相/饱和度，继续制作画面中的树。

11 选择“图层6”，按快捷键Ctrl+J复制得到“图层6拷贝”，将其移至图层上方，按快捷键Ctrl+T变换图像大小，并将其放置于画面中合适的位置，并将图层的“不透明度”设置为100%。

12 新建“图层8”，使用钢笔工具，在其属性栏中设置属性为“路径”，结合椭圆工具在画面上绘制需要的形状，绘制完成后单击鼠标右键并选择“创建选区”选项，填充需要的颜色后，按快捷键Ctrl+D取消选区，绘制前景的山丘形状。

13 选择“图层8”，按快捷键Ctrl+J复制得到“图层8拷贝”，将其移至图层上方，按快捷键Ctrl+T变换图像方向，并将其放置于画面中合适的位置。

14 新建“图层9”，设置需要的前景色，使用画笔工具，选择尖角画笔并适当调整大小及透明度，在画面上绘制需要的小台阶的形状。

15 选择“图层9”，按快捷键Ctrl+J复制得到“图层9拷贝”，将其移至图层上方，并将其放置于画面中合适的位置，制作游戏中跳跃的台阶。

16 新建“图层10”，设置前景色为亮蓝色，使用画笔工具，选择柔角画笔并适当调整大小及透明度，在绘制好的台阶上绘制跳跃的发光点。单击“添加图层样式”按钮，选择“外发光”选项并设置参数，制作图层样式。在“图层”面板上设置“填充”为71%。

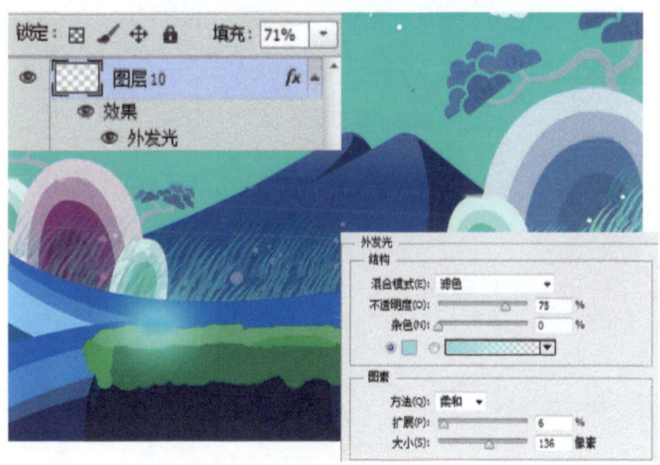

17 新建“图层11”，设置需要的前景色，使用画笔工具，选择尖角画笔并适当调整大小及透明度，在画面上绘制游戏中的主题动物——跳跃的小狗的外形。

18 选择绘制好的“图层11”，单击“添加图层样式”按钮，选择“斜面和浮雕”选项并设置参数，选择“投影”选项并设置参数，制作图层样式。

19 新建“图层12”，设置需要的前景色，使用画笔工具，选择尖角画笔并适当调整大小及透明度，在画面上绘制骨头的形状。

20 选择绘制好的“图层12”，连续多次按快捷键Ctrl+J复制得到多个“图层12拷贝”，并将其放置于画面中合适的位置。按快捷键Ctrl+U调整图层的色相/饱和度，制作出丰富画面元素。

21 选择“图层11”，按快捷键Ctrl+J复制得到“图层11拷贝”，将其移至图层上方，按快捷键Ctrl+T变换图像大小和方向，并将其放置于画面中合适的位置。按快捷键Ctrl+U调整图层的色相/饱和度，制作游戏提示栏。

22 使用横排文字工具T，设置前景色为黄色，输入所需文字，双击文字图层，在属性栏中设置文字的字体样式及大小，并将其放置于画面中左上方合适的位置。

23 选择制作好的文字图层，单击“添加图层样式”按钮fx，选择“描边”选项并设置参数，制作图层样式。

24 新建“图层13”，使用钢笔工具，在属性栏中设置属性为“路径”，在画面上绘制需要的形状。绘制完成后单击鼠标右键并选择“创建选区”选项，填充需要的颜色后，按快捷键Ctrl+D取消选区，制作提示栏上的钱袋。

25 使用横排文字工具，设置前景色为白色，输入所需文字，双击文字图层，在属性栏中设置文字的字体样式及大小，并将其放置于画面中右上方合适的位置。

26 选择制作好的文字图层，单击“添加图层样式”按钮，选择“描边”选项并设置参数，制作图层样式。

27 新建“图层14”，设置需要的前景色，使用画笔工具选择尖角画笔并适当调整大小及透明度，在画面上绘制气球的形状。

28 新建“图层15”，使用椭圆选框工具，在画面左下角绘制椭圆选区，并将其填充为白色，结合多边形套索工具，选取不需要的部分并将其删除。在“图层”面板上设置“填充”为60%。至此，本实例制作完成。

3.3.3 黄绿色调游戏界面

01 执行“文件>新建”命令，在弹出的“新建”对话框中设置各项参数及选项，设置完成后单击“确定”按钮，新建空白图像文件。

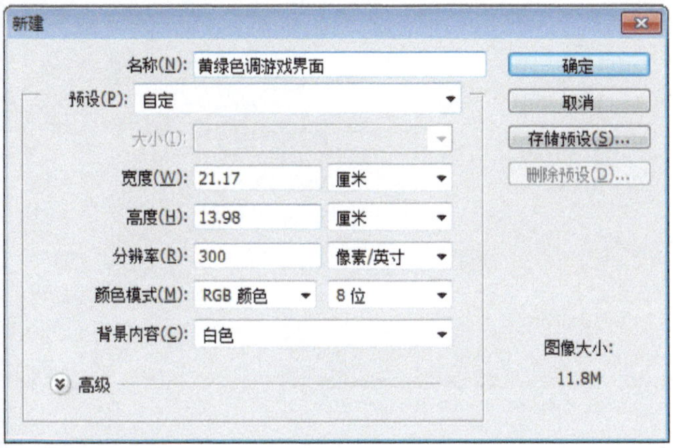

02 执行“文件>打开”命令，打开“背景.jpg”文件，将其拖曳到当前图像文件中，生成“图层1”，按快捷键Ctrl+T变换图像大小，将其平铺于画面。

03 新建“图层2”，使用多边形套索工具绘制需要的图形，并填充需要的颜色，完成后按快捷键Ctrl+D取消选区。按住Ctrl键并单击鼠标左键选择“图层2”，得到其选区，设置前景色为黑色，使用画笔工具选择尖角画笔并适当调整大小，在选区内绘制需要的形状后按快捷键Ctrl+D取消选区。

04 选择“图层2”，单击“添加图层样式”按钮，选择“描边”和“斜面和浮雕”选项并设置参数，制作图层样式。

05 选择“图层2”，按快捷键Ctrl+J复制得到“图层2拷贝”，按快捷键Ctrl+T变换图像方向，并将其放置于画面中合适的位置。

06 按住Shift键并选择“图层2”和“图层2拷贝”，按快捷键Ctrl+G新建“组1”。单击“添加图层样式”按钮，选择“投影”选项并设置参数，制作图层样式。

07 在“组1”下方新建“图层3”，使用矩形选框工具在画面上合适的位置创建选区并填充需要的颜色。完成后按快捷键Ctrl+D取消选区。

08 制作提示栏上面的文字及其图层样式，回到图层上方，使用横排文字工具，设置前景色为黑色，输入所需文字，双击文字图层，在属性栏中设置文字的字体样式及大小，将其放置于提示栏上合适的位置。单击“添加图层样式”按钮，选择“外发光”选项并设置参数，制作图层样式。

09 使用矩形工具，在属性栏中设置“填充”为橘黄色，“描边”为无，在画面右上方绘制需要的矩形。继续使用矩形工具，在属性栏中设置“填充”为黄色，绘制需要的矩形，按住Alt键创建图层剪贴蒙版。选择“矩形1”，单击“添加图层样式”按钮，选择“描边”选项并设置参数，制作图层样式。

10 使用横排文字工具，设置前景色为白色，输入所需文字，双击文字图层，在属性栏中设置文字的字体样式及大小，将其放置于画面右上方合适的位置。单击“添加图层样式”按钮，选择“描边”选项并设置参数，制作图层样式。

11 打开“图标.png”和“图标2.png”文件，将其拖曳到当前图像文件中，生成“图层4”和“图层5”，按快捷键Ctrl+T变换图像大小，并将其放置于画面中合适的位置。

12 新建“图层6”，设置需要的前景色，使用画笔工具，选择尖角画笔并适当调整大小及透明度，在画面上绘制需要的卡通形象。

13 选择“图层6”，设置需要的前景色，使用画笔工具，选择尖角画笔并适当调整大小及透明度，在画面上绘制需要的卡通形象。

14 在“图层6”下方新建“图层7”，设置前景色为棕色，使用画笔工具，选择柔角画笔并适当调整大小及透明度，在绘制好的主体卡通形象下面适当地涂抹，制作其阴影效果。

15 创建“色相/饱和度1”，调整图层色调，单击“创建新的填充或调整图层”按钮，在弹出的菜单中选择“色相/饱和度”选项并设置参数，单击图框中的“此调整影响到下面的所有图层”按钮，创建其图层剪贴蒙版，调整图层色调。

16 新建“图层6”，设置需要的前景色，使用画笔工具，选择尖角画笔并适当调整大小及透明度，在画面下方绘制需要的卡通形象提示图案。

17 使用横排文字工具，设置前景色为黄色，输入所需文字，双击文字图层，在其属性栏中设置文字的字体样式及大小，单击“添加图层样式”按钮，选择“描边”选项并设置参数，制作图层样式。新建“图层9”，按住Alt键并单击鼠标左键，创建其图层剪贴蒙版。设置前景色为绿色，使用画笔工具，选择尖角画笔并适当调整大小及透明度，在文字上适当地涂抹。

18 使用横排文字工具，设置前景色为黄色，输入所需文字，双击文字图层，在其属性栏中设置文字的字体样式及大小，将其放置于画面合适的位置。

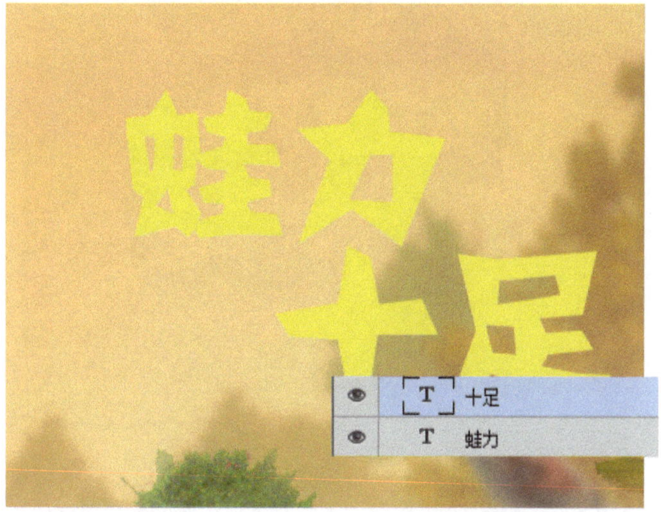

19 打开“眼睛.png”文件，将其拖曳到当前图像文件中，生成“图层10”，按快捷键Ctrl+T变换图像大小，按快捷键Ctrl+J复制得到“图层10拷贝”，将其分别放置于画面中合适的位置。按住Shift键并选择文字图层到“图层10拷贝”，按快捷键Ctrl+G新建“组2”。单击“添加图层样式”按钮，选择“投影”选项并设置参数，制作图层样式。

20 在“组1”下方新建“图层11”，使用多边形套索工具，在文字下方绘制需要的图形，并将其填充为黄灰色，按快捷键Ctrl+D取消选区。单击“添加图层样式”按钮，选择“斜面和浮雕”“描边”和“投影”选项并设置参数，制作图层样式。

21 新建“图层12”，设置前景色为深黄灰色，使用画笔工具，选择尖角画笔并适当调整大小及透明度，在文字的下方绘制文字的投影效果，按住Alt键并单击鼠标左键，创建其图层剪贴蒙版。

22 在“图层11”下方打开“武器.png”文件，将其拖曳到当前图像文件中，生成“图层13”，按快捷键Ctrl+T变换图像大小，并将其放置于文字下方合适的位置。

23 在“组2”上方新建“图层14”，设置前景色为绿色，使用画笔工具，选择尖角画笔并适当调整大小及透明度，在文字的下方绘制文字的效果，按住Alt键并单击鼠标左键，创建其图层剪贴蒙版。设置混合模式为“正片叠底”。

24 单击“创建新的填充或调整图层”按钮，在弹出的菜单中选择“色相/饱和度”选项并设置参数，调整画面的色调。至此，本实例制作完成。

3.4 结合矢量对象制作游戏中的不同形态

在制作游戏界面的过程中，有时需要通过对矢量对象进行合理的利用创造出属于自己的游戏人物、动物等。下面就 Adobe Illustrator 和 Photoshop 之间的共同点制作游戏界面。

和 Photoshop 一样，Illustrator（简称 AI）也具有非常实用的绘图功能，在绘制轮廓较为明显的物体的时候，可以结合 AI 软件绘制。这样绘制出来的图片颜色更加地鲜明，且具有通透的感觉。

在AI中制作的动物

将AI图拖入Photoshop中的效果

下面欣赏通过 AI 和 Photoshop 两种软件制作的游戏界面。

AI结合Photoshop制作的游戏界面

3.4.1 结合矢量对象制作游戏中的题标

01 打开 Illustrator CS6，执行“文件>新建”命令，在弹出的对话框中设置各项参数，设置完成后单击“确定”按钮，新建一个图形文件。

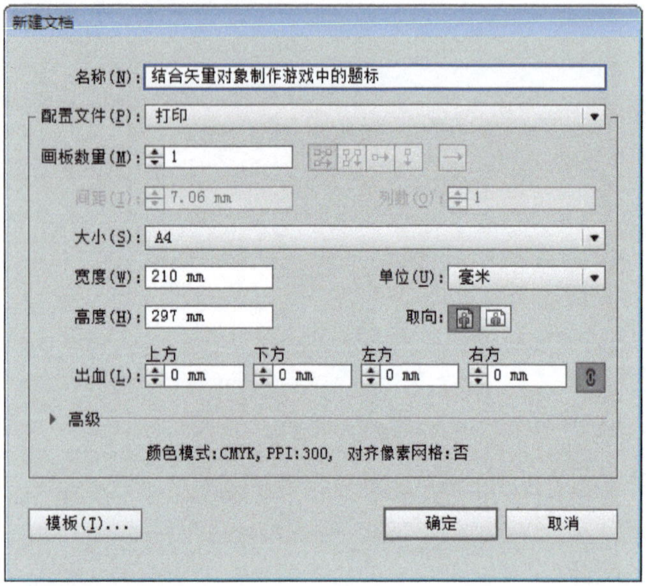

02 使用钢笔工具，设置“填色”为亮红色到深红色的线性渐变，设置“描边”为无，在画面的右侧绘制彩带右边的形状。

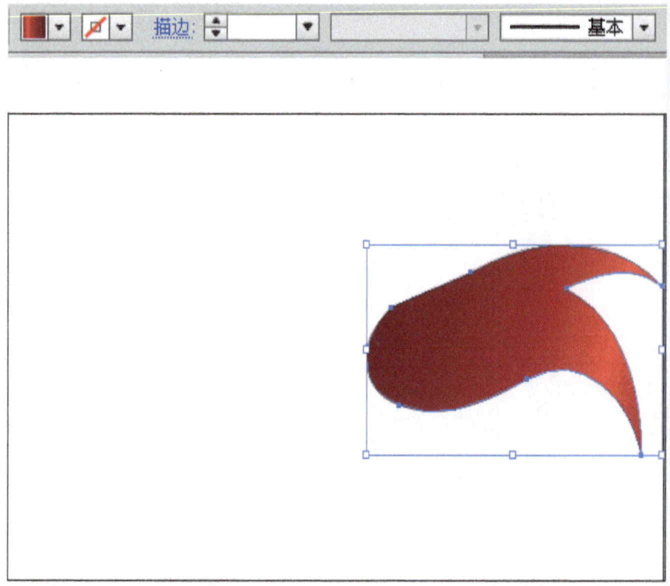

03 使用钢笔工具，设置“填色”为亮红色到深红色的线性渐变，设置“描边”为无，在画面的右侧继续绘制彩带的形状。

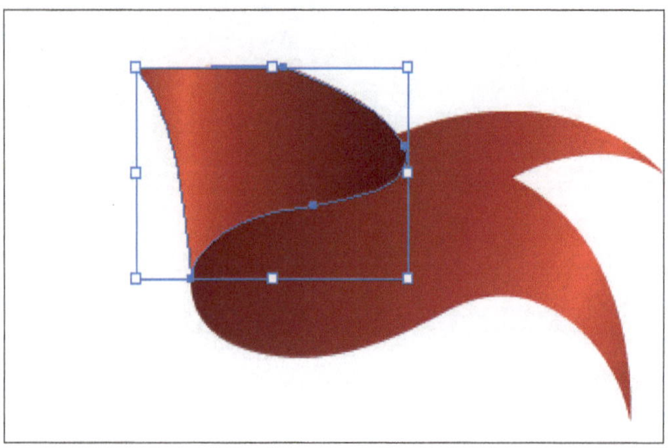

04 继续使用钢笔工具，设置“填色”为亮红色到深红色的线性渐变，设置“描边”为无，在画面的左侧绘制彩带的形状。

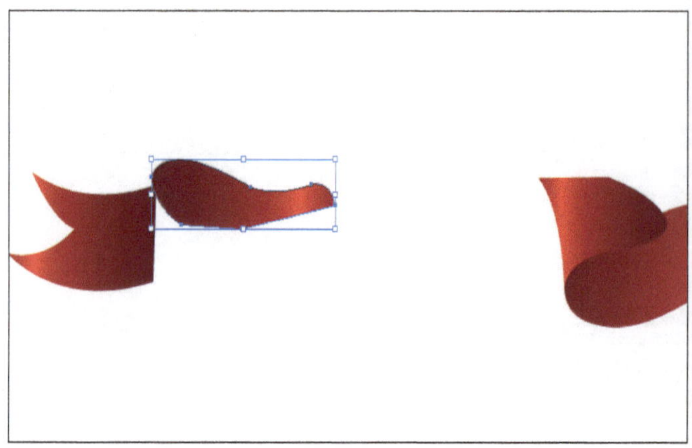

05 使用钢笔工具，设置“填色”为亮红色到深红色的线性渐变，设置“描边”为无，绘制标题彩带前面的形状。

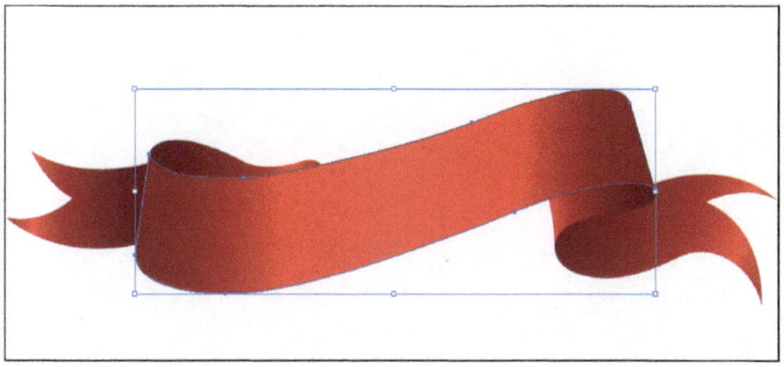

06 使用钢笔工具，设置“填色”为红色，设置“描边”为无。在彩带上绘制出高光的样式和高光点。使用选择工具将绘制的彩带图形全选，按快捷键Ctrl+G合并图层。

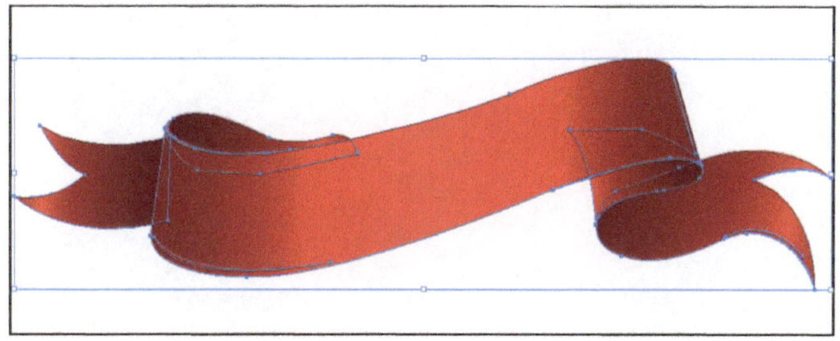

07 打开Photoshop CS6软件，执行“文件>新建”命令，在弹出的“新建”对话框中设置各项参数及选项，设置完成后单击“确定”按钮，新建空白图像文件。

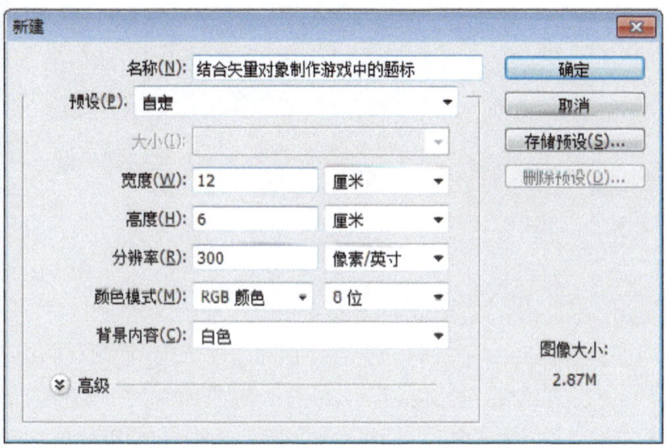

08 设置前景色为深紫色，按快捷键Alt+Delete，填充背景色为深紫色。

小编分享

Photoshop软件和Illustrator软件的区别

Photoshop是优秀的专业图像编辑软件，画出的图是位图。位图是以点或像素方式来记录图像的，因此，图像由许多小点组成。位图的优点是色彩显示自然、柔和、逼真；缺点是图像在放大或缩小的转换过程中会产生失真，且随着图像精度提高或尺寸增大，所占用的磁盘空间也急剧增大，位图放大后图像会变得模糊。Illustrator、CorelDraw、Freehand等是用于绘制矢量图形的软件。矢量图是以数学方式来记录图形的。矢量图的优点是信息存储量小，与分辨率完全独立，在图形的尺寸放大或缩小过程中，图形的质量不会受到丝毫影响；缺点是用数学方程式来描述图形，运算比较复杂，且所制作出的图形色彩显得比较单调，图形看上去比较生硬，不够柔和、逼真。

09 将前面在Illustrator中制作的“结合矢量对象制作游戏中的题标.ai ”文件打开，将绘制的彩带标题栏拖曳到当前Photoshop 文件中来，得到“矢量智能对象”智能图层，按住Shift键将其调整至需要的大小，按Enter键完成选择，单击鼠标右键并选择“栅格化图层”选项，将其转换为可以编辑的图层。

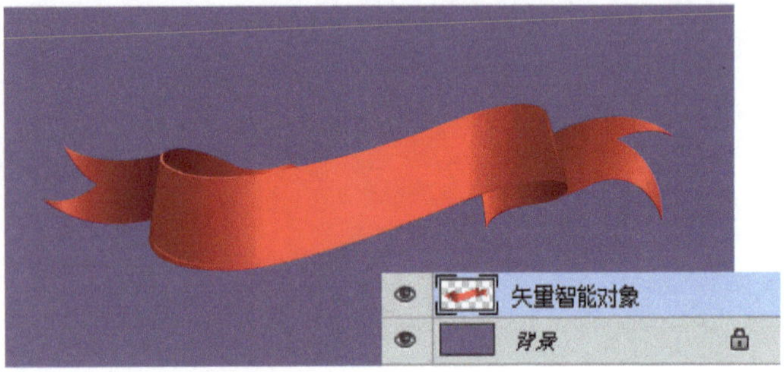

10 使用横排文字工具T，设置前景色为黄色，输入所需文字，双击文字图层，在属性栏中设置文字的字体样式及大小，单击快捷键Ctrl+T变换文字的方向，将其放置于界面中标题彩带上合适的位置。

11 选择绘制好的文字图层，单击“添加图层样式”按钮fx，选择“斜面和浮雕”选项并设置参数，制作图层样式。

12 选择绘制好的文字图层，单击“添加图层样式”按钮fx，选择“描边”选项并设置参数，制作图层样式。

13 选择绘制好的文字图层，单击“添加图层样式”按钮fx，选择“内发光”选项并设置参数，制作图层样式。

14 选择绘制好的文字图层，单击“添加图层样式”按钮fx，选择“渐变叠加”选项并设置参数，制作图层样式。

15 选择绘制好的文字图层，单击“添加图层样式”按钮fx，选择“投影”选项并设置参数，制作出文字的质感。

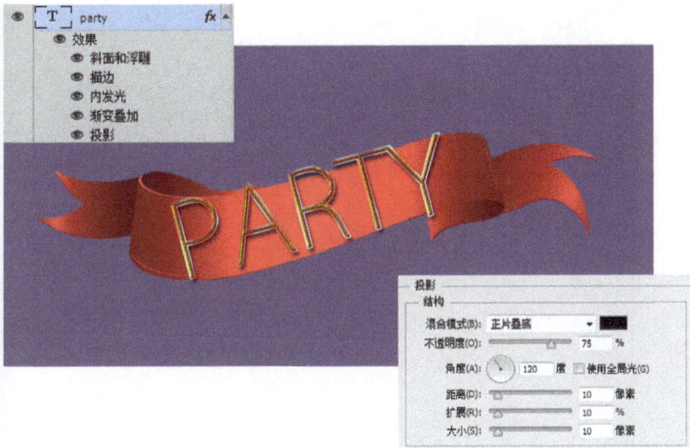

16 打开“光.png”文件，将其拖曳到当前图像文件中，生成“图层1”，按快捷键Ctrl+T变换图像大小和方向，并将其放置于彩带上合适的位置。设置混合模式为“点光”，“不透明度”为77%。

17 单击“创建新的填充或调整图层”按钮，在弹出的菜单中选择“色相/饱和度”选项并设置参数，调整画面的色相/饱和度，使画面色彩更加明丽鲜艳。

18 单击“创建新的填充或调整图层”按钮，在弹出的菜单中选择“色阶”选项并设置参数，调整画面的色调。至此，本实例制作完成。

小编分享

色阶是用来调整图片明暗的工具。

3.4.2 结合矢量对象制作游戏中的小动物

01 打开 Illustrator CS6，执行“文件>新建”命令，在弹出的对话框中设置各项参数，设置完成后单击“确定”按钮，新建一个图形文件。

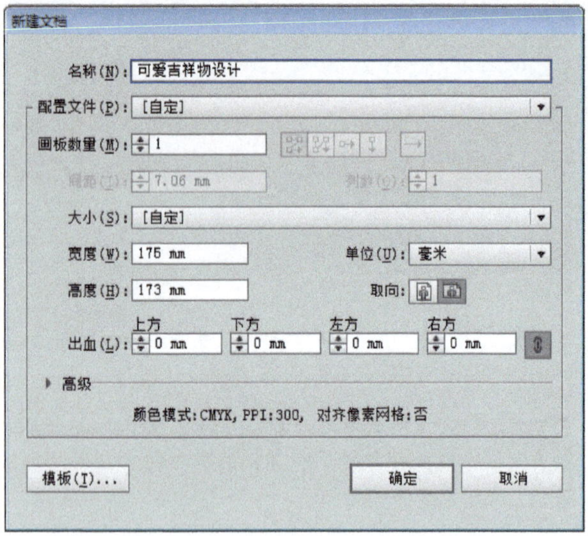

02 使用矩形工具，绘制出与新建图形文件相同大小的矩形，并设置“填色”为淡蓝灰色（C31，M5，Y16，K0），“描边”为无。

03 使用钢笔工具，设置“填色”为深红色（C37，M98，Y65，K1），“描边”为无，在画面中绘制吉祥物的大体形状。

04 按快捷键Ctrl+C+F原位粘贴路径。并设置“填色”为红色（C0，M89，Y41，K0），使用选择工具，将其向左下方移动一定距离，制作投影效果。

05 使用椭圆工具，设置“填色”为土黄色（C42，M32，Y51，K0），在吉祥物的左耳朵上绘制椭圆。

06 按快捷键Ctrl+C+F原位粘贴路径，设置“填色”为黄灰色（C4，M0，Y28，K0），使用选择工具，将其向左下方移动一定距离，制作投影效果。

07 使用相同方法在吉祥物的右耳朵上绘制相同的椭圆。使用钢笔工具，设置“填色”为土黄色（C42，M32，Y51，K0），在画面中绘制吉祥物的脸部形状。

08 按快捷键Ctrl+C+F原位粘贴路径。并设置“填色”为黄灰色（C4，M0，Y28，K0），使用选择工具，向左下方移动一定距离，制作投影效果。再次按快捷键Ctrl+C+F原位粘贴路径。设置“填色”为为深红色（C37，M98，Y65，K1），使用选择工具，将图层移动到脸部图层下方，并向右下方轻移制作阴影效果，使脸部具有立体感。

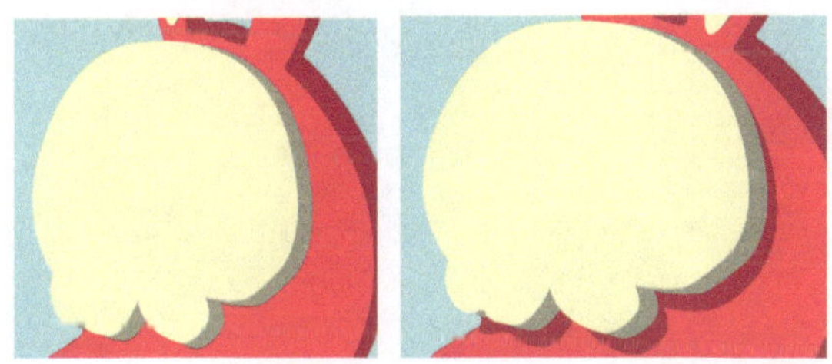

09 使用椭圆工具，设置“填色”为土黄色（C45，M59，Y74，K2），绘制出吉祥物的左眼睛，并使用选择工具将其稍微旋转。

10 使用钢笔工具，设置“填色”为红色（C0，M89，Y41，K0），在画面中绘制花朵的形状。选择步骤9的图层，按快捷键Ctrl+C+F原位粘贴路径，将其放于花朵图层上方。全选所有图层，单击鼠标右键并选择“建立剪切蒙版”选项，制作花朵形状的瞳孔。

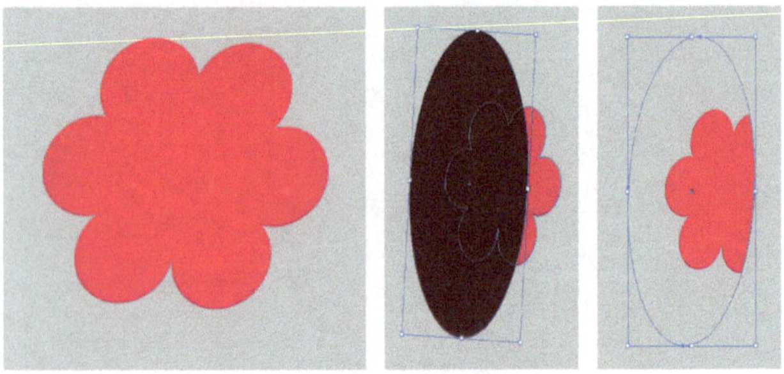

11 使用选择工具，将剪切好的花朵瞳孔，放置于眼睛上，绘制出可爱的吉祥物的眼睛。使用相同的方法在适当位置绘制出吉祥物的右眼睛，使用选择工具，适当旋转眼睛，制作出可爱的双眼。

12 使用钢笔工具，设置“填色”为咖啡色（C70，M84，Y96，K64），在画面中绘制花朵的形状。使用选择工具，按住Shift键适当调整其大小，将其放置于画面中适当的位置。

13 使用椭圆工具，设置“填色”为粉红色（C0，M39，Y25，K0），在吉祥物的眼睛下方绘制两片腮红，并使用选择工具将其拖曳至眼睛图层下方，使吉祥物更加的可爱。

14 选择花朵图层，按快捷键Ctrl+C及Ctrl+V复制并粘贴图层，按住Shift键，适当调整其大小，将其放置于吉祥物胸口的位置，增加趣味性。

15 使用钢笔工具，运用和步骤3、步骤4相同的方法，设置一深一浅两种颜色，绘制吉祥物棒棒糖的木棒。继续使用钢笔工具，设置一深一浅两种颜色绘制棒棒糖的棒子上的花纹，增加其层次感和趣味性。

16 使用椭圆工具，设置“填色”为咖啡色（C5，M44，Y5，K0），按住Shift键绘制一个正圆，单击网格工具。设置前景色为亮黄色，绘制棒棒糖。使用钢笔工具，设置“填色”为亮粉色（C42，M32，Y51，K0），绘制棒棒糖的细节色块，丰富棒棒糖的层次，使其更有立体感。按快捷键Ctrl+C+F原位粘贴路径。打开“效果”面板，设置“不透明度”为50%，制作色块阴影效果。

17 打开Photoshop CS6软件，执行“文件>新建”命令，在弹出的“新建”对话框中设置各项参数及选项，设置完成后单击“确定”按钮，新建空白图像文件。

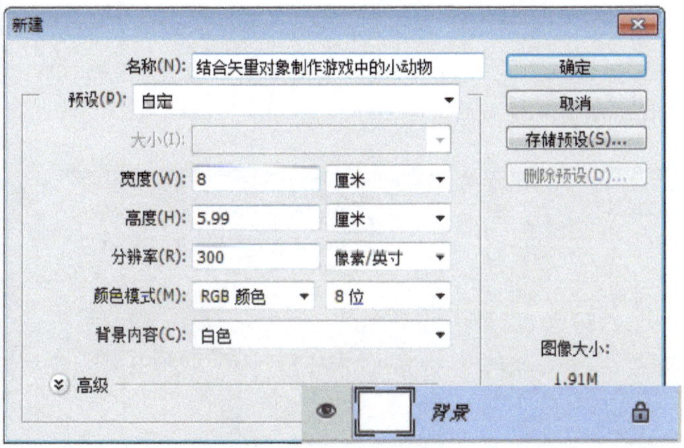

18 将前面在Illustrator中制作的“结合矢量对象制作游戏中的动物.ai ”文件打开，将绘制的彩带标题栏拖曳到当前Photoshop 文件中来，得到“矢量智能对象”智能图层，按住Shift键将其调整至需要的大小。

19 单击鼠标右键并选择“栅格化图层”选项，将其转换为可以编辑的图层。回到背景图层，设置前景色为深紫色，按快捷键Alt+Delete，填充背景色为深紫色，再回到“矢量智能对象”图层。

20 单击“创建新的填充或调整图层”按钮，在弹出的菜单中选择“色相/饱和度”选项并设置参数，调整画面的色调。至此，本实例制作完成。

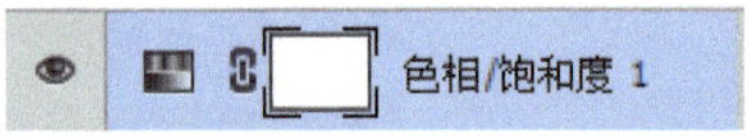

3.5 不同图形与色彩的结合制作不同风格的游戏图标

色彩是游戏图标的重要的造型语言，优秀的游戏图标都追求独特的色彩风格。在游戏图标的设计中，色彩不仅能刻画图标的形象，营造不同的意境和氛围，而且是玩家领略独特游戏图标艺术魅力和表现风格的重要途径，可以有效地引导玩家们进行游戏的选择。

色彩的变化万千可以使游戏图标发生一种本能的化学反应。当今图标的主流色彩有以下几个特点：明快、响亮、色调倾向明确；构图角度独特完整，不失创意；色调倾向明确，构图完整。下面欣赏一下色彩灰度较高的卡漫风格游戏图标、色彩明度较高的写实风格游戏图标、强对比色彩对比的炫彩风格游戏图标欣赏多种不同风格图标设计。

色彩灰度较高的卡漫风格游戏图标欣赏

色彩明度较高的写实风格游戏图标欣赏

强对比色彩对比的炫彩风格游戏图标欣赏

游戏图标在没有色彩的修饰之前不具有什么特别的风格，一旦单击不同的颜色绘制和制作之后便具有了自己的风格和意义，下面欣赏国外的设计师们是怎样单击色彩表现游戏图标的风格的。

游戏草稿图标

上色之后具有复古风情的游戏图标

3.5.1 炫彩质感游戏图标

01 执行“文件>新建”命令，在弹出的“新建”对话框中设置各项参数及选项，设置完成后单击“确定”按钮，新建空白图像文件。

02 使用圆角矩形工具，在其属性栏中设置“填充”为灰色，“描边”为无。在画面中间合适的位置绘制图标的外形，得到“圆角矩形1”。单击“添加图层样式”按钮，选择“斜面和浮雕”选项并设置参数，制作图层样式。

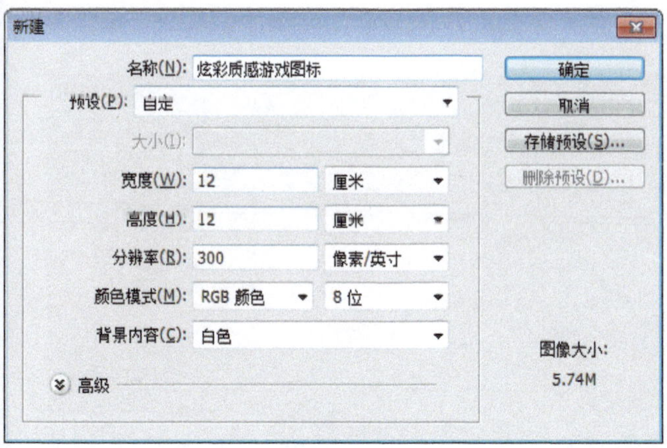

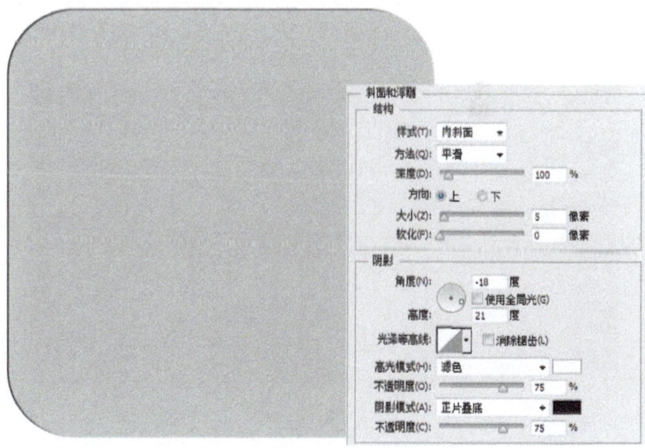

03 选择“圆角矩形1”，单击“添加图层样式”按钮fx.，选择“投影”选项并设置参数，制作图层样式。

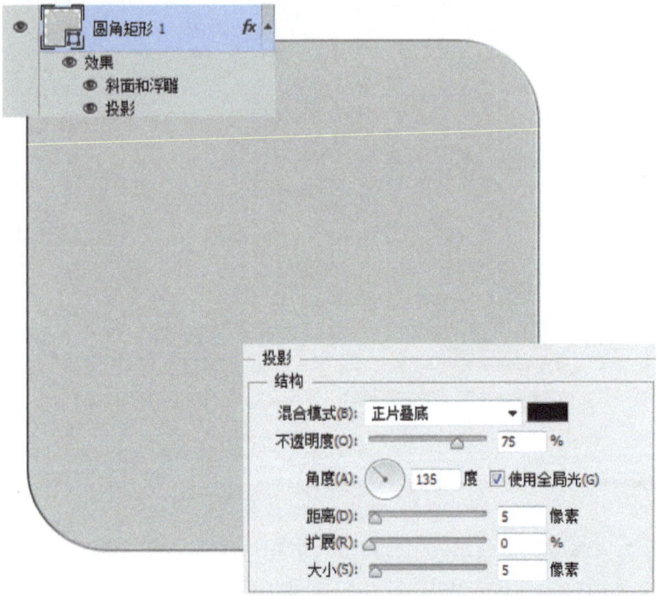

04 选择“圆角矩形1”，按快捷键Ctrl+J复制得到“圆角矩形1拷贝”，在属性栏中设置“填充”为黑色，并删除“投影”选项。

05 新建“图层1”，使用渐变工具，设置渐变颜色为灰色到透明色的线性渐变，并在图层上从画面下方向上方拖出渐变，按住Alt键并单击鼠标左键，创建其图层剪贴蒙版。

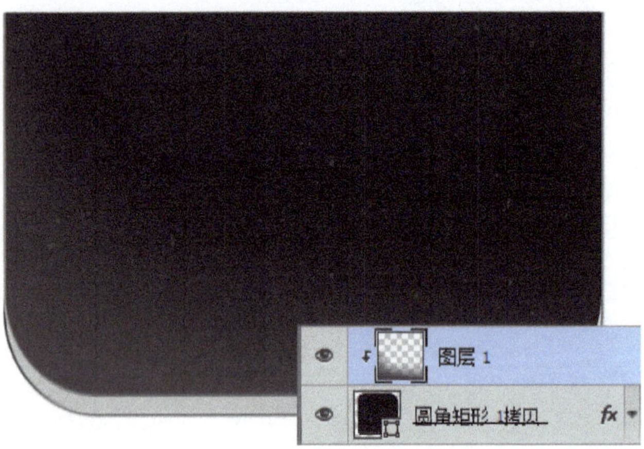

06 执行“文件>打开”命令，打开“炫彩光感.jpg”文件，拖曳到当前图像文件中，生成“图层2”，按住Alt键并单击鼠标左键，创建其图层剪贴蒙版，设置混合模式为“滤色”。

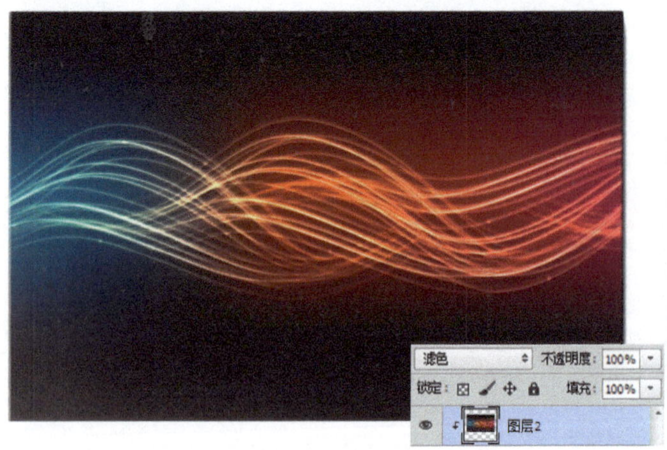

07 打开“炫彩光感2.jpg”文件，拖曳到当前图像文件中，生成“图层3”，按住Alt键并单击鼠标左键，创建其图层剪贴蒙版。设置混合模式为“滤色”，“不透明度”为85%。单击“添加图层蒙版”按钮，使用画笔工具，选择柔角画笔并适当调整大小及透明度，在蒙版上把不需要的部分加以涂抹。

08 打开“汽车.png”文件，拖曳到当前图像文件中，生成“图层3”，按快捷键Ctrl+T变换图像大小，并将其放置于画面中合适的位置，按住Alt键并单击鼠标左键，创建其图层剪贴蒙版。

09 打开“炫彩光感3.jpg”文件，拖曳到当前图像文件中，生成“图层5”，按住Alt键并单击鼠标左键，创建其图层剪贴蒙版，设置混合模式为“滤色”。

10 新建“图层6”，使用椭圆选框工具，按住Shift键在画面右下角绘制游戏图标的提示图案，并将其填充为白色，然后按快捷键Ctrl+D取消选区。单击“添加图层样式”按钮，选择“投影”选项并设置参数，制作图层样式。按住Alt键并单击鼠标左键，创建其图层剪贴蒙版。

11 新建“图层7”，使用相同的方法绘制游戏图标的提示图案，并将其填充为蓝色，然后按快捷键Ctrl+D取消选区。单击“添加图层样式”按钮fx，选择“斜面和浮雕”选项并设置参数，制作图层样式。按住Alt键并单击鼠标左键，创建其图层剪贴蒙版。

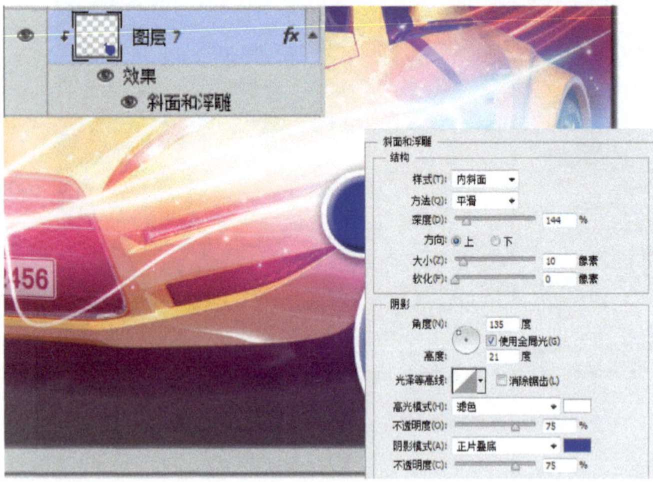

12 新建“图层8”，设置前景色为玫红色，使用画笔工具，选择尖角画笔并适当调整大小，在绘制好的小图标提示上适当地涂抹。

13 选择“图层8”，单击“添加图层样式”按钮fx，选择“斜面和浮雕”选项并设置参数，制作图层样式。

14 使用横排文字工具T，设置前景色为白色，输入所需文字，双击文字图层，在其属性栏中设置文字的字体样式及大小，将其放置于图标上方合适的位置。

15 选择制作好的文字图层，单击“添加图层样式”按钮fx，选择“外发光”选项并设置参数，制作图层样式。

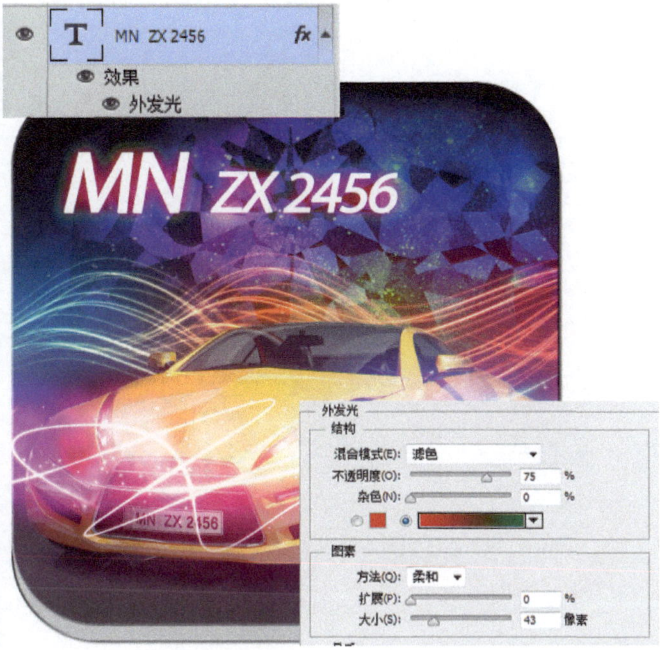

16 使用横排文字工具T，设置前景色为白色，输入所需文字，双击文字图层，在其属性栏中设置文字的字体样式及大小，将其放置于图标右下方合适的位置。至此，本实例制作完成。

3.5.2 卡通游戏图标

01 执行“文件>新建”命令，在弹出的“新建”对话框中设置各项参数及选项，设置完成后单击“确定”按钮，新建空白图像文件。

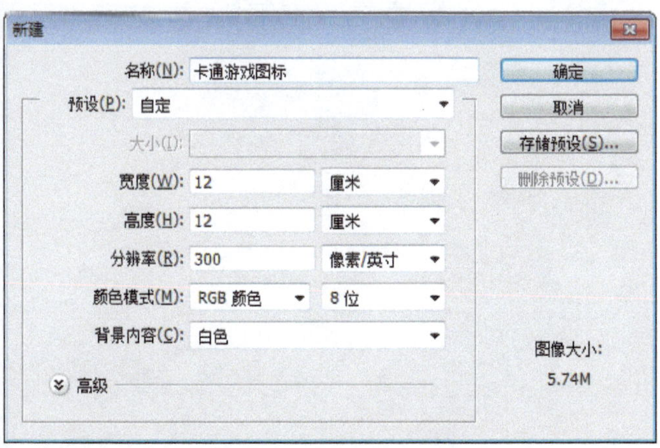

02 使用圆角矩形工具，在其属性栏中设置“填充”为灰色，“描边”为无。在画面中间合适的位置绘制图标的外形，得到“圆角矩形1”。单击“添加图层样式”按钮fx，选择“投影”选项并设置参数，制作图层样式。

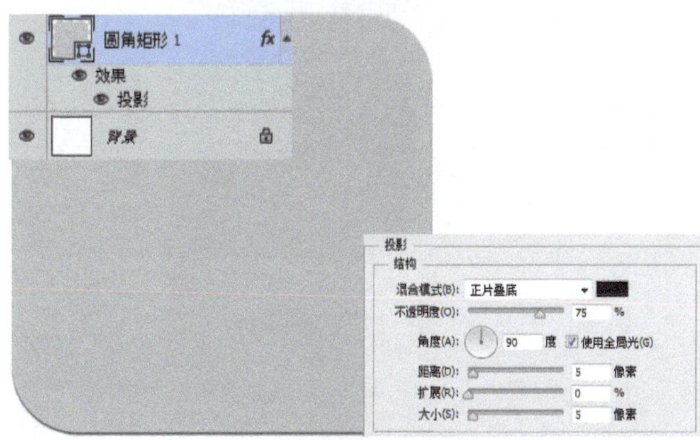

03 选择“圆角矩形1”，按快捷键Ctrl+J复制得到“圆角矩形1拷贝”，更改“填色”为粉红色，将“投影”图层样式删除，单击“添加图层样式”按钮fx，选择“斜面和浮雕”选项并设置参数，制作图层样式。

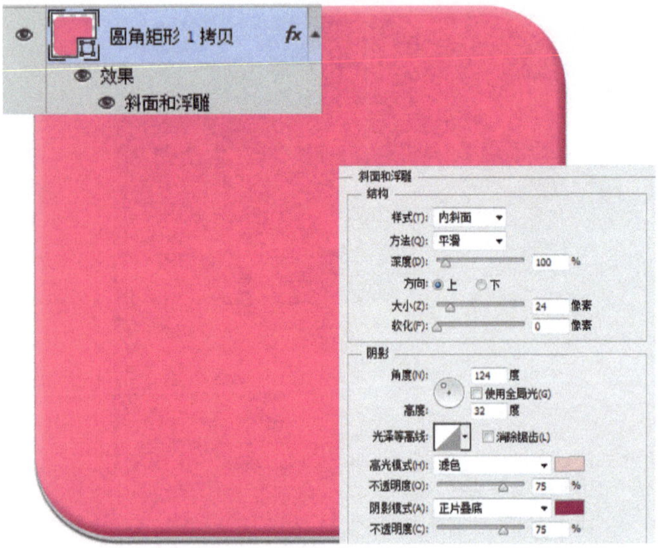

04 选择“圆角矩形1”，按快捷键Ctrl+J复制得到“圆角矩形1拷贝2”，将其移至图层上方，并更改其斜面和浮雕的样式，制作出图标的样式。

05 打开“卡通人物.png”文件，拖曳到当前图像文件中，生成“图层1”，按快捷键Ctrl+T变换图像大小，并将其放置于画面中合适的位置。按住Alt键并单击鼠标左键，创建其图层剪贴蒙版。

06 选择“图层1”，按快捷键Ctrl+J复制得到“图层1拷贝”，单击“添加图层蒙版”按钮，使用画笔工具，选择尖角画笔并适当调整大小，在其蒙版上把画面上需要露出来的部分涂抹。

07 新建“图层2”，使用画笔工具，选择尖角画笔并适当调整大小，按住Shift键在画面上绘制出对话框的线条，并单击魔棒工具选取中间的区域，将其填充为白色，完成后，按快捷键Ctrl+D取消选区。

08 使用横排文字工具，设置前景色为粉色，输入所需文字，双击文字图层，在其属性栏中设置文字的字体样式及大小，将其放置于绘制的对话框里面，单击“添加图层样式”按钮，选择“描边”选项并设置参数，制作图层样式。至此，本实例制作完成。

3.5.3 写实游戏图标

01 执行“文件>新建”命令，在弹出的“新建”对话框中设置各项参数及选项，设置完成后单击“确定”按钮，新建空白图像文件。

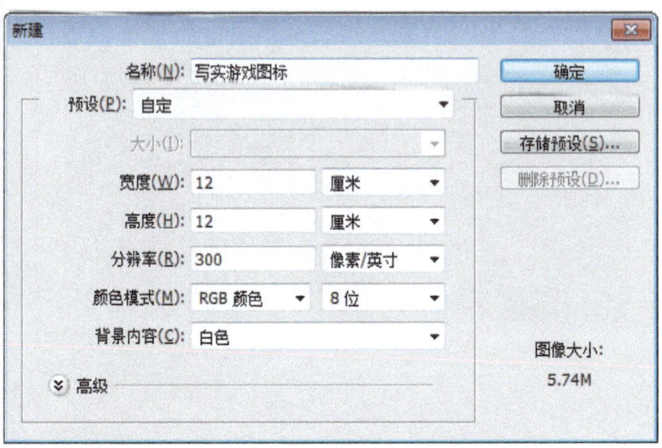

02 使用圆角矩形工具，在其属性栏中设置“填充”为白色，“描边”为无。在画面中间合适的位置绘制图标的外形，得到“圆角矩形1”。单击“添加图层样式”按钮，选择“投影”选项并设置参数，制作图层样式。

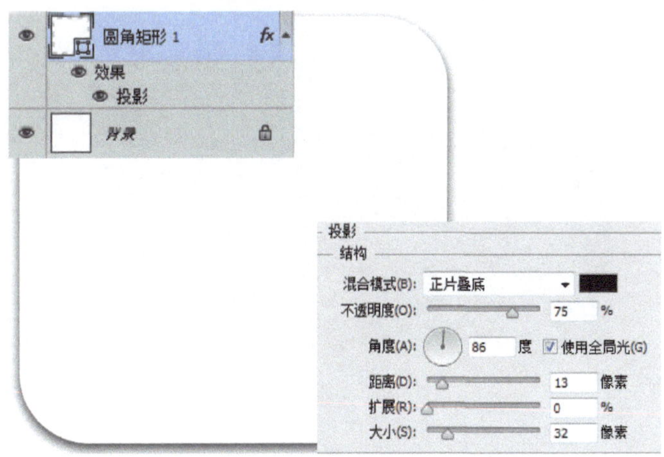

03 选择“圆角矩形1”，按快捷键Ctrl+J复制得到“圆角矩形1拷贝”，删除其图层样式，更改“填色”为蓝灰色，按快捷键Ctrl+T变换图像大小，并将其放置于画面中间合适的位置。

04 使用椭圆工具，在画面中间合适的位置绘制椭圆，得到“椭圆1”，单击“添加图层样式”按钮，选择“斜面和浮雕”选项并设置参数，选择“渐变叠加”选项并设置参数，制作图层样式。

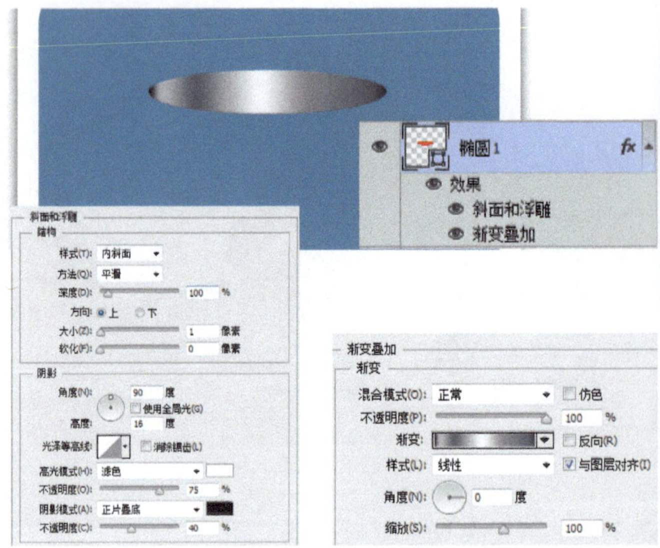

05 选择“椭圆1拷贝”，按快捷键Ctrl+J复制得到“椭圆1拷贝”，将其填充样式删除，并将其向下移动一定的距离，单击“添加图层样式”按钮，选择“内阴影”选项并设置参数，选择“渐变叠加”选项并设置参数，制作图层样式。

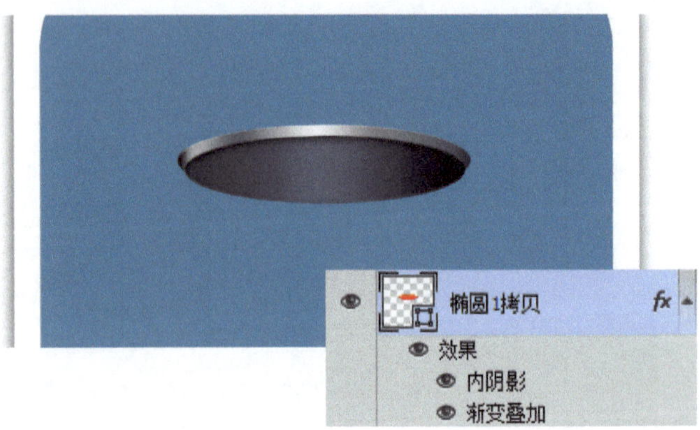

06 使用椭圆工具，结合其形状属性栏的设置，在其属性栏中选择需要的形状，在画面上绘制需要的图形。单击“添加图层样式”按钮，选择“斜面和浮雕”选项并设置参数，选择“渐变叠加”选项并设置参数，制作图层样式。

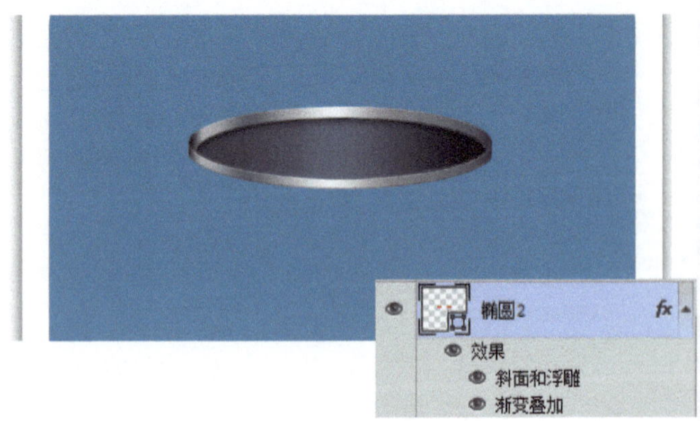

07 使用钢笔工具，在其属性栏中设置属性为“形状”，在绘制的形状下面绘制垃圾桶的桶身。单击“添加图层样式”按钮，选择“内阴影”“渐变叠加”选项并设置参数，制作图层样式。

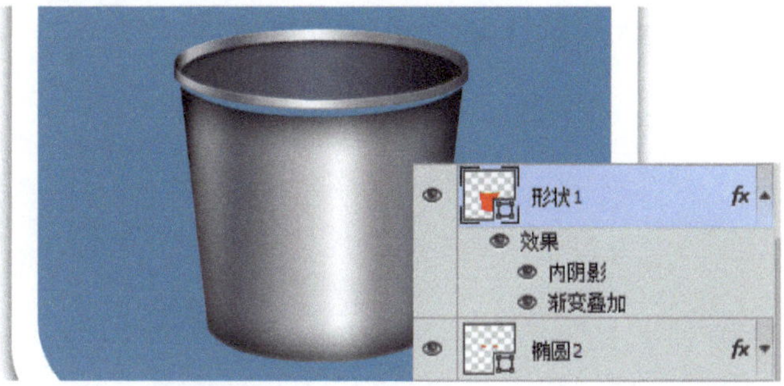

08 选择“椭圆2”，按快捷键Ctrl+J复制得到“椭圆2拷贝”，并将其移至图层上方，放置于画面上合适的位置。

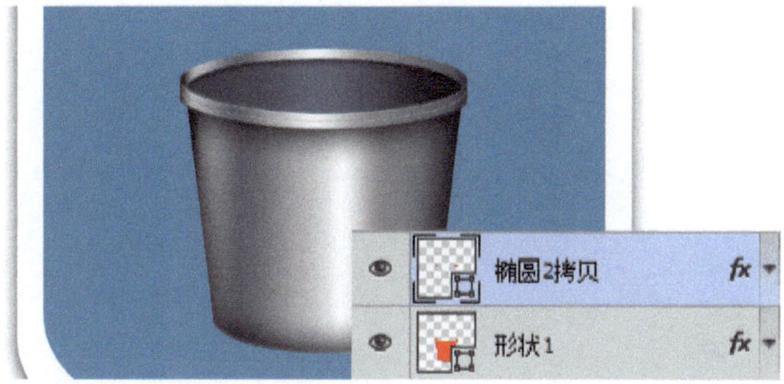

09 回到“圆角矩形1拷贝”，新建“图层1”，使用渐变工具，设置渐变颜色为黑色到透明色的径向渐变，并在图层中的垃圾桶图像的下方制作渐变效果，制作出投影效果。

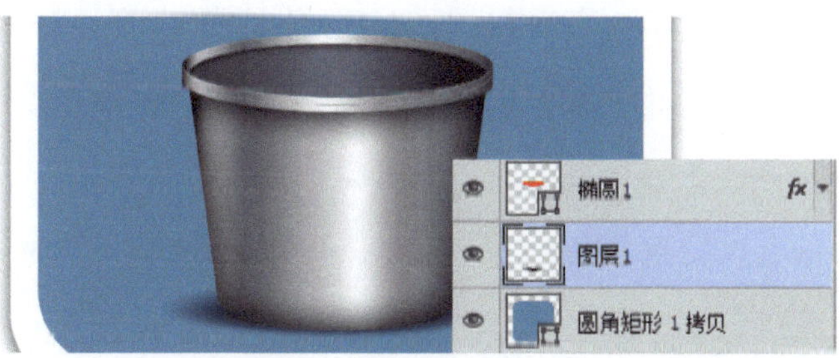

10 回到图层上方，继续使用椭圆工具，结合其形状属性栏的设置绘制，在属性栏中选择需要的形状，在画面上绘制需要的图形。单击“添加图层样式”按钮，选择“斜面和浮雕”“内阴影”“渐变叠加”和“投影”选项并设置参数，制作图层样式。

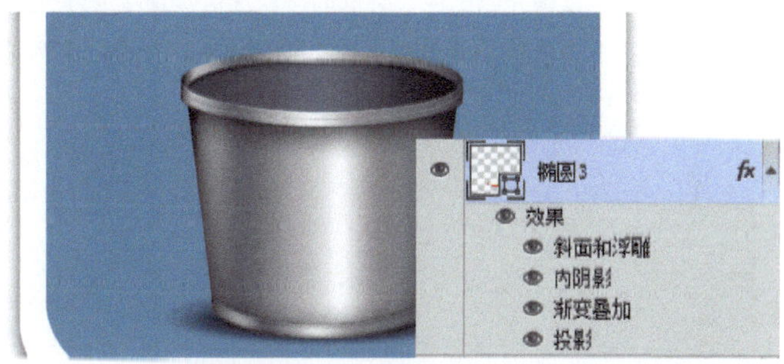

11 使用圆角矩形工具，在其属性栏中设置“填充”为深灰色，“描边”为无。在绘制好的垃圾桶上绘制长条的圆角矩形，得到“圆角矩形1”，单击“添加图层样式”按钮，选择“内阴影”“投影”选项并设置参数，制作图层样式。

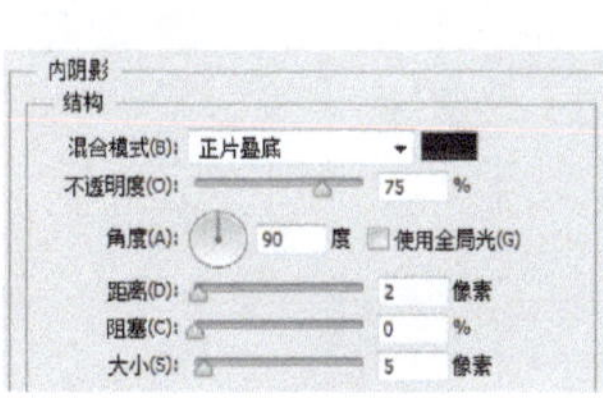

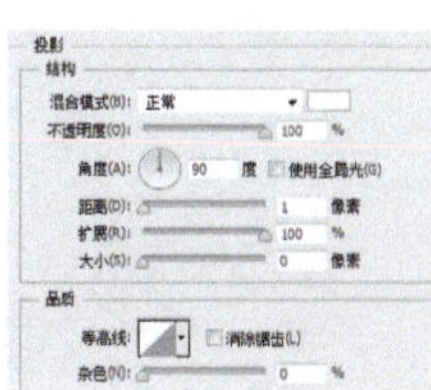

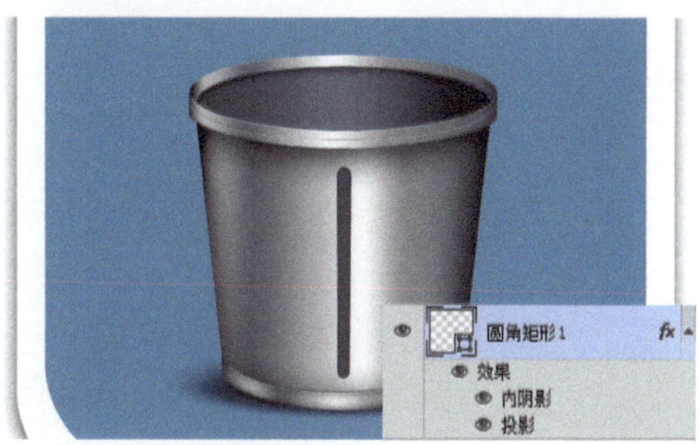

12 选择绘制好的“圆角矩形1”，连续按快捷键Ctrl+J复制得到多个“圆角矩形1拷贝”，并将其依次移至画面上合适的位置，按快捷键Ctrl+T适当变换图像，将垃圾桶上的花纹绘制出来。

13 新建“图层2”，设置前景色为亮灰色，使用画笔工具，选择需要的画笔并适当调整大小及透明度，在画面上绘制速度感的线条。设置混合模式为“滤色”，“不透明度”为42%。打开“纸团.png”文件，拖曳到当前图像文件中，生成“图层3”，按快捷键Ctrl+T变换图像大小，并将其放置于画面合适的位置，制作真实的纸进入垃圾桶的效果。

14 新建“图层4”到“图层6”，依次使用钢笔工具，在其属性栏中设置其属性为“路径”，绘制需要的路径并将其转换为选区，将其填充为白色，完成后按快捷键Ctrl+D取消选区。使用画笔工具，选择尖角画笔并适当调整大小及透明度，使用横排文字工具，设置前景色为红色，输入所需文字，双击文字图层，在其属性栏中设置文字的字体样式及大小，将其放置于画面下方合适的位置。至此，本实例制作完成。

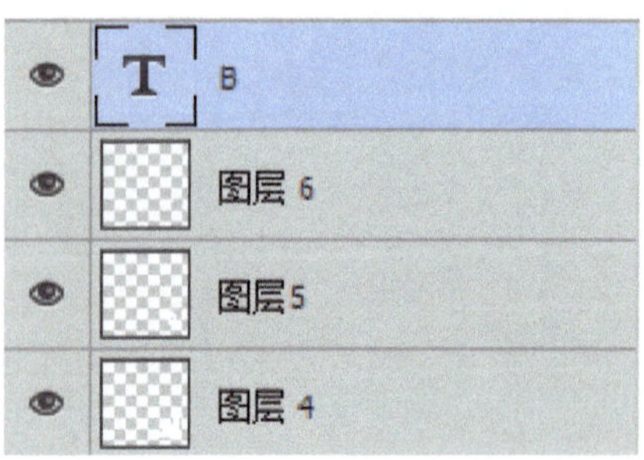

3.5.4 手绘涂鸦游戏图标

01 执行“文件>新建”命令，在弹出的“新建”对话框中设置各项参数及选项，设置完成后单击“确定”按钮，新建空白图像文件。

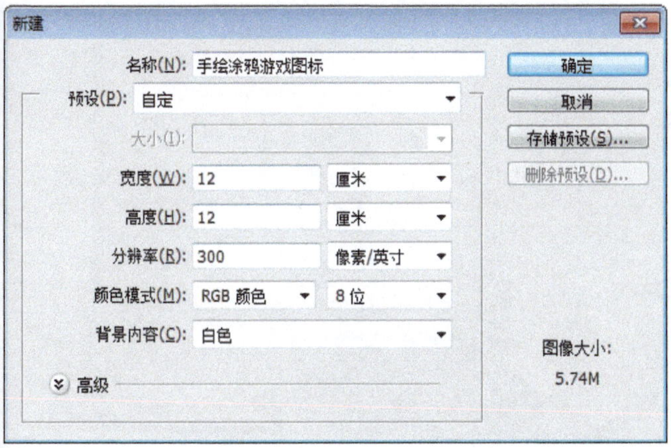

02 新建“图层1”，使用矩形选框工具，在画面上绘制细条的井字形的选区。设置前景色为淡蓝色，按快捷键Alt+Delete，填充绘制的选区为淡蓝色，完成后按快捷键Ctrl+D取消选区。

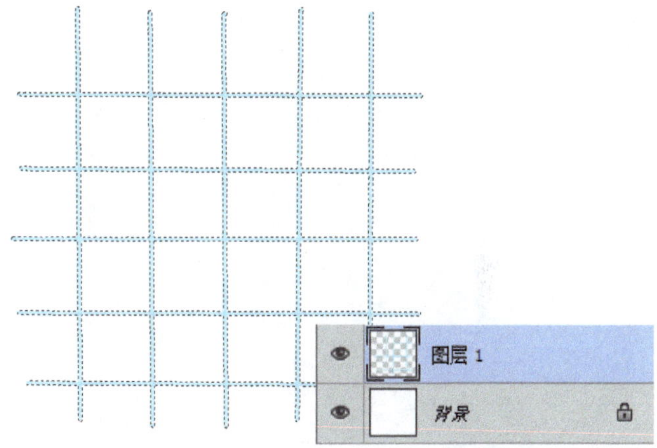

03 新建“图层2”，设置前景色为蓝黑色，使用画笔工具，选择需要的画笔并适当调整大小及透明度，在画面上绘制图标的圆角矩形形状。在绘制的时候注意先不要绘制得颜色太重，这样绘制出来的线条会更加地自然。

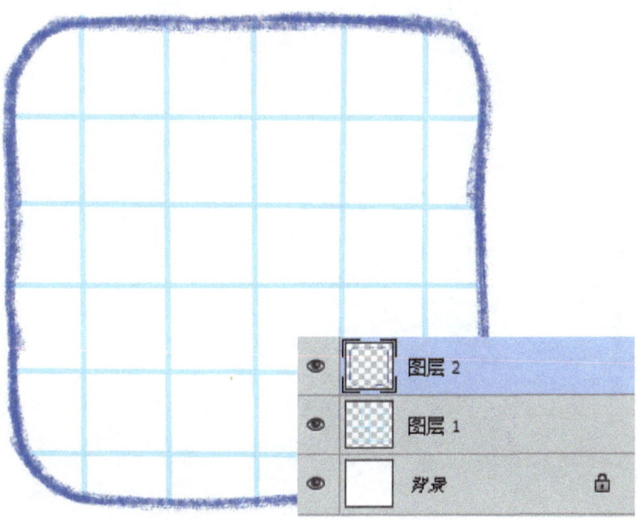

04 选择“图层2”，按快捷键Ctrl+J复制得到“图层2拷贝”，在其“图层”面板上设置混合模式为“正片叠底”，“不透明度”为50%，加深绘制的图标图框的颜色。

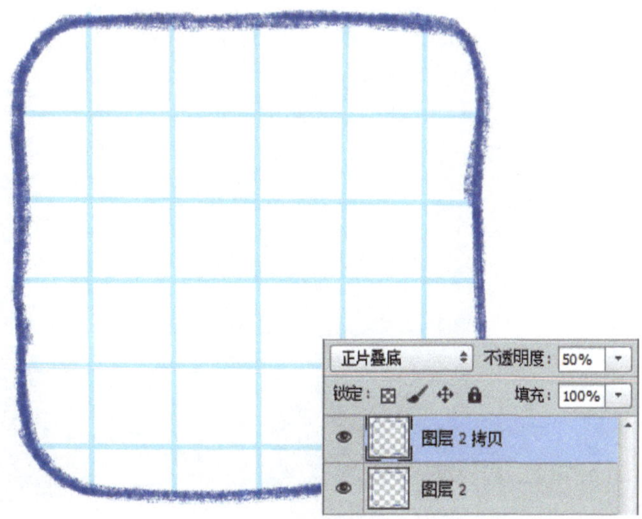

05 新建“图层3”，继续设置前景色为蓝黑色，使用画笔工具，选择需要的画笔并适当调整大小及透明度，在画面上绘制好的涂鸦图框上绘制高尔夫球的袋子和球杆。

06 使用横排文字工具，设置前景色为白色，输入所需文字，双击文字图层，在其属性栏中设置文字的字体样式及大小，选择图层，单击鼠标右键，选择“栅格化文字”命令，将其重命名为“图层4”。使用矩形选框工具，绘制矩形框将文字图层围住，单击红色画笔绘制其样式，制作图标上的小标题图标。

07 单击“创建新的填充或调整图层”按钮，在弹出的菜单中选择“色阶”选项并设置参数，调整画面的色调。

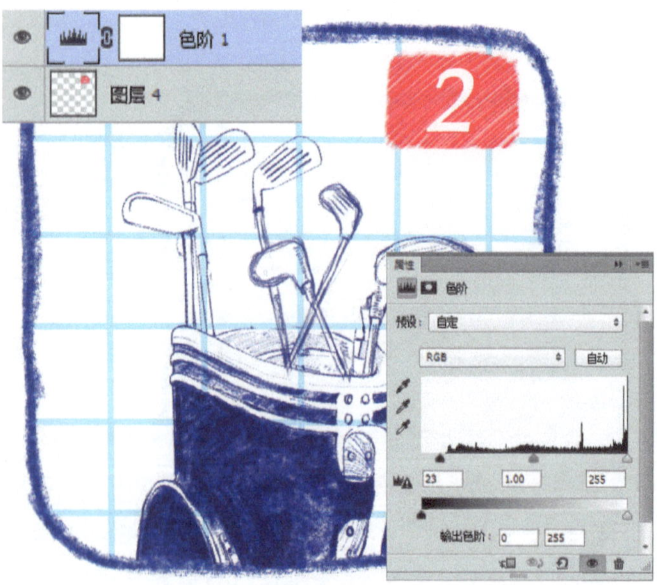

08 单击“创建新的填充或调整图层”按钮，在弹出的菜单中选择“色相/饱和度”选项并设置参数，调整画面的色调。至此，本实例制作完成。

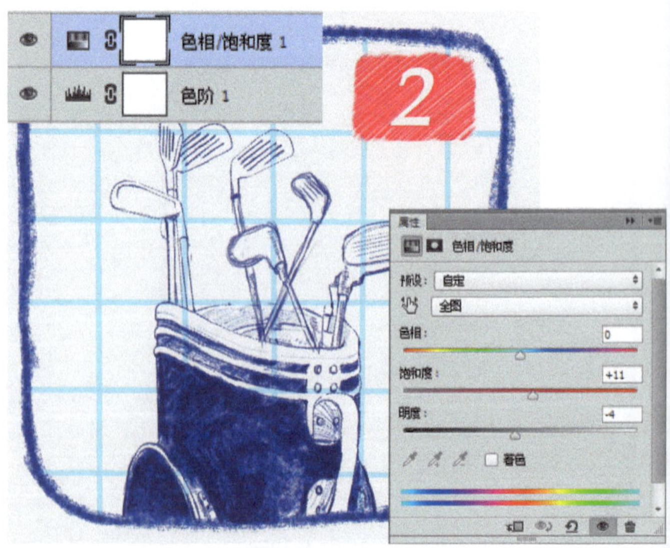

第4章

开启不同风格的手机游戏界面

通过前面的学习，读者已经对手机游戏界面的元素有了初步的了解，本章将讲解如何制作各种风格的手机游戏界面。

4.1 休闲手机游戏界面制作

休闲手机游戏是应用得最为广泛，也是深受大众喜爱的一种游戏，因此休闲手机游戏界面的制作就更加要求具有实用性和符合大众的需求。

4.1.1 经典消除手机游戏界面制作

·设计构思·

本节实例制作经典的消除手机游戏界面。画面中主要采用暖色调，给人温馨的视觉效果，主要通过单击各种形状工具及图层样式来制作消除手机游戏界面的各种元素，然后单击文字工具和素材文件制作出完整的经典消除手机游戏界面。

● 设计规格

尺寸规格：847像素×1544像素

使用工具：自定义形状工具、矩形工具、椭圆工具、横排文字工具

源 文 件：第4章\Complete\4.1\经典消除手机游戏锁屏界面.psd、经典消除手机游戏应用界面.psd

视频地址：视频\第4章\4.1\经典消除手机游戏锁屏界面.swf、经典消除手机游戏应用界面.swf

● 设计色彩分析

将画面调整为黄灰色的色调，使其具有温馨的整体感觉。

R153、G153、B204　R225、G189、B62　R228、G191、B130

方法 1：经典消除手机游戏锁屏界面

01 新建空白图像文件

执行“文件>新建”命令，在弹出的“新建”对话框中设置各项参数及选项后单击“确定”按钮，新建空白图像文件，得到“背景”图层。

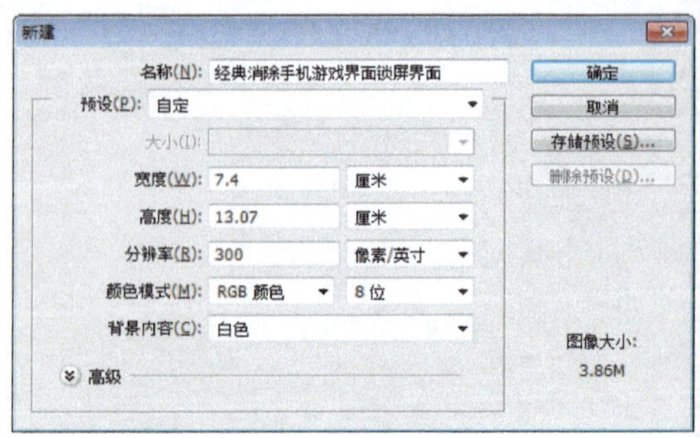

02 制作背景图层

双击“背景”图层，得到“图层0”并将其填充为黄灰色。单击“添加图层样式”按钮，选择“斜面和浮雕”和“图案叠加”选项并设置参数，制作图层样式，制作锁屏界面的背景。

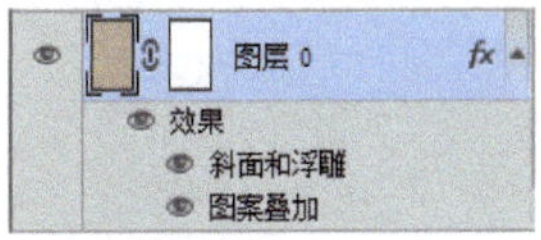

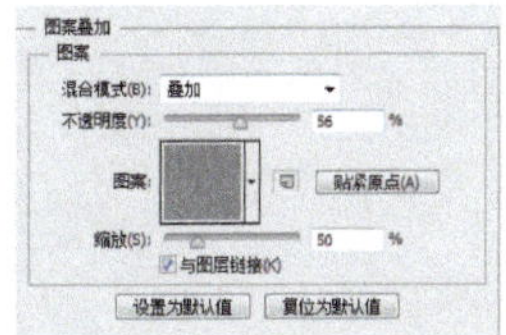

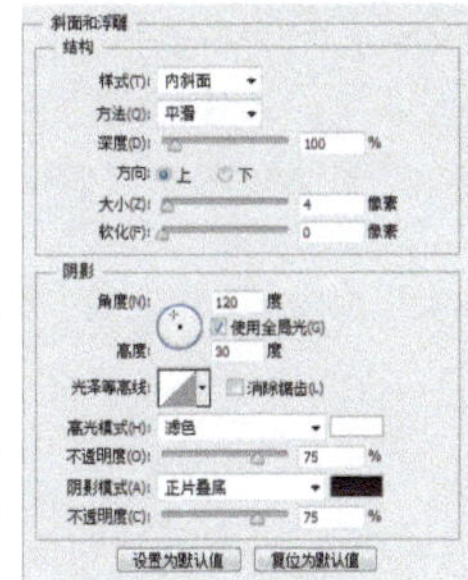

03 制作背景的渐变样式并添加素材文件

新建“图层1”，使用渐变工具设置渐变颜色为黄色到透明色的线性渐变。在图层上从下到上拖出渐变，并设置混合模式为“正片叠底”。打开“01.png”文件，拖曳到当前图像中，生成“图层2”，按快捷键Ctrl+T变换图像大小，并将其放置于画面下方合适的位置。

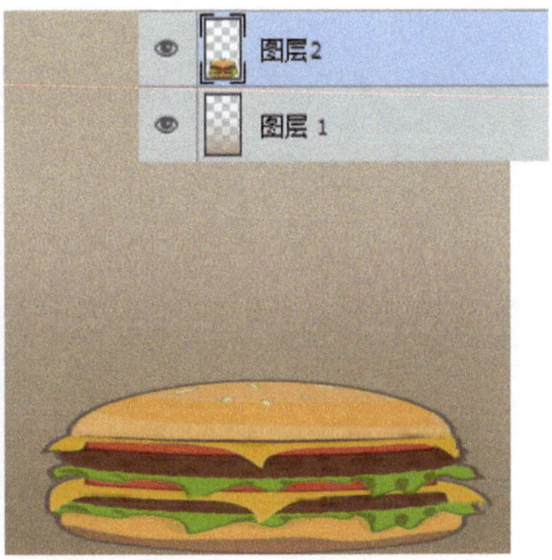

04 制作“新游戏”按钮嵌入图层的样式

新建“图层3”，使用多边形套索工具，在画面上绘制按钮的形状并将其填充为红色，按快捷键Ctrl+D取消选区，单击“添加图层样式”按钮，选择“斜面和浮雕”和“描边”选项并设置参数，制作出按钮图层样式。

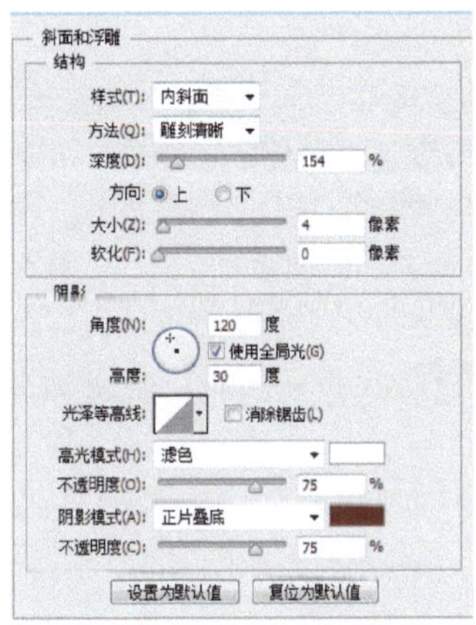

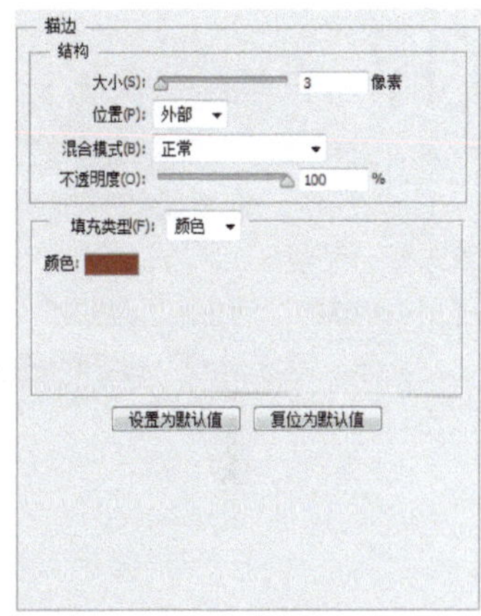

05 制作“新游戏”按钮的播放样式

新建“图层4”，设置前景色为深棕色，使用画笔工具，选择尖角画笔，在绘制的按钮上按住Shift键绘制三角形图形样式，按住Ctrl键并单击鼠标左键选择“图层4”，按快捷键Shift+Ctrl+I反选选中的选区，回到“图层3”，单击“添加图层蒙版”按钮，将绘制的三角形嵌入到该按钮中，制作“新游戏”按钮的播放样式。

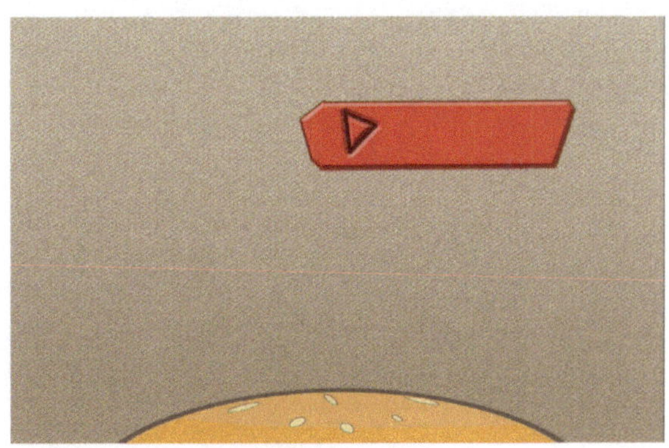

06 制作“新游戏”按钮嵌入图层的样式

回到“图层4”，单击“添加图层样式”按钮fx，选择“斜面和浮雕”选项并设置参数，制作按钮嵌入图层的样式。

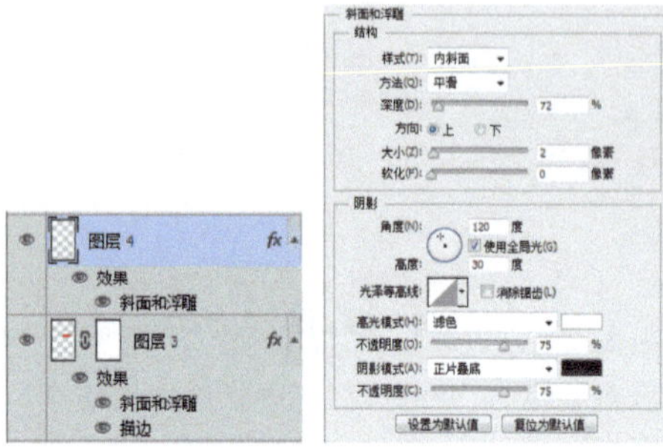

07 制作“继续游戏”按钮的播放样式

使用相同的方法，新建“图层5”，使用多边形套索工具，并单击“添加图层样式”按钮fx，制作图层样式。新建“图层6”，绘制“继续游戏”按钮上的图形。按住Ctrl键并单击鼠标左键选择“图层6”，按快捷键Shift+Ctrl+I反选选中的选区，回到“图层5”，单击“添加图层蒙版”按钮，将绘制的图形嵌入到该按钮中，制作“继续游戏”按钮的播放样式。

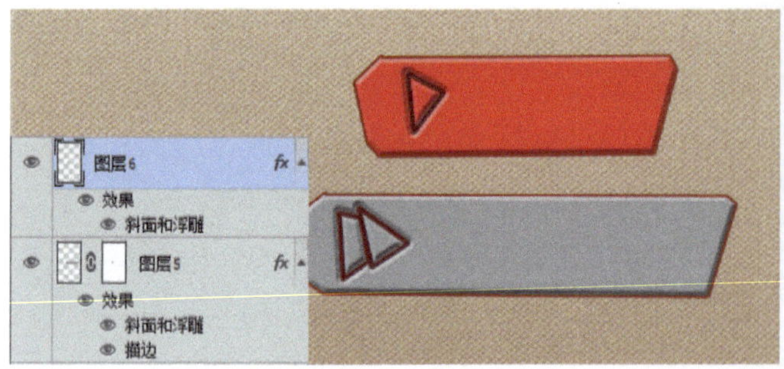

08 制作“继续游戏”按钮嵌入图层的样式

回到“图层6”，单击“添加图层样式”按钮fx，选择“斜面和浮雕”选项并设置参数，制作“继续游戏”按钮嵌入图层的样式。

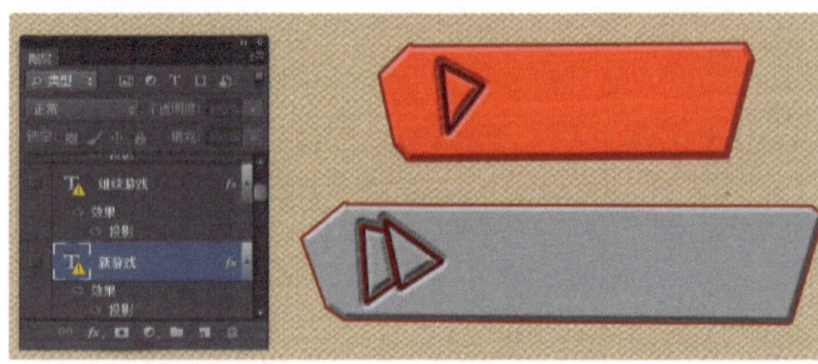

09 制作“全球游戏排名”按钮及其嵌入图层的样式

使用相同的方法，新建“图层7”，使用多边形套索工具，并单击“添加图层样式”按钮，制作图层样式，打开“02.png”文件，拖曳到当前图像中，生成“图层8”。按住Ctrl键并单击鼠标左键选择“图层8”，按快捷键Shift+Ctrl+I反选选中的选区，回到“图层7”，单击“添加图层蒙版”按钮，将绘制的图案嵌入到该按钮中去，制作按钮嵌入图案的样式。

10 制作按钮前面的图层样式

依次打开“03.png”～“05.png”文件，拖曳到当前图像中，生成“图层9”～“图层11”，按快捷键Ctrl+T变换图像大小，并将其放置于画面中合适的位置。依次选择“03.png”～“05.png”，单击“添加图层样式”按钮，选择“投影”选项并设置参数，制作图层的样式。

11 制作组的图案样式

按住Shift键并选择“图层9”～“图层11”，按快捷键Ctrl+G新建“组1”，单击“添加图层样式”按钮，选择“内发光”选项并设置参数，制作“组1”图层样式。

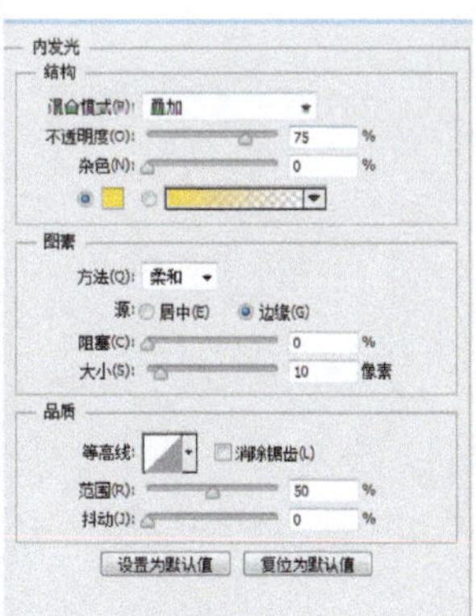

12 创建“亮度/对比度1”，调整图层的色调

单击“创建新的填充或调整图层”按钮，在弹出的菜单中选择“亮度/对比度”选项并设置参数，并单击“此调整影响到下面的所有图层”按钮，创建图层剪贴蒙版，然后调整图层的色调。

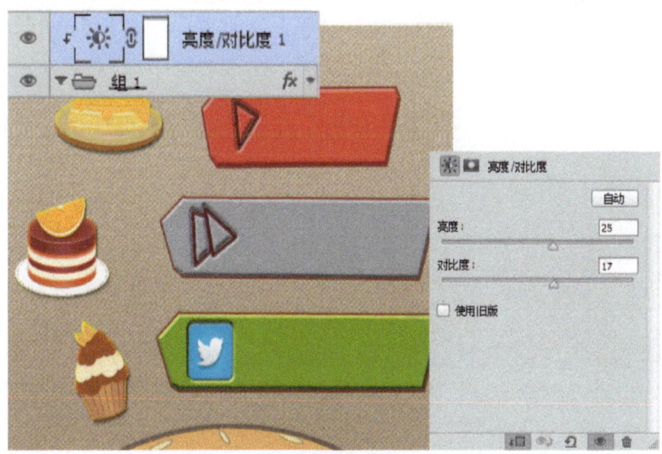

13 制作标题文字的图层样式

使用横排文字工具[T]，设置前景色为橘黄色，输入所需文字，双击文字图层，在其属性栏中设置文字的字体样式及大小。单击“添加图层样式”按钮[fx]，选择“斜面和浮雕”和“描边”选项并设置参数，制作文字样式。

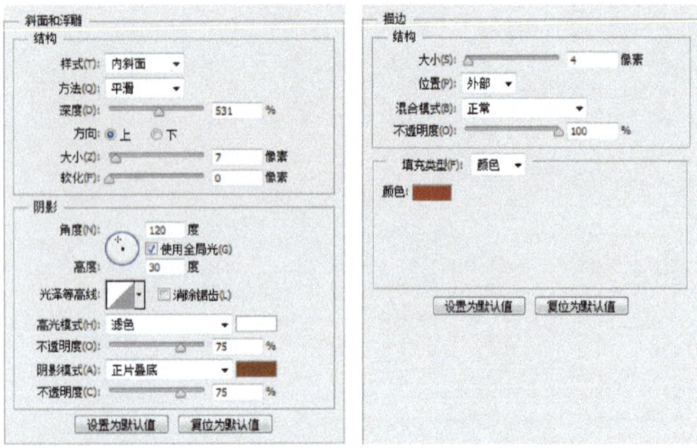

14 将标题文字的图层样式制作完整

选择文字图层，单击“添加图层样式”按钮[fx]，选择“投影”选项并设置参数，制作文字样式。将其放置于画面中合适的位置，将标题文字的图层样式制作完整。

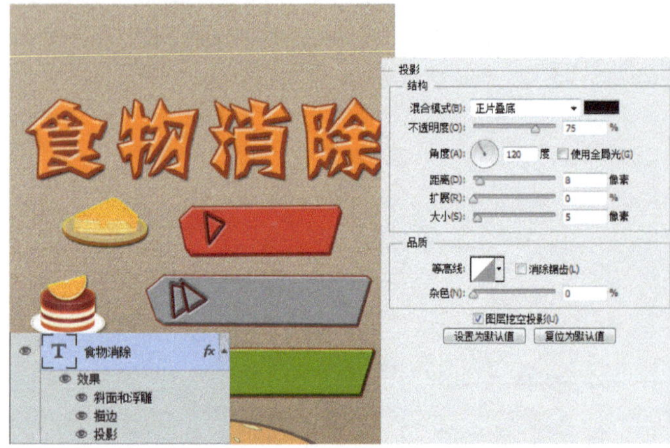

技巧点拨

图层样式中的混合选项

图层样式是Photoshop中的常用功能，用户经常需要用其中的投影、外发光和描边功能为图层添加效果，而图层样式的第一项混合选项又有什么用途呢？这个选项只会影响图层本身的内容，不会影响图层的样式（这里指在默认情况下,其他情况在后文将讲到）。因此通过这个选项可以将图层调整为透明的，同时保留图层样式的效果。

15 制作上方的文字提示元素

使用横排文字工具[T]，设置需要的前景色，输入所需文字，将其放置于画面上合适的位置。

16 制作游戏上方的其他提示元素

使用圆角矩形工具[■]，设置“填色”为棕红色，在画面上方绘制圆角矩形并设置其“不透明度”为65%。

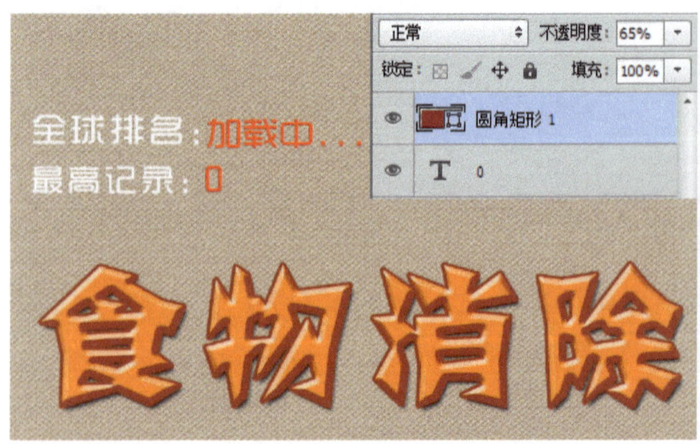

17 制作游戏上方的提示元素

使用自定形状工具，在其属性栏中选择需要的形状，设置其颜色，在圆角矩形上方绘制心形，并制作其投影样式，使用横排文字工具，输入所需文字。

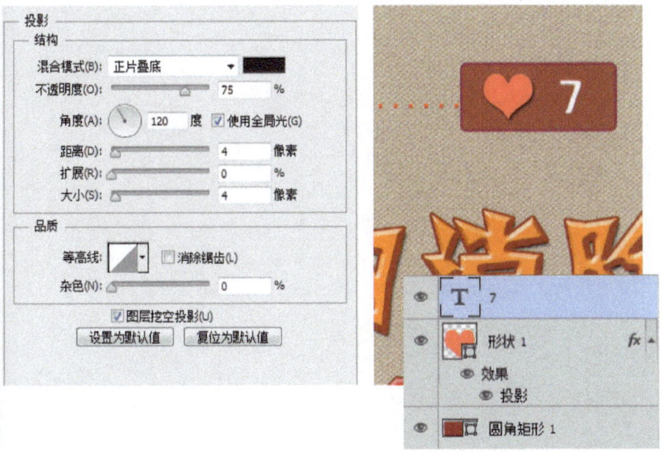

18 制作游戏上方的其他提示元素

新建“图层12”，绘制需要的形状并填充为黄色，然后制作其斜面和浮雕、描边和投影样式，新建“图层13”，设置前景色为深棕色，使用画笔工具并选择尖角画笔，绘制“加号”图案。

19 制作按钮上的文字及样式

使用横排文字工具，输入所需文字，然后制作其投影样式，放置于按钮上面合适的位置。

20 调整画面的色调

创建“色相/饱和度1”，调整画面的色调。至此，本实例制作完成。

方法 2：经典消除手机游戏应用界面

01 新建空白图像文件

执行“文件>新建”命令，在弹出的“新建”对话框中设置各项参数及选项，完成后单击“确定”按钮，新建空白图像文件，得到“背景”图层。

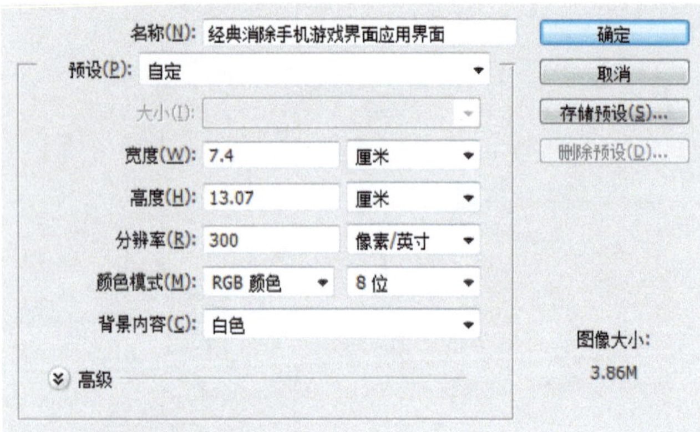

02 制作背景图层

双击“背景”图层，得到“图层0”并将其填充为黄灰色。单击“添加图层样式”按钮，选择“图案叠加”选项并设置参数，制作图层样式作为应用界面的背景。

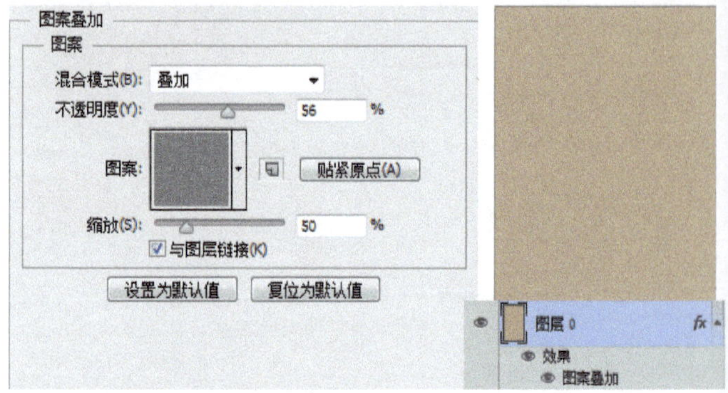

03 制作画面背景上的矩形条

使用矩形工具，设置前景色为深棕红色，按住Shift键并在画面上绘制间距相同的矩形，得到“矩形1”图层。单击“添加图层样式”按钮，选择“图案叠加”选项并设置参数，制作图层样式，并设置其图层的“不透明度”为70%。制作画面中的矩形条进一步制作画面的背景。

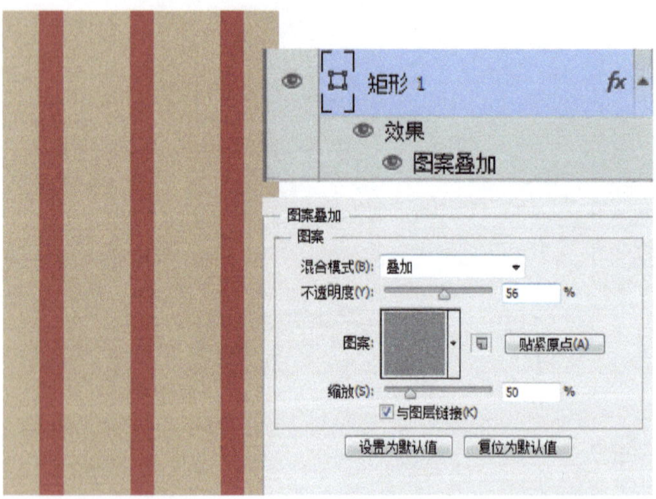

04 制作矩形条组成的画面背景

使用矩形工具，设置不同的前景色，按住Shift键并在画面上绘制间距相同的矩形，得到“矩形2”和“矩形3”图层。选择“矩形3”，按快捷键Ctrl+J复制得到“矩形3副本”，按快捷键Ctrl+T变换图像方向，在每个图层上依次单击“添加图层样式”按钮，选择“图案叠加”选项并设置参数。制作图层样式，并设置为不同的“不透明度”，最后得到应用界面的背景。

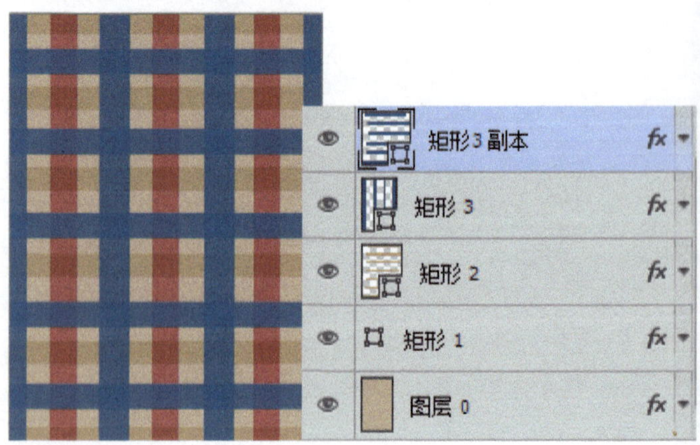

05 创建“色阶1”，调整背景的色调

单击“创建新的填充或调整图层”按钮，在弹出的菜单中选择“色阶”选项并设置参数，调整画面的色调。

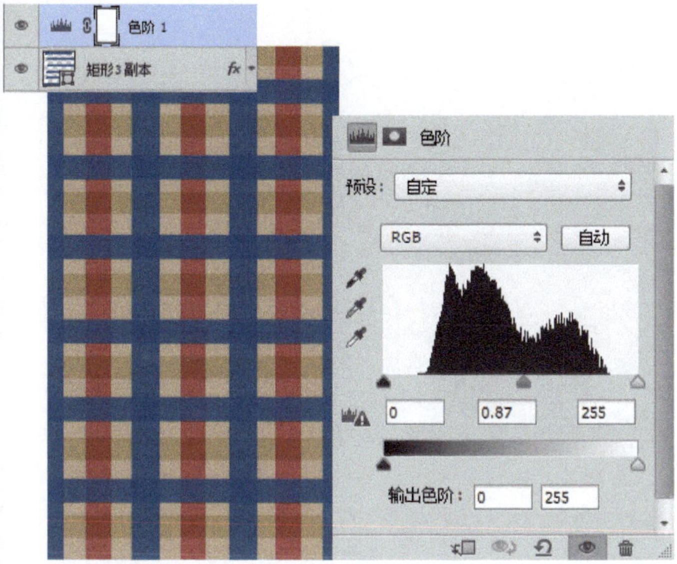

06 制作背景的渐变样式

新建“图层1”，使用渐变工具，设置渐变颜色为黄色到透明色的线性渐变。在图层上从下到上拖出渐变，并设置混合模式为“正片叠底”。

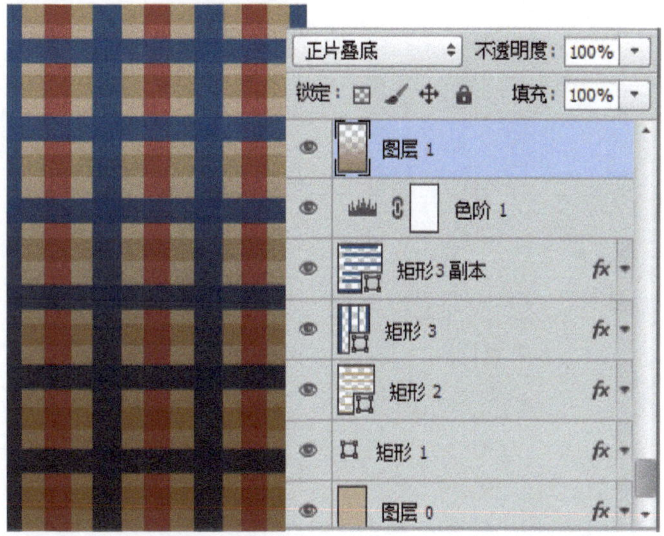

07 制作辅助线及消除图片的图层样式

按快捷键Ctrl+R，创建画面上的标尺，然后拖出需要摆放和制作消除游戏的辅助线。打开“06.png”文件，拖曳到当前图像文件中，生成“图层2”，单击“添加图层样式”按钮，选择“斜面和浮雕”选项并设置参数，制作图层样式。

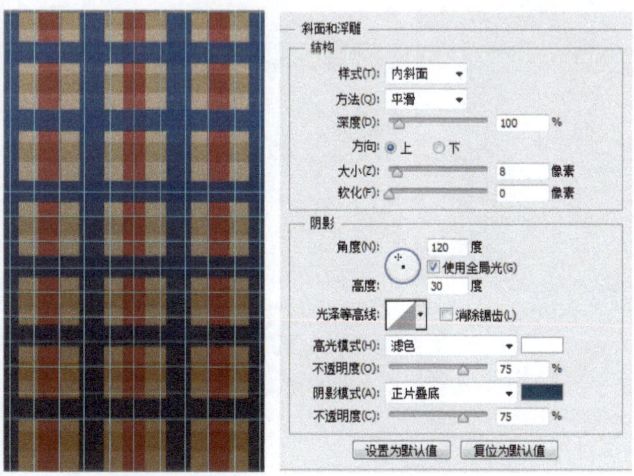

08 制作消除游戏中部分图标

按快捷键Ctrl+T改变图像大小，并将其放置于画面中合适的位置，选择“图层2”，连续按快捷键Ctrl+J复制得到多个“图层2副本”，并将其依次放置于画面中合适的位置。制作消除游戏中部分图标。

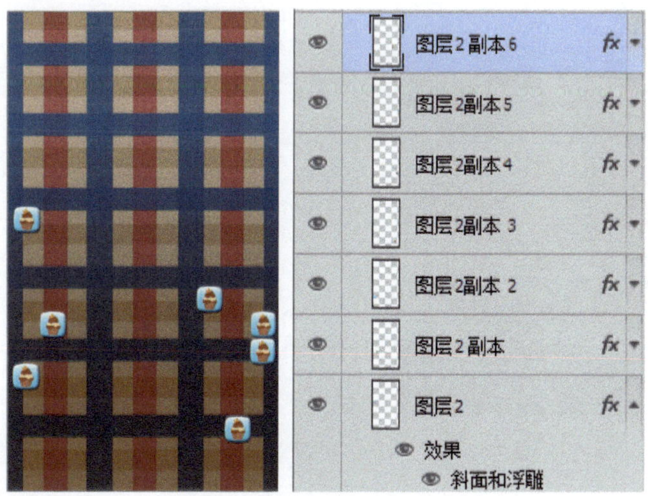

09 制作消除游戏其他图标

连续按快捷键Ctrl+J复制得到多个“图层2副本”，并将其依次放置于画面中合适的位置。按住Shift键并选择“图层2副本7”~“图层2 副本16”，按快捷键Ctrl+G新建“组1”。

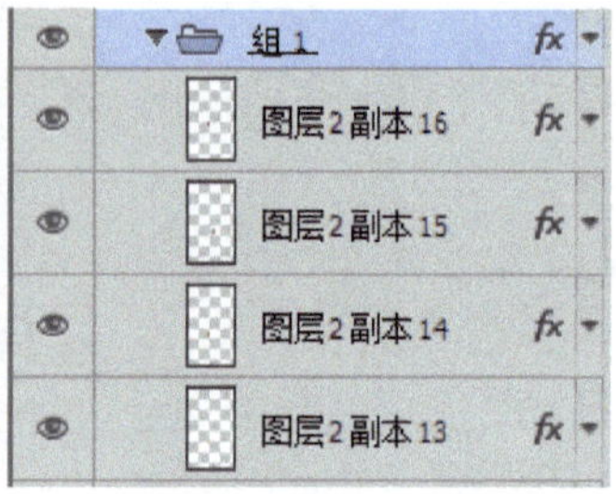

10 制作外发光图层样式

选择“组1”，单击“添加图层样式”按钮fx，选择“外发光”选项并设置参数，制作连连消除图标的样式。

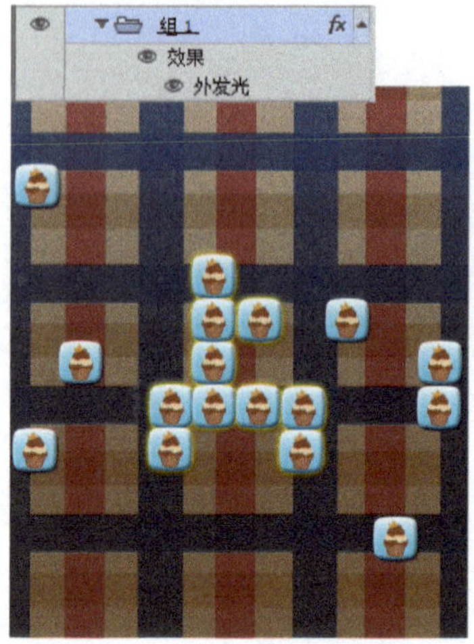

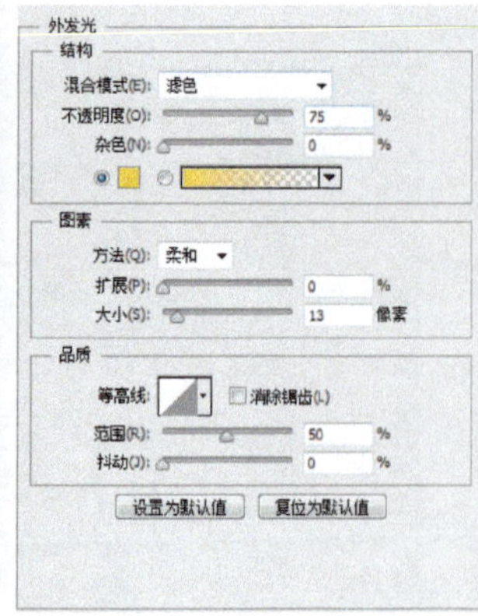

11 创建“亮度/对比度”，调整图层的色调

选择“组1”，单击“创建新的填充或调整图层”按钮，在弹出的菜单中选择“亮度/对比度”选项并设置参数。单击图框中“此调整影响到下面的所有图层”按钮，创建其图层剪贴蒙版并调整图层的色调。

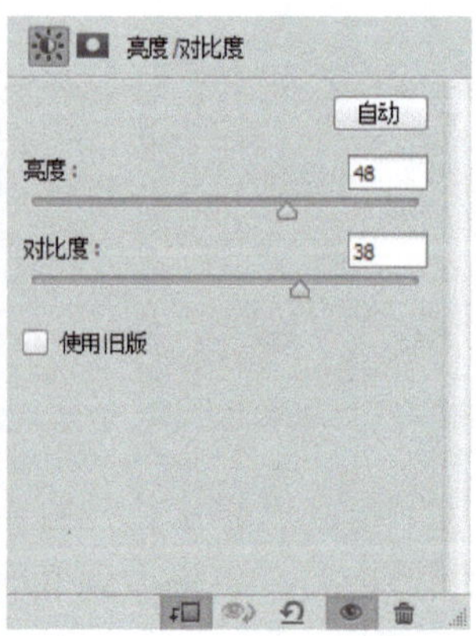

12 制作消除游戏中的图标

打开“07.png”文件，拖曳到当前图像文件中，生成“图层3”，单击“添加图层样式”按钮fx，选择“斜面和浮雕”选项并设置参数，制作图层样式。按快捷键Ctrl+T变换图像大小，并将其放置于画面中合适的位置，选择“图层3”，连续按快捷键Ctrl+J复制得到多个“图层3副本”，并将其依次放置于画面中合适的位置，然后创建“组2”。

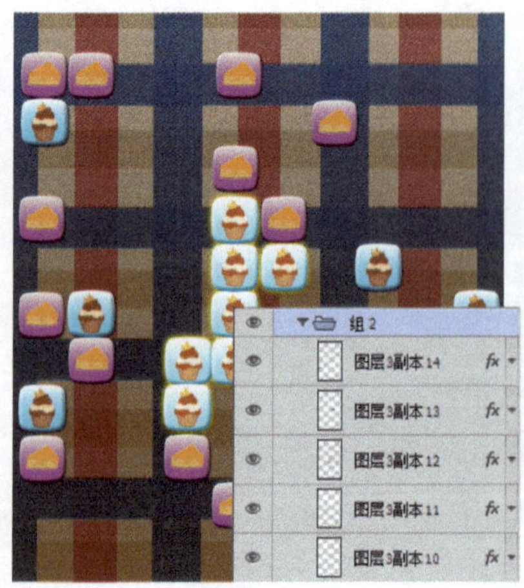

13 制作消除游戏中其他的图标

打开“08.png”文件，并拖曳到当前图像文件中，生成“图层4”，单击“添加图层样式”按钮fx，选择“斜面和浮雕”选项并设置参数，制作图层样式。依次复制后按快捷键Ctrl+T变换图像大小，将其放置于画面中合适的位置，然后创建“组3”。

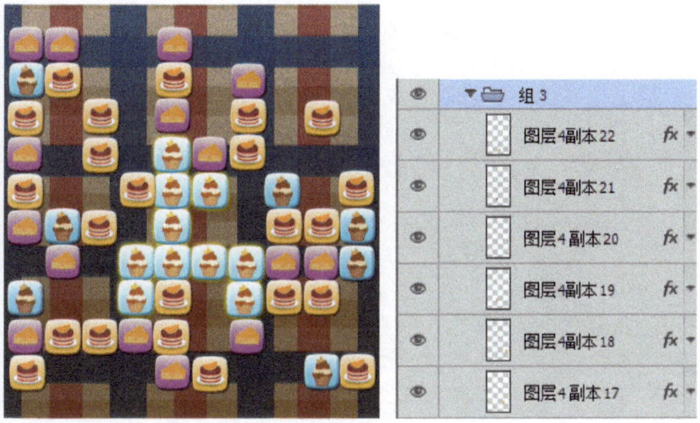

14 制作消除游戏中其他的图标

打开“09.png”文件，并拖曳到当前图像文件中，生成“图层5”，单击“添加图层样式”按钮fx，选择“斜面和浮雕”选项并设置参数，制作图层样式。依次复制后按快捷键Ctrl+T变换图像大小，将其放置于画面中合适的位置，然后创建“组4”。

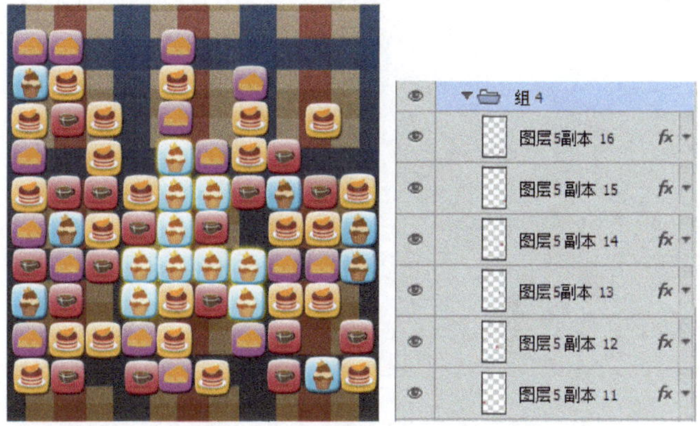

15 制作消除游戏中其他的图标

打开“10.png”文件，拖曳到当前图像文件中，生成“图层6”，单击“添加图层样式”按钮fx，选择“斜面和浮雕”选项并设置参数，制作图层样式。依次复制后按快捷键Ctrl+T变换图像大小，将其放置于画面中合适的位置，然后创建“组5”。

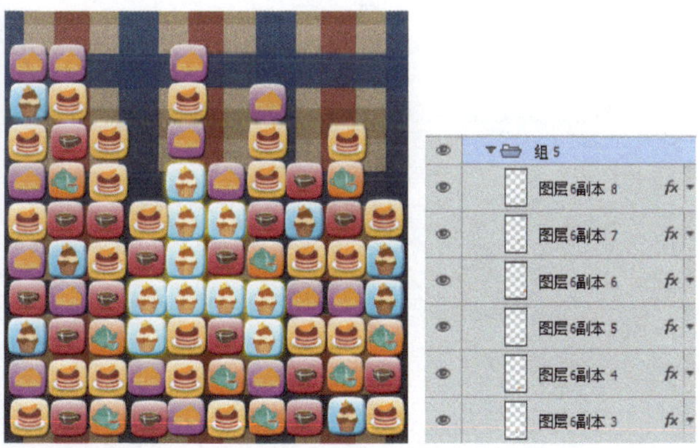

16 将消除游戏中的图标制作完整

按住Shift键并选择“图层2”~“组5”，按快捷键Ctrl+G新建“组6”，单击“添加图层样式”按钮fx，选择“投影”选项并设置参数，制作图层样式。

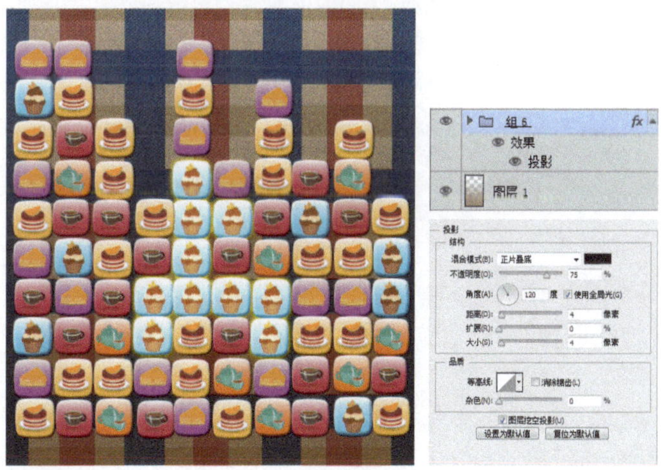

技巧点拨

快速复制图层

在使用Photoshop制作这类消除游戏时，会出现很多重复的元素，这时可以使用按住Alt键并拖动图层的方式快速复制图层，以制作消除游戏中重复的图标。

17 创建“色相/饱和度1”，调整图层组色调

“创建新的填充或调整图层”按钮，在弹出的菜单中选择“色相/饱和度”选项并设置参数。单击图框中“此调整影响到下面的所有图层”按钮，创建图层剪贴蒙版，然后调整画面的色调。

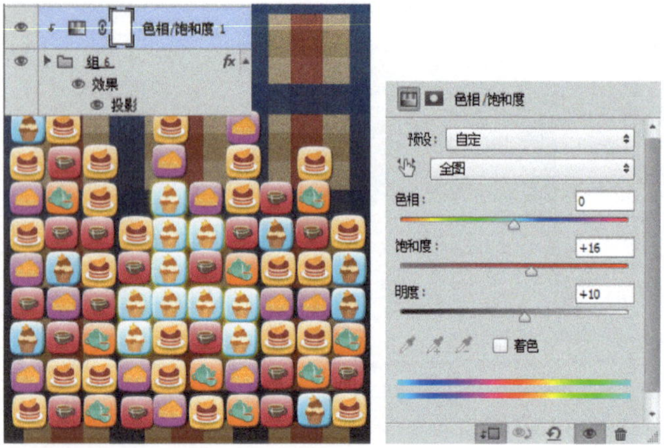

18 制作游戏上方的提示元素

新建“图层6”，绘制需要的形状并填充为黄色。单击“添加图层样式”按钮，选择“斜面和浮雕”“描边”和“投影”选项并设置参数，制作图层样式。新建“图层7”，设置前景色为深棕色，使用画笔工具并选择尖角画笔，绘制“停止”图案。

19 制作游戏下方的提示元素

选择“图层6”，按快捷键Ctrl+J复制得到“图层6副本”，将其移至图层上方并放置于画面下方合适的位置。新建“图层8”，设置前景色为深棕色，使用画笔工具并选择尖角画笔，绘制“向前”图案。单击相同方法复制得到“图层6副本2”并将其移至图层上方，新建“图层9”，设置前景色为深棕色，使用画笔工具并选择尖角画笔，绘制“返回”图案。

20 制作游戏上方其他的提示元素

使用圆角矩形工具，在画面上方合适的位置绘制圆角矩形并设置其“填色”为红灰色，“描边”为1.5点的棕红色实线，设置其“不透明度”为73%。使用横排文字工具，设置前景色为白色，输入所需文字，双击文字图层，在其属性栏中设置文字的字体样式及大小，并将其放置于绘制的圆角矩形上中间的位置，制作游戏上方其他的提示元素。

21 制作游戏上方的提示栏

使用矩形工具，设置其“填色”为橘黄色，“描边”为无，在画面上方绘制矩形，得到“矩形1”。单击“添加图层样式”按钮，选择“投影”选项并设置参数，制作图层样式，设置混合模式为“正片叠底”。

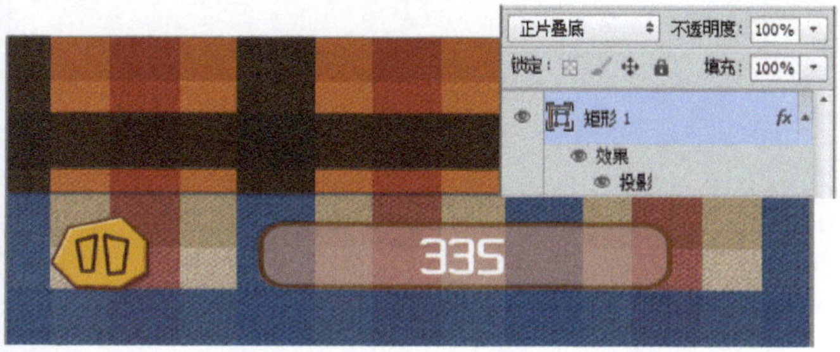

22 制作游戏上方提示栏上的文字1

使用横排文字工具，设置前景色为白色，输入所需文字，双击文字图层，在其属性栏中设置文字的字体样式及大小，并将其放置于游戏画面上方合适的位置。

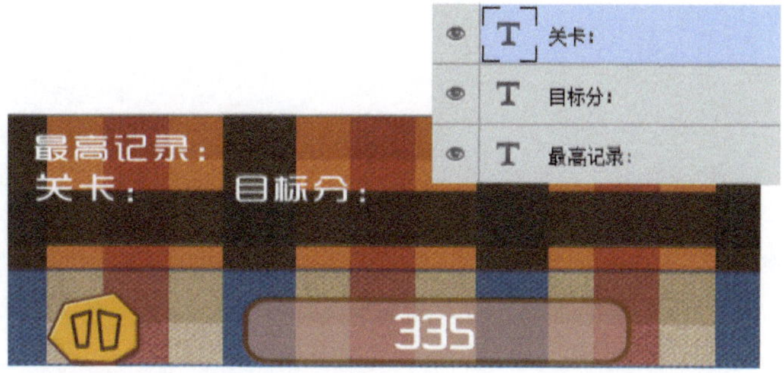

23 制作游戏上方提示栏上的文字2

使用横排文字工具，设置前景色为黄色，输入所需文字，双击文字图层，在其属性栏中设置文字的字体样式及大小，并将其放置于游戏画面上方合适的位置。

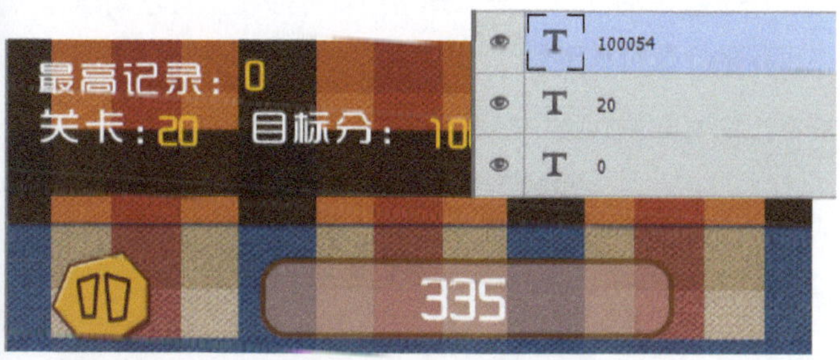

24 制作游戏上方提示栏上的文字3

使用横排文字工具，设置前景色为白色，输入所需文字，双击文字图层，在其属性栏中设置文字的字体样式及大小，并将其放置于游戏画面上方合适的位置。

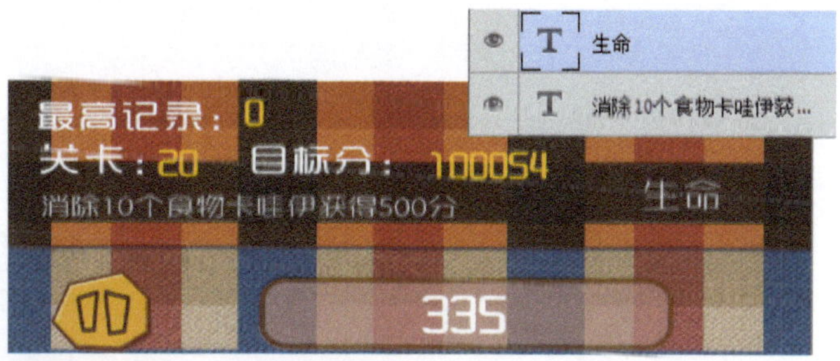

25 制作游戏上方的提示元素

使用自定形状工具，在其属性栏中选择需要的形状并设置其颜色，在圆角矩形上方绘制心形，并制作投影样式。

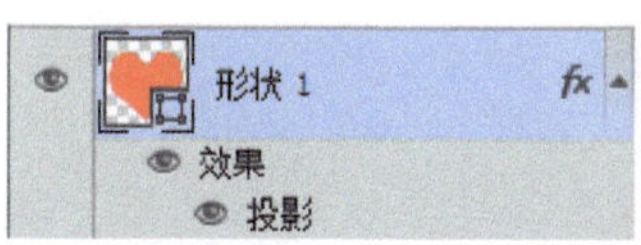

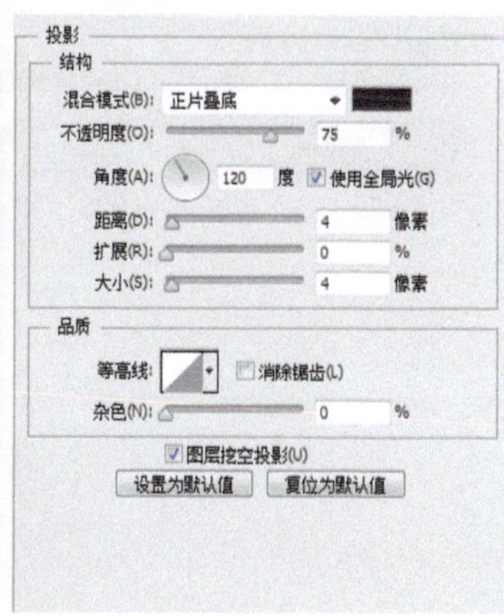

26 **制作其他文字元素使画面完整**

使用横排文字工具T，设置前景色为白，输入所需文字。至此，本实例制作完成。

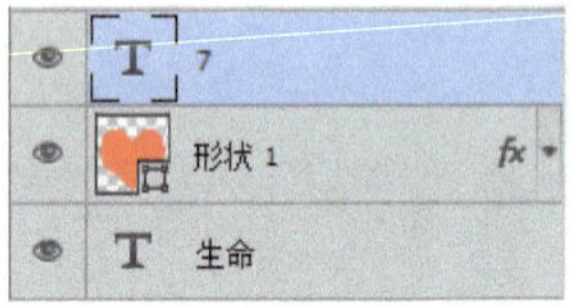

设计小结

1. 制作画面中的文字样式，双击文字图层，在其属性栏中设置文字的字体样式。
2. 各个形状工具中可以在属性栏中设置“填色”或“描边”。

4.1.2 角色扮演手机游戏界面制作

·设 计 构 思·

本节实例制作角色扮演的手机游戏界面。画面中主要采用暖色调，给人温馨的视觉效果，并使用各种形状工具及图层样式来制作角色扮演手机游戏界面，最后使用文字工具和素材文件制作出完整的角色扮演手机游戏界面。

● 设计规格

尺寸规格：847像素×1544像素

使用工具：自定形状工具、矩形工具、椭圆工具、横排文字工具、多边形套索工具

源 文 件：第4章\Complete\4.1\角色扮演手机游戏锁屏界面1.psd、角色扮演手机游戏锁屏界面2.psd

视频地址：视频\第4章\4.1\角色扮演手机游戏锁屏界面1.swf、角色扮演手机游戏锁屏界面2.swf

● 设计色彩分析

将画面调整为黄灰色，使其具有温馨的整体感觉。

R42、G29、B18	R228、G219、B199	R159、G135、B112

方法 1：角色扮演手机游戏锁屏界面 1

01 新建空白图像文件

执行“文件>新建”命令，在弹出的“新建”对话框中设置各项参数及选项后单击“确定”按钮，新建空白图像文件，得到“背景”图层。

02 制作游戏界面的背景

执行“文件>打开”命令，打开“背景.jpg”文件，拖曳到当前图像文件中，生成“图层1”，按快捷键Ctrl+T变换图像大小，将其平铺于画面上。

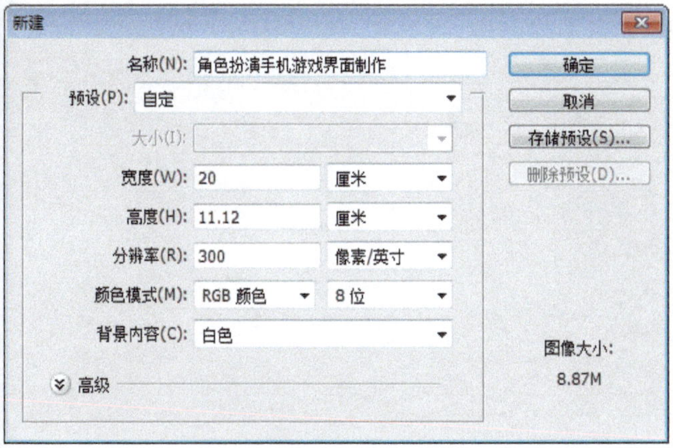

03 制作界面上的提示框

使用圆角矩形工具，在其属性栏中设置“填充”为黄灰色，“描边”为无，在画面上绘制需要的圆角矩形，得到“圆角矩形1”。单击“添加图层蒙版”按钮，使用需要的形状工具将蒙版填充为黑色。单击“添加图层样式”按钮，选择“投影”选项并设置参数，制作图层样式。

04 制作界面上的提示图标

分别使用圆角矩形工具，在属性栏中设置需要的“填充”和“描边”，结合矩形选框工具和横排文字工具制作画面上的提示图标，全选后按快捷键Ctrl+J复制得到其复制图层，并移至画面上合适的位置。

05 制作提示栏上的滑动按钮效果

使用圆角矩形工具，在其属性栏中设置需要的“填充”和“描边”，在上一步制作好的提示框上绘制需要的形状，将画面上的滑动按钮效果制作出来。

06 制作提示界面上的选项

使用圆角矩形工具，在其属性栏中设置需要的“填充”和“描边”，在画面上绘制需要的形状并新建图层，分别使用多边形套索工具和画笔工具，以及其他的形状工具绘制选项卡上的内容，将提示界面上的选项制作出来，然后按住Shift键和快捷键Ctrl+G新建“组1”。

07 将界面上的选项制作完整

选择“组1”，依次按快捷键Ctrl+J复制得到多个“组1拷贝”，将其移至制作的提示界面上的合适位置。

08 添加素材制作选项卡上的元素

执行“文件>打开”命令，打开“矢量智能对象.png”文件。拖曳到当前图像文件中，按快捷键Ctrl+T变换图像大小，连续两次按快捷键Ctrl+J复制得到复制图层，并将其分别放置于画面中合适的位置，继续添加素材制作选项卡上的元素。

09 制作游戏界面上的提示栏的其他元素

使用圆角矩形工具，在其属性栏中设置“填充”为黄灰色，“描边”为无，在画面上绘制需要的圆角矩形，单击“添加图层蒙版”按钮，使用需要的形状工具将蒙版填充为黑色。单击“添加图层样式”按钮，选择“投影”选项并设置参数，制作图层样式。新建图层单击需要的画笔绘制之间的连接，创建“斜面和浮雕”图层样式。

10 制作左边界面提示栏上的图案

使用圆角矩形工具，在其属性栏中设置需要的“填充”和“描边”，在绘制好的界面上绘制需要的圆角矩形并依次新建图层。使用多边形套索工具并添加素材文件，将其置入画面中去，最后制作出左边界面提示栏上的图案。

11 制作界面左侧的提示文字和按钮

依次使用横排文字工具，设置需要的前景色，在画面左侧制作需要的文字效果并新建图层，分别使用多边形套索工具、矩形选框工具和渐变工具，设置需要的渐变颜色并结合图层样式制作界面左侧的提示文字和按钮。

12 制作界面右上角的关闭按钮

新建图层，使用椭圆选框工具，在界面的右上角绘制需要的椭圆选区，并将其填充为淡黄色，按快捷键Ctrl+D取消选区。单击“添加图层样式”按钮，选择“斜面和浮雕”选项并设置参数，制作图层样式。继续新建图层，使用画笔工具并选择需要的画笔，用需要的颜色制作界面上方的关闭按钮。

13 制作游戏界面内部选项卡上的蛋糕图案

执行“文件>打开”命令，打开“蛋糕图案.png”文件，拖曳到当前图像文件中，按快捷键Ctrl+T变换图像大小，并将其放置于画面中合适的位置。打开“蛋糕图案2.png”文件，拖曳到当前图像文件中，按快捷键Ctrl+T变换图像大小，并将其放置于画面中合适的位置，制作出游戏界面内部选项卡上的蛋糕图案。

14 制作游戏界面上的文字

使用横排文字工具T，设置前景色为棕红色，输入所需文字，双击文字图层，在其属性栏中设置文字的字体样式及大小，并放置于画面中合适的位置，制作出游戏界面上的文字。

15 制作游戏界面中选项卡上的解锁样式和图案

新建图层，使用钢笔工具，在其属性栏中设置属性为“路径”。在画面中选项卡上合适的位置绘制需要的形状，完成后单击鼠标右键选择“创建选区”选项，将路径转换为选区，并为其填充需要的颜色以及前景色。使用画笔工具选择尖角画笔并适当调整大小，在画面上绘制需要的图案，按快捷键Ctrl+J复制得到复制图层，并将其移至画面上合适的位置。

16 制作界面上其他的文字

使用横排文字工具T，设置需要的前景色，输入所需文字，双击文字图层，在其属性栏中设置文字的字体样式及大小，并适当地复制，将其放置于画面中合适的位置。

17 创建“色相/饱和度1”，调整画面的色调

单击“创建新的填充或调整图层”按钮，在弹出的菜单中选择“色相/饱和度”选项并设置参数，调整画面的色调。

18 创建“色阶1”，将画面制作完整

单击“创建新的填充或调整图层”按钮，在弹出的菜单中选择“色阶”选项并设置参数，调整画面的色调。至此，本实例制作完成。

方法 2：角色扮演手机游戏界面锁屏界面 2

01 制作游戏界面上的亮点

执行“文件>打开”命令，打开“背景2.jpg”文件，拖曳到当前图像文件中，生成“图层1”。新建“图层2”，设置前景色为黄灰色，按快捷键Alt+Delete，填充图层为黄灰色，使用椭圆选框工具在其上方需要挖空的地方绘制椭圆选区，按Delete键将其删除。

02 制作界面上的指示箭头

新建“图层3”，使用钢笔工具，在属性栏中设置属性为“路径”，在画面上绘制箭头的形状并填充渐变颜色。在下方新建“图层4”，按住Ctrl键并单击鼠标左键选择“图层3”，适当地扩展其选区并将其填充为白色，最后添加“投影”图层样式。

03 **制作界面下方的提示框**
使用圆角矩形工具，在其属性栏中设置“填充”为黄色，“描边”为无。在界面下方绘制圆角矩形，创建“斜面和浮雕”图层样式，并在下方新建“图层5”。使用扩展选区的方式，适当地扩展选区并填充为白色，然后添加“投影”图层样式。在界面上方添加需要的图案并创建图层剪贴蒙版，设置需要的混合模式。

04 **将画面制作完整**
添加素材并将其放置于画面上合适的位置。新建图层，使用多边形套索工具绘制需要的图形，填充需要的颜色，创建其“斜面和浮雕”图层样式，并制作剪贴的样式。继续新建图层，设置需要的前景色，使用画笔工具，选择需要的画笔并适当调整大小及不透明度。绘制人物，使用横排文字工具输入所需文字。至此，本实例制作完成。

设计小结

1. 执行“选择>修改>扩展”命令，在弹出的对话框中设置参数，完成后单击“确定”按钮即可扩展选区。
2. 按快捷键Ctrl+D可以快速取消选区。

4.2 动作冒险类手机游戏界面制作

动作冒险类手机游戏深受广大学生的喜爱，因此动作冒险类手机游戏界面的制作就要更加地有跳跃性并且符合广大学生受众的需求。

4.2.1 动画比赛类手机游戏界面制作

·设 计 构 思·

本节实例制作动画比赛类手机游戏界面。画面中主要采用黄绿色调，给人愉快的视觉效果，并使用各种形状工具及图层样式来制作动画比赛类手机游戏界面，最后使用文字工具制作出完整的动画比赛类手机游戏界面。

● **设计规格**

尺寸规格：1997像素×1500像素

使用工具：画笔工具、圆角矩形工具、自定义形状工具、横排文字工具

源 文 件：第4章\Complete\4.2\动画比赛类手机游戏主题界面.psd、动画比赛类手机游戏关卡界面.psd

视频地址：视频\第4章\4.2\动画比赛类手机游戏主题界面.swf、动画比赛类手机关卡界面.swf

● **设计色彩分析**

将画面调整为绿灰色的色调，使其具有活泼的整体感觉。

R0、G21、B1　R91、G166、B119　R25、G104、B6　R195、G236、B104

方法 1：动画比赛类手机游戏主题界面

01 新建空白图像文件

执行“文件>新建”命令，在弹出的“新建”对话框中设置各项参数及选项，完成后单击“确定”按钮，新建空白图像文件。

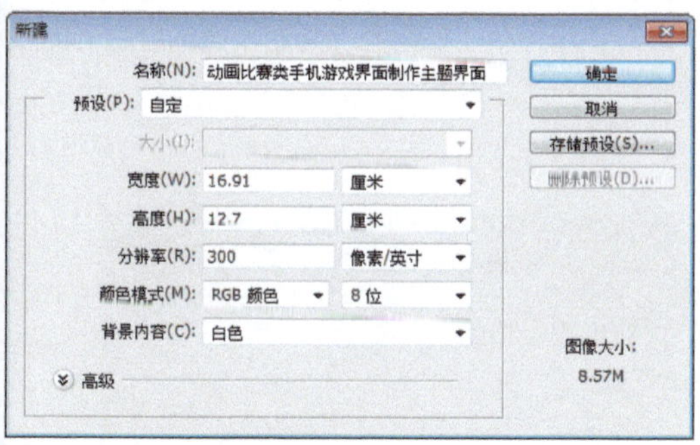

02 制作动画比赛类游戏界面的背景

打开“背景.jpg”文件，拖曳到当前图像文件中，生成“图层1”，按快捷键Ctrl+T变换图像的大小，将其平铺于画面中间。

03 调整整体画面的色调

新建“图层2”，设置前景色为绿灰色，按快捷键Alt+Delete，填充图层为绿灰色。在“图层”面板上设置混合模式为“叠加”、“不透明度”为62%。

04 绘制画面上卡通小动物的外形

新建“图层3”，设置需要的前景色，使用画笔工具，选择尖角画笔并适当调整大小，在画面上绘制出卡通小动物的外形。

05 为卡通图案制作图层样式

选择绘制好的“图层3”，单击“添加图层样式”按钮fx，选择“斜面和浮雕”选项并设置参数，制作图层样式。

06 为卡通图案制作其他图层样式

选择绘制好的“图层3”，单击“添加图层样式”按钮fx，选择“投影”选项并设置参数，制作图层样式。

07 绘制卡通图案的表情

新建“图层4”，设置需要的前景色，使用画笔工具，选择尖角画笔并适当调整大小，在画面上绘制卡通图案脸上的纹理，并设置其混合模式为“正片叠底”。

08 绘制卡通小动物的外形

新建“图层5”，设置需要的前景色，使用画笔工具，选择尖角画笔并适当调整大小，继续在画面上绘制卡通小动物的外形。

09 为卡通图案制作图层样式

选择绘制好的“图层5”，单击“添加图层样式”按钮，选择“斜面和浮雕”和“投影”选项并设置参数，制作图层样式。

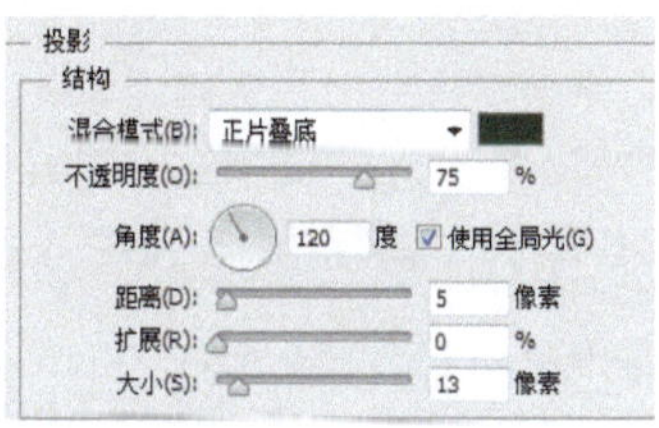

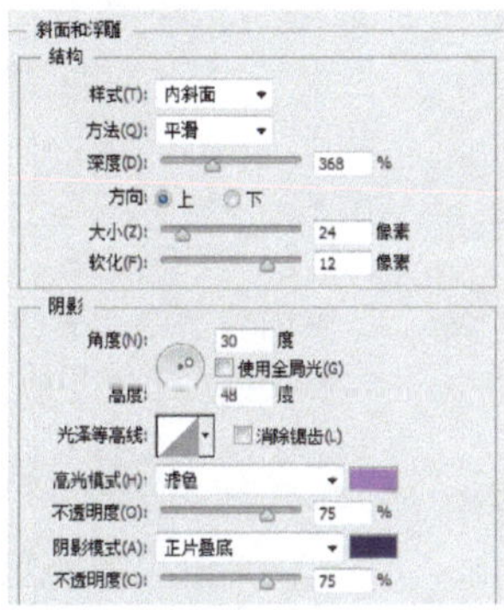

10 绘制卡通图案的表情

新建“图层6”，设置需要的前景色，使用画笔工具，选择尖角画笔并适当调整大小，在卡通身上绘制需要的可爱图案并设置其混合模式为“正片叠底”。

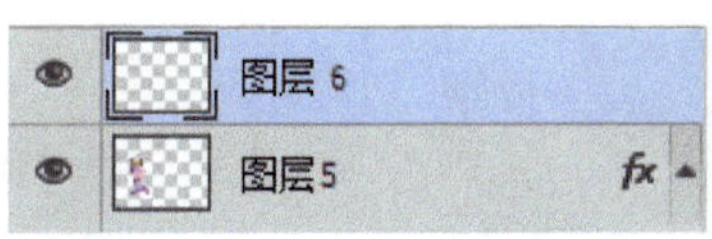

11 绘制卡通小动物的外形

新建“图层7”，设置需要的前景色，使用画笔工具，选择尖角画笔并适当调整大小，继续在画面上绘制可爱卡通小动物的外形。

12 为卡通图案制作图层样式

选择绘制好的“图层7”，单击“添加图层样式”按钮，选择“斜面和浮雕”和“投影”选项并设置参数，制作图层样式。

13 绘制卡通图案的表情

新建“图层8”，设置需要的前景色，使用画笔工具，选择尖角画笔并适当调整大小，在画面上绘制卡通图案脸上的纹理，并设置其混合模式为“正片叠底”。

14 制作卡通小动物的阴影效果

在“图层2”上方和“图层3”下方新建“图层9”，设置前景色为深墨绿色，使用画笔工具选择尖角画笔并适当调整大小及不透明度，在小动物下方适当地涂抹，设置图层的“不透明度”为61%，制作出图层的投影效果。

15 制作画面上的可爱元素

选择“图层8”，执行“文件>打开”命令，打开“花朵.png”文件，拖曳到当前图像文件中，生成“图层10”，按快捷键Ctrl+T变换图像的大小和方向，并将其放置于画面中合适的位置。

16 复制图层增加画面的丰富性

选择“图层10”，连续两次按快捷键Ctrl+J复制得到两个“图层10拷贝”，按快捷键Ctrl+T变换图像的大小和方向，并将其放置于画面中合适的位置，增加画面的丰富性。

17 制作画面下方的草地

执行“文件>打开”命令，打开“草坪.png”文件，拖曳到当前图像文件中，生成“图层11”，按快捷键Ctrl+T变换图像的大小和方向，并将其放置于画面下方合适的位置，制作出画面下方的草地，丰富画面上的元素。

18 初步调整画面的整体色调

单击“创建新的填充或调整图层”按钮，在弹出的菜单中选择“色相/饱和度”选项并设置参数，初步调整画面的整体色调，使颜色更加鲜明。

19 在界面上绘制圆角矩形图标并制作其图层样式

使用圆角矩形工具，在其属性栏中设置“填充”为玫红色，“描边”为无，绘制圆角矩形，得到“圆角矩形1”。单击“添加图层样式”按钮，选择“内发光”和“投影”选项并设置参数，制作出图层样式。

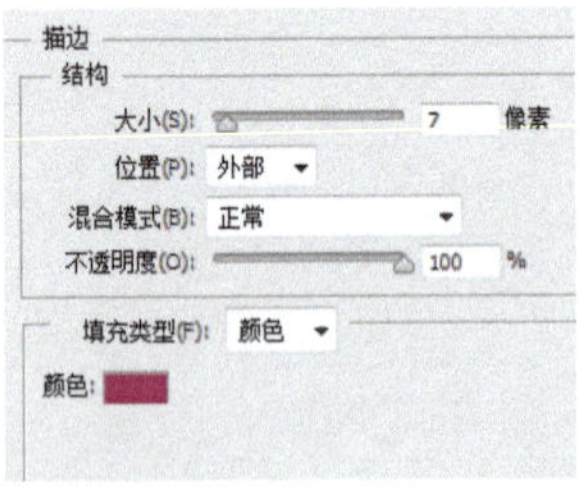

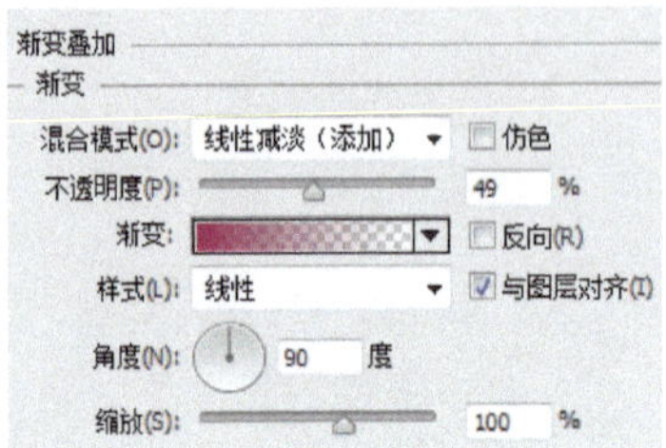

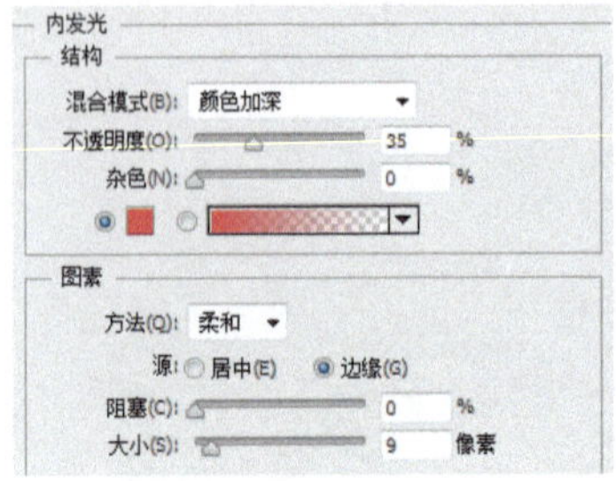

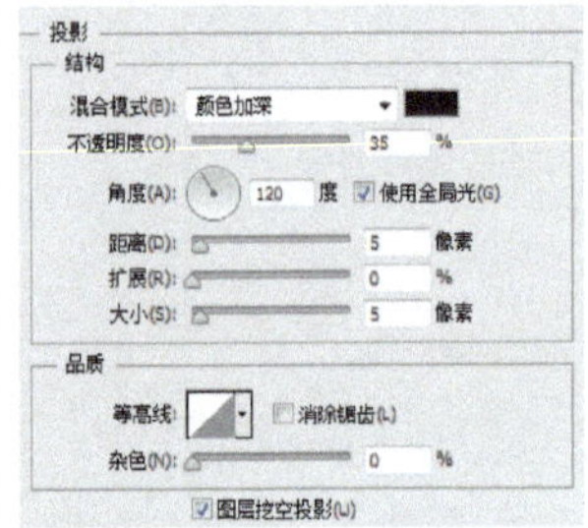

20 制作圆角矩形图标其他的图层样式

选择“圆角矩形1”，单击“添加图层样式”按钮，选择“描边”和“渐变叠加”选项并设置参数，制作图层样式。在“图层”面板上设置“填充”为71%，制作出圆角矩形图标其他的图层样式。

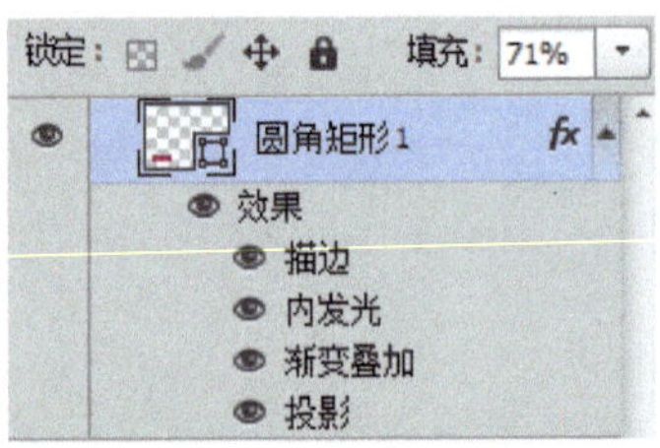

21 制作图标的渐变光感

新建“图层12”，按住Ctrl键并单击鼠标左键选择“圆角矩形1”，得到“圆角矩形1”的选区。使用渐变工具，设置渐变颜色为白色到透明色的线性渐变，并在选区中从上到下透出渐变。

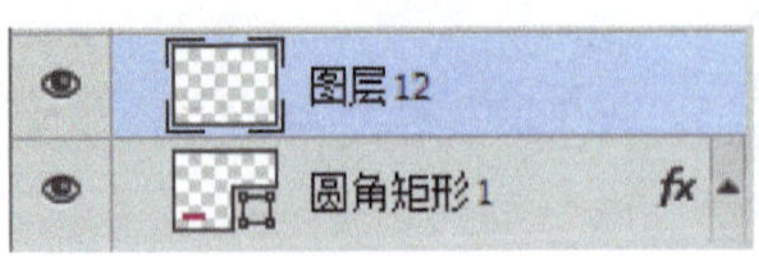

22 制作图标的质感高光

使用钢笔工具，在其属性栏中设置其属性为“形状”，“填色”为白色，“描边”为无，在图标上绘制白色的高光，得到“形状1”，选择图层并单击鼠标右键选择“栅格化文字”选项。在“图层”面板上设置“填充”为0%，“不透明度”为75%。单击“添加图层样式”按钮，选择“内发光”和“光泽”选项并设置参数，制作出图标的质感高光。

23 编组图层并制作图层样式

按住Shift键并选择“圆角矩形”到“形状1”，按快捷键Ctrl+G新建“组1”。单击“添加图层样式”按钮，选择“内发光”和“外发光”选项并设置参数，制作图层组的样式。

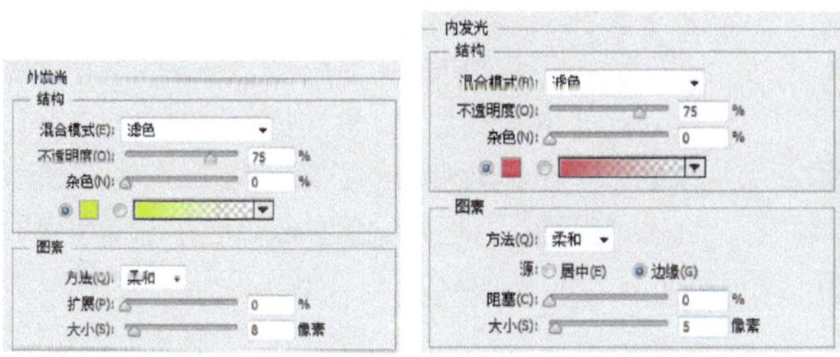

24 复制“组1”，制作界面上的所有矩形图标

选择“组1”，连续按快捷键Ctrl+J复制得到多个“组1拷贝”，将其移至画面上合适的位置，制作出界面上所有的矩形图标。

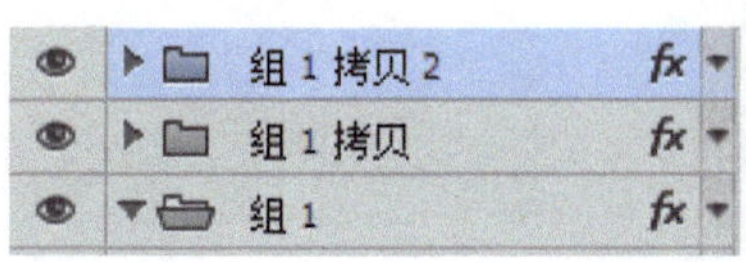

25 添加素材文件，丰富画面元素

打开“水珠.png”文件，拖曳到当前图像文件中，生成“图层13”，按快捷键Ctrl+T变换图像大小，并将其放置于图标上合适的位置。

26 添加其他素材文件，丰富画面元素

执行“文件>打开”命令，打开“光.png”文件，拖曳到当前图像文件中，生成“图层13”，按快捷键Ctrl+T变换图像大小，并将其放置于图标上合适的位置。在“图层”面板上设置设置混合模式为“滤色”并标出合适的位置。

27 制作透明图标上的箭头及样式

使用自定形状工具，在其属性栏中选择需要的形状，在其属性栏中设置“填充”为白色，“描边”为无，在图标上绘制箭头的形状，单击“添加图层样式”按钮，选择“投影”选项并设置参数，制作图层样式。连续按两次快捷键Ctrl+J复制得到“形状2拷贝”并将它们移至每个图标上合适的位置。

28 制作图标上的文字和图层样式

使用横排文字工具，设置前景色为白色，输入所需文字，双击文字图层，在属性栏中设置文字的字体样式及大小，并移至每个图标上合适的位置。单击“添加图层样式”按钮，选择“投影”选项并设置参数，制作出图层样式。

29 制作游戏界面主题文字下方的图案

新建“图层15”，设置需要的前景色，使用画笔工具，选择尖角画笔并适当调整大小，继续在画面上绘制游戏界面主题文字下方的图案。

30 将画面制作完整

使用横排文字工具，设置前景色为白色，输入所需文字，按快捷键Ctrl+T变换文字大小，将其放置于界面中合适的位置。单击“添加图层样式”按钮，选择“投影”选项并设置参数，制作图层样式。至此，本实例制作完成。

方法 2：动画比赛类手机游戏关卡界面

01 新建空白图像文件

执行“文件>新建”命令，在弹出的“新建”对话框中设置各项参数及选项，完成后单击“确定”按钮，新建空白图像文件，得到“背景”图层。

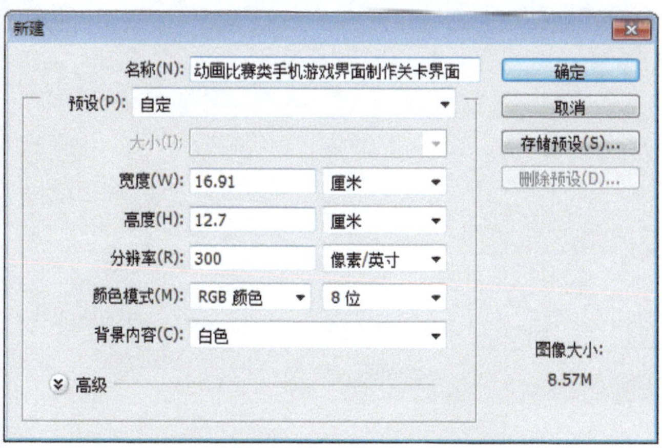

02 制作画面的背景

执行“文件>打开”命令，打开“背景.jpg”文件，拖曳到当前图像文件中，生成“图层1”，按快捷键Ctrl+T变换图像大小，并将其平铺于画面上。

03 制作圆形透明图标

新建“图层2”，使用椭圆选框工具，设置前景色为白色，使用画笔工具，选择柔角画笔并适当调整大小及不透明度，在选区内核边缘适当地绘制，制作出圆形透明图标。

04 绘制透明图标中的星级

新建“图层3”，设置需要的前景色，使用画笔工具，选择需要的画笔并适当调整大小及不透明度，在选区内核边缘适当地绘制，绘制出透明图标中的星级。

05 复制图层，继续制作透明图标中的星级

选择“图层3”，连续按两次快捷键Ctrl+J复制得到两个“图层3拷贝”，按快捷键Ctrl+T变换图像大小，并将其放置于椭圆图标上合适的位置。按住Shift键并选择“图层2”~“图层3拷贝2”，按快捷键Ctrl+G新建“组1”。

06 复制“组1”，制作关卡

选择“组1”，按快捷键Ctrl+J复制得到“组1拷贝”，将其移至画面上合适的位置。

07 制作游戏界面上其他的关卡

按快捷键Ctrl+J复制得到“组1拷贝2”，将其展开，删除“图层2拷贝2”和“图层2拷贝3”，并将“图层2拷贝”移至画面上合适的位置。

08 制作游戏界面上其他的关卡

选择“组1拷贝2”，按快捷键Ctrl+J复制得到“组1拷贝4”，并将其移至画面上合适的位置。

09 复制透明的椭圆图标

选择“图层3”，按快捷键Ctrl+J复制得到“图层3拷贝4”，将其移至画面上方合适的位置。

10 制作透明图标中锁的图案

打开“锁身.png”文件，拖曳到当前图像文件中，生成“图层4”，按快捷键Ctrl+T变换图像大小，并将其放置于椭圆透明图标上合适的位置。

11 制作透明图标中锁的图案2

打开“锁头.png”文件，拖曳到当前图像文件中，生成“图层5”，按快捷键Ctrl+T变换图像大小，并将其放置于椭圆透明图标上合适的位置。

12 制作透明图标中锁的阴影效果

在“图层4”下方，新建“图层6”，设置前景色为黑色，使用画笔工具，选择柔角画笔并适当调整大小及不透明度，在绘制的锁下面绘制阴影效果。按住Shift键并选择“图层6”~“图层5”，按快捷键Ctrl+G新建“组2”。

13 为透明图标以及里面的锁制作效果

选择“组2”，按快捷键Ctrl+J复制得到“组2拷贝”，并将其移至画面上合适的位置。将组展开，选择“图层5”并移至“图层4”下方，“图层6”上方。将其适当地向画面下方移动，制作出透明图标中还没有解锁的效果。

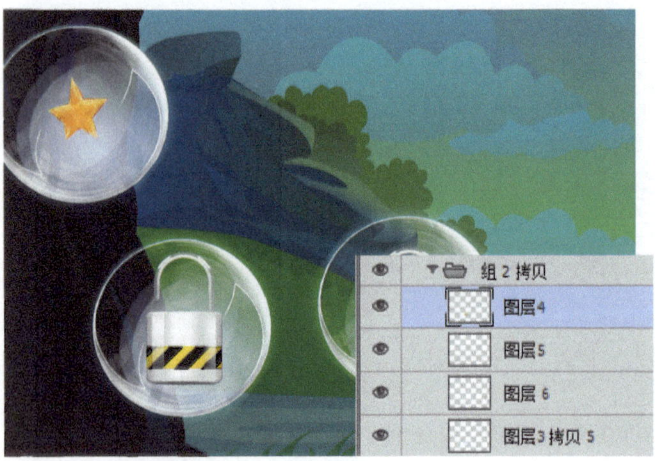

14 复制组，制作界面上的透明图标

选择“组2拷贝”，连续按快捷键Ctrl+J复制得到多个“组2拷贝”，按快捷键Ctrl+T变换图像大小，并将其放置于画面中合适的位置，制作出界面上的透明图标。

15 制作所有图标的阴影效果

按住Shift键并选择“组1”～“组2拷贝4”，按快捷键Ctrl+G新建“组3”。单击“添加图层样式”按钮，选择“投影”选项并设置参数，制作图层样式。

16 创建“色阶1”，调整图层组的色调

单击“创建新的填充或调整图层”按钮，在弹出的菜单中选择“色阶”选项并设置参数，单击图框中“此调整影响到下面的所有图层”按钮创建图层剪贴蒙版，调整画面的色调。

17 制作所有透明图标的连接点

新建“图层7”，设置前景色为黄色，使用画笔工具，选择尖角画笔并适当调整大小，为画面上的透明图标绘制连接点。

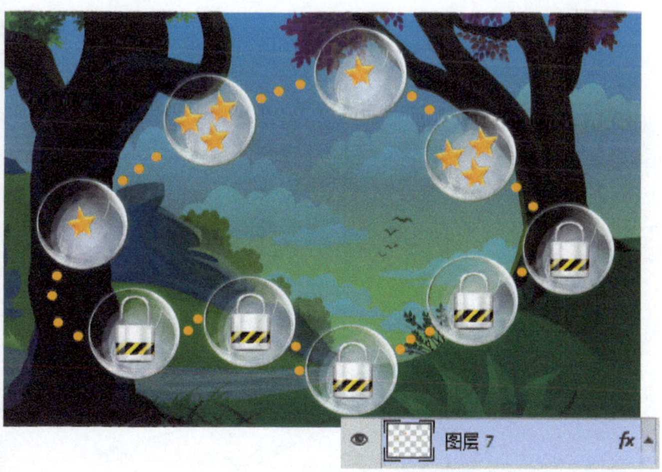

18 制作连接点的阴影效果

选择制作的“图层7”，单击“添加图层样式”按钮，选择“投影”选项并设置参数，制作图层样式。

19 制作透明图标下的小提示栏

使用圆角矩形工具，在其属性栏中设置“填充”为灰色，“描边”为白色，在画面上最左边的透明椭圆图标上绘制圆角矩形，得到“圆角矩形1”。在“图层”面板上设置“填充”为70%。

20 制作界面上其他的透明图标下的小提示栏

选择“圆角矩形1”，连续按快捷键Ctrl+J复制得到多个“圆角矩形1拷贝”，并将其移至界面上其他的透明图标下合适的位置。

21 制作椭圆图标下的数字关卡1

使用横排文字工具，设置前景色为白色，输入所需文字，双击文字图层，在其属性栏中设置文字的字体样式及大小，并移至每一个椭圆图标透明下合适的位置。

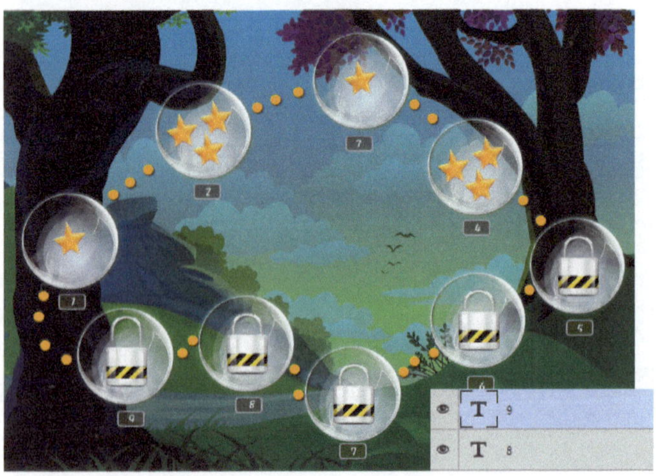

22 制作椭圆下的数字关卡2

使用钢笔工具，在其属性栏中设置属性为“形状”，“填色”为蓝色，在画面左上方绘制返回的形状，得到“形状1”。

23 **制作返回图标的图层样式**

选择“形状1”，单击“添加图层样式”按钮，选择“描边”选项并设置参数，制作图层样式。

24 **调整画面的整体色调，将画面制作完整**

单击“创建新的填充或调整图层”按钮，在弹出的菜单中选择“色相/饱和度”选项设置参数，调整画面的整体色调。至此，本实例制作完成。

设计小结

1. 单击“添加图层样式”按钮，选择“斜面和浮雕”选项并设置参数，可以制作斜面和浮雕图层样式。
2. 单击“添加图层样式”按钮，选择“投影”选项并设置参数，制作投影图层样式。

4.2.2 跳跃类手机游戏界面制作

· 设 计 构 思 ·

本节实例好玩的跳跃类手机游戏界面。将画面调整为淡黄色和淡蓝色色调，搭配上艳丽的颜色，使画面主题突出。最后使用文字工具和调色工具制作出好玩的跳跃手机游戏界面。

● 设计规格

尺寸规格：1271像素×2126像素

使用工具：画笔工具、横排文字工具

源 文 件：第4章\ Complete\4.2\跳跃类手机游戏起始界面.psd、跳跃类手机游戏界面.psd

视频地址：视频\第4章\4.2\跳跃类手机游戏起始界面.swf、跳跃类手机游戏界面.swf

● 设计色彩分析

将画面调整为淡黄色和淡蓝色色调，搭配上艳丽的颜色，突出画面中的主题。

R115、G209、B23　　R234、G225、B169　　R155、G227、B211

方法1：跳跃类手机游戏起始界面

01 新建空白图像文件

执行“文件>新建”命令，在弹出的“新建”对话框中设置各项参数及选项，完成后单击“确定”按钮，新建空白图像文件，得到“背景”图层。

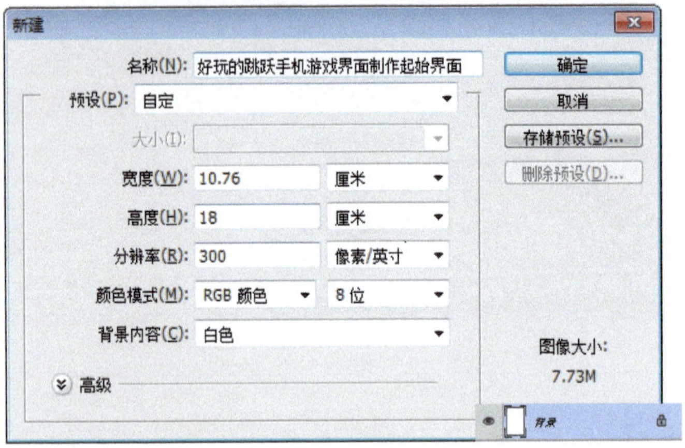

02 制作界面的背景

新建“图层1”，使用渐变工具，设置渐变颜色为淡黄色到淡蓝色的径向渐变，并在图层上从内到外透出渐变。新建“图层2”，将其填充为淡黄色，设置混合模式为“深色”，在其“图层”面板上设置“填充”为60%。

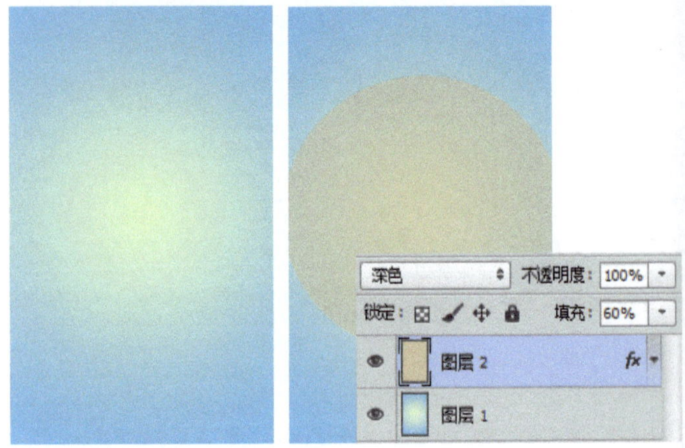

03 制作背景的图层样式

选择“图层2”，单击“添加图层样式”按钮，选择“图案叠加”选项并设置参数，制作图层样式。

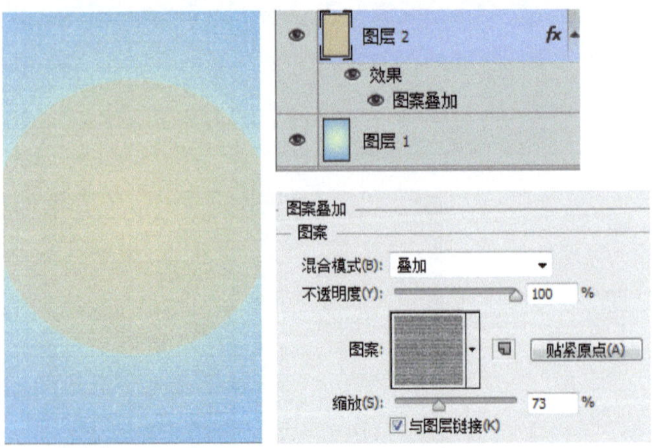

04 绘制画面上跳跃的台阶

新建“图层3”，设置需要的前景色，使用画笔工具，选择尖角画笔并适当调整大小，绘制跳跃手机界面上的跳跃台阶图案。

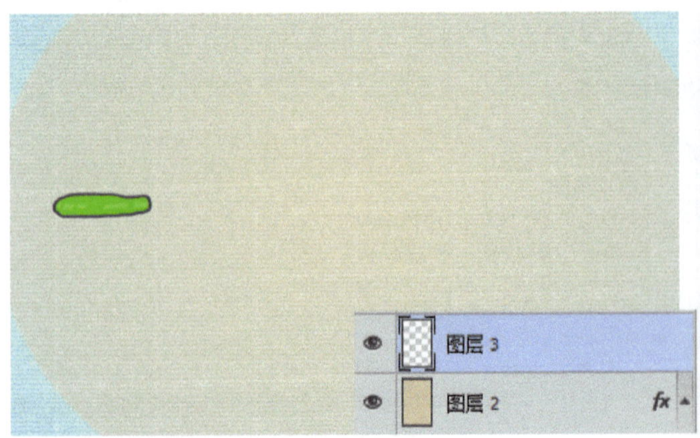

05 复制跳跃的台阶，丰富画面上的元素

选择“图层3”，连续按两次快捷键Ctrl+J复制得到两个“图层3拷贝”，并将其移至画面上合适的位置。

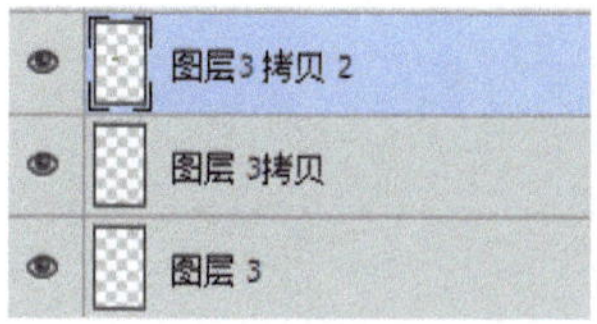

06 绘制不同样式的台阶，丰富画面上的元素

新建“图层3”，设置需要的前景色，使用画笔工具，选择尖角画笔并适当调整大小，在画面上绘制跳跃手机界面上的跳跃台阶图案。按快捷键Ctrl+J复制得到“图层4拷贝”，将其移至画面上合适的位置。

07 绘制画面其他元素，丰富画面

新建“图层5”，设置需要的前景色，使用画笔工具，选择尖角画笔并适当调整大小，在画面上绘制可爱的小图形。

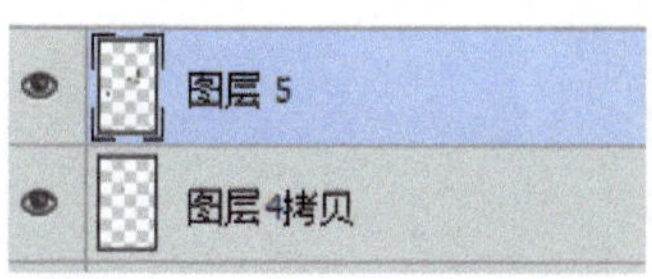

08 制作画面上的文字并制作其图层样式

新建“图层6”，设置前景色为黑色，使用画笔工具，选择尖角画笔并适当调整大小，在画面上需要放置到文字的前方绘制可爱的小图形。使用横排文字工具，设置前景色为棕红色，输入所需文字，单击“添加图层样式”按钮，选择“投影”“图案叠加”和“斜面和浮雕”选项并设置参数，制作文字样式。

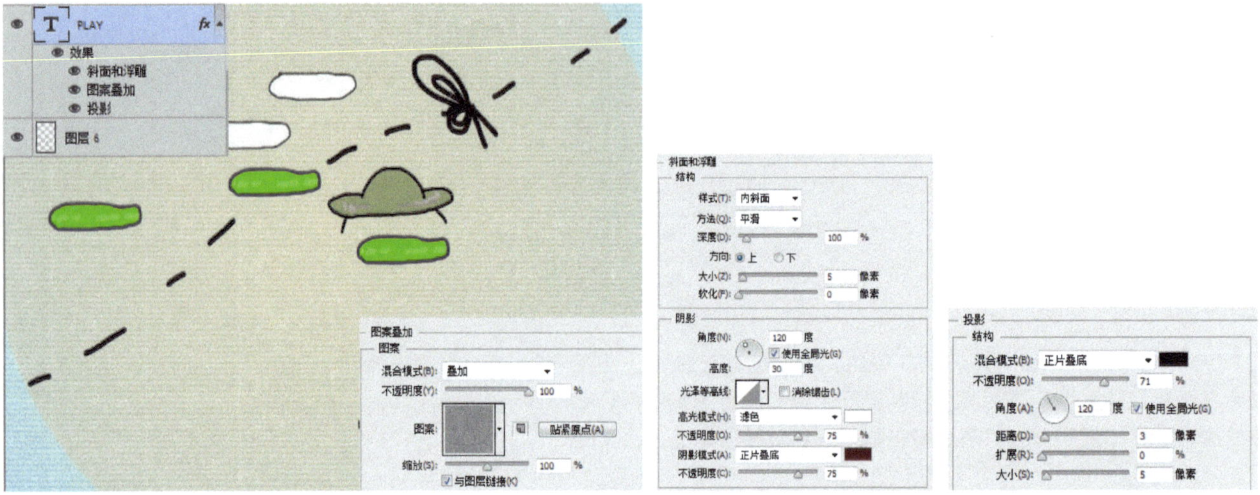

09 制作界面上其他文字

使用横排文字工具，设置前景色为棕红色，输入所需文字，在属性栏中设置文字的字体样式及大小，单击“添加图层样式”按钮，选择“投影”“图案叠加”和“斜面和浮雕”选项并设置参数，制作文字样式。

10 绘制界面上的小怪兽

新建“图层7”，设置需要的前景色，使用画笔工具，选择尖角画笔并适当调整大小，在画面上绘制小怪兽。

11 绘制其他小怪兽并制作其画面效果

新建“图层8”，设置需要的前景色，使用画笔工具，选择尖角画笔并适当调整大小，在画面上绘制小怪兽。在其下方新建“图层9”，按住Ctrl键并单击鼠标左键选择“图层8”得到选区，执行“选择>修改>扩展”命令，在弹出的对话框中设置需要扩展的参数，并将其填充为白色。取消选区后，单击“添加图层样式”按钮，选择“投影”选项并设置参数，制作图层样式。

12 单击相同的方法绘制小怪兽并制作其画面效果

新建图层并绘制小怪兽，在其下方新建“图层11”，单击白色的尖角画笔绘制需要的形状，单击“添加图层样式”按钮，选择“投影”选项并设置参数，制作图层样式。

13 制作界面上的文字

回到图层上方，使用横排文字工具，设置需要的前景色，输入所需文字，双击文字图层，按快捷键Ctrl+T变换图像大小，并将其放置于画面上方合适的位置。在其下方新建图层，按住Ctrl键并单击鼠标左键选择文字图层，扩展选区并填充为白色，创建“投影”图层样式。

14 调整画面的色调将画面制作完整

单击“创建新的填充或调整图层”按钮，在弹出的菜单中选择“色相/饱和度”“色阶”和“色彩平衡”选项设置参数，并设置其不同图层的“不透明度”调整画面的色调。至此，本实例制作完成。

方法 2：跳跃类手机游戏界面

01 新建空白图像文件

执行“文件>新建”命令，在弹出的“新建”对话框中设置各项参数及选项，完成后单击“确定”按钮，新建空白图像文件，得到“背景”图层。

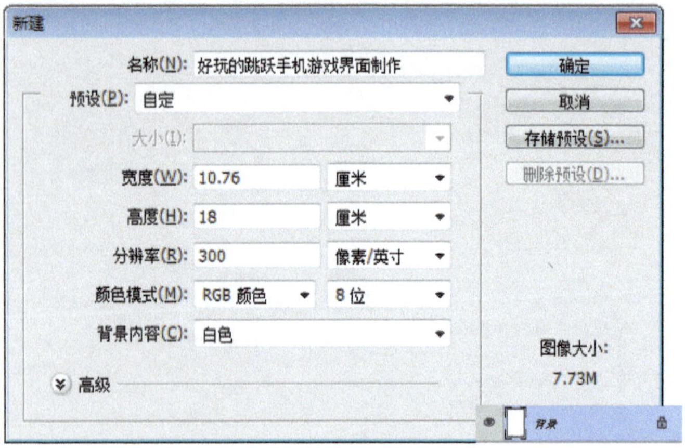

02 制作界面的背景并绘制界面上的纹理

新建“图层1”，设置前景色为淡黄色，按快捷键Alt+Delete，填充图层为淡黄色。新建“图层2”，设置前景色为黑色，使用画笔工具，选择尖角画笔并适当调整大小，在界面上绘制纹理。

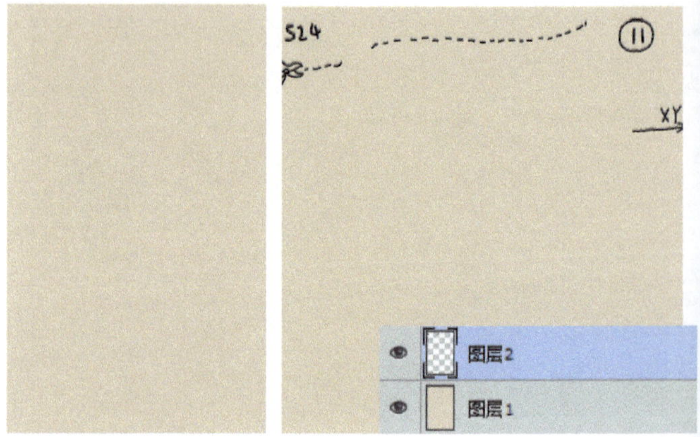

03 绘制画面上跳跃的台阶

新建“图层3”，设置需要的前景色，使用画笔工具，选择尖角画笔并适当调整大小，绘制界面上的跳跃台阶图案。

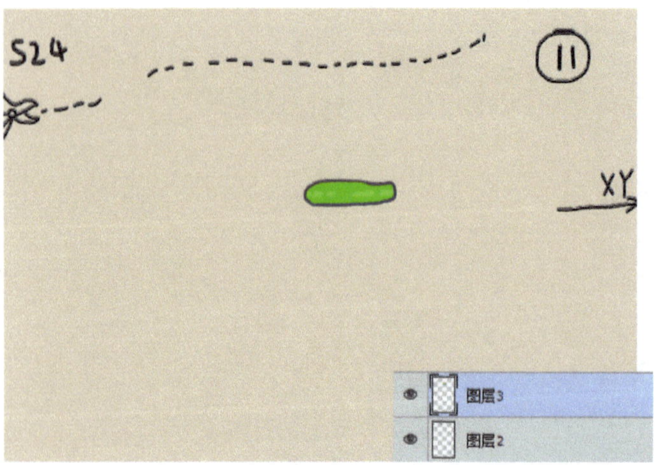

04 复制跳跃的台阶，丰富画面上的元素

选择“图层3”，连续按两次快捷键Ctrl+J复制得到两个“图层3拷贝”，并将其移至画面上合适的位置。

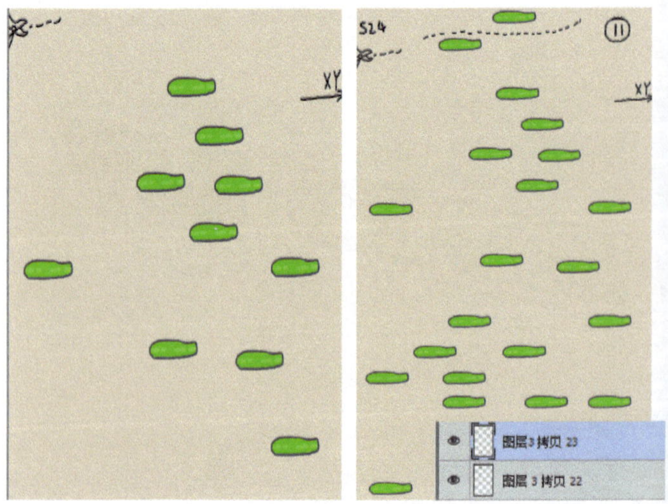

05 在画面上绘制小图案，增加画面的趣味性

新建“图层4”，设置需要的前景色，使用画笔工具，选择尖角画笔并适当调整大小，在画面上绘制跳跃台阶上的小图案，增加画面的趣味性，丰富画面上的元素。

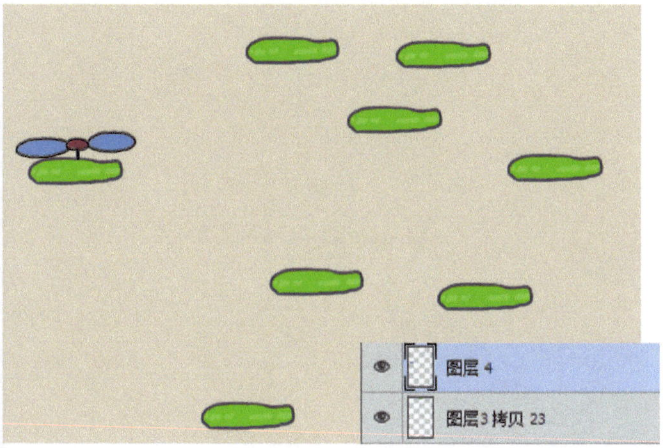

06 制作界面上的小图案元素

新建“图层5”，设置需要的前景色，使用画笔工具，选择尖角画笔并适当调整大小。在画面上绘制UFO的形状，在其下方新建“图层6”，使用多边形套索工具在画面上绘制需要的图形并将其填充为黄色，设置混合模式为“正片叠底”、“不透明度”为54%，制作出UFO洒下的光感效果。

07 绘制不同样式的台阶，丰富画面上的元素

新建“图层7”，设置需要的前景色，使用画笔工具，选择尖角画笔并适当调整大小，在画面上绘制跳跃台阶图案。按快捷键Ctrl+J复制得到“图层7拷贝”并将其移至画面上合适的位置。

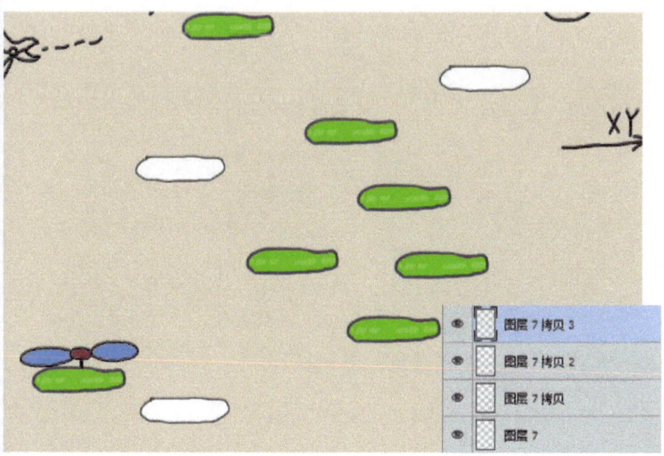

08 绘制界面上的海水图案

新建“图层8”，设置前景色为蓝绿色，使用画笔工具，选择尖角画笔并适当调整大小，在画面下方绘制海水的图层样式。在“图层”面板上设置“不透明度”为72%。

09 绘制海水上面的波纹

新建“图层8”，设置前景色为黑色，使用画笔工具，选择尖角画笔并适当调整大小，在海水界面上绘制波纹。在“图层”面板上设置“不透明度”为79%，绘制出海水上面的波纹效果。

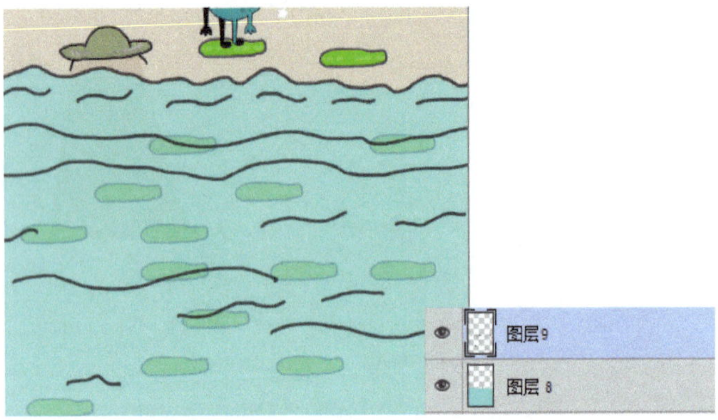

10 绘制界面上的小怪兽

新建“图层11”和“图层12”，设置需要的前景色，使用画笔工具，选择尖角画笔并适当调整大小，在画面上绘制跳跃板上的小怪兽。

11 创建“色相/饱和度1”，调整画面的色调

单击“创建新的填充或调整图层”按钮，在弹出的菜单中选择“色相/饱和度”选项并设置参数，调整画面的色调。

12 调整画面的色调将画面制作完整

单击“创建新的填充或调整图层”按钮，在弹出的菜单中选择“色阶”选项并设置参数，调整画面的色调。至此，本实例制作完成。

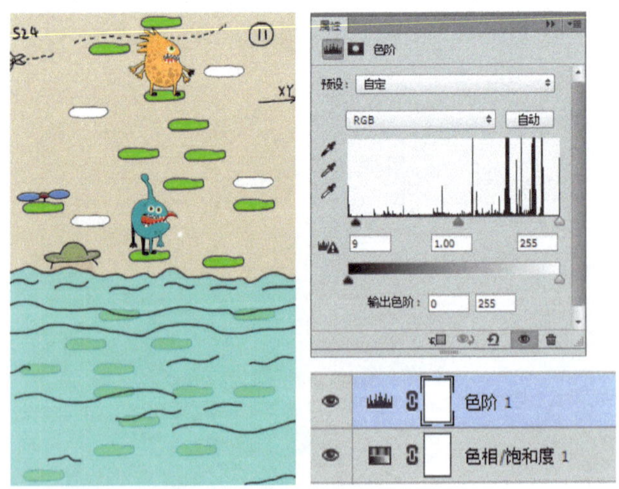

设计小结

1. 用色阶调节明度，图像的对比度、饱和度损失较小。色阶调整可以通过输入数字，对明度进行精确的设定。
2. 使用画笔工具，选择需要的笔刷，打开画笔预设面板并设置各项参数后，便可绘制需要的形状线条。

4.2.3 经典逃亡手机游戏界面制作

·设计构思·

本节实例制作经典逃亡手机游戏界面。将画面调整为亮蓝的渐变色调，使其具有绚丽的整体效果，并使用各种形状工具来制作经典逃亡手机游戏界面，最后使用文字工具及图层样式制作出完整的经典逃亡手机游戏界面。

●设计规格

尺寸规格：3333像素×2008像素

使用工具：自定形状工具、矩形工具、椭圆工具、横排文字工具、多边形套索工具

源 文 件：第4章\ Complete\4.2\经典逃亡手机游戏界面制作1.psd、经典逃亡手机游戏界面制作2.psd

视频地址：视频\第4章\4.2\经典逃亡手机游戏界面制作1.swf、经典逃亡手机游戏界面制作2.swf

●设计色彩分析

将画面调整为亮蓝的渐变色调，使其具有绚丽的整体效果。

R17、G78、B134　　R189、G213、B240　　R48、G134、B173

方法 1：经典逃亡手机游戏界面制作 1

01 新建空白图像文件

执行“文件>新建”命令，在弹出的“新建”对话框中设置各项参数及选项，完成后单击“确定”按钮，新建空白图像文件，得到“背景”图层。

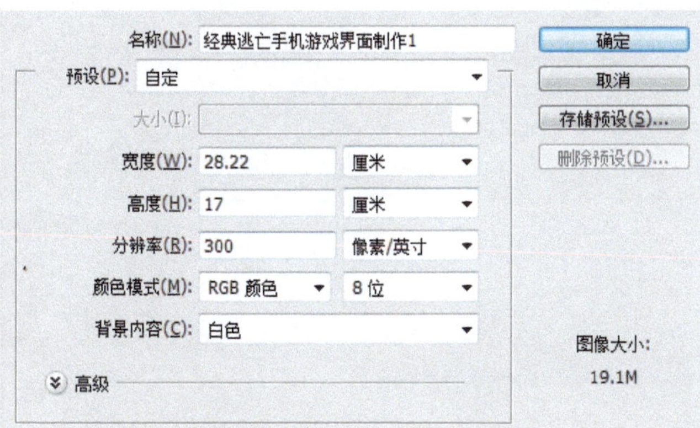

02 制作界面上的背景和按钮

将背景填充为黑色，新建“图层1”，使用矩形选框工具在界面上绘制需要的矩形选区并为其填充需要的渐变颜色。使用形状钢笔工具，设置需要的“填色”，在界面的右侧绘制需要的图形。

03 制作界面上方的渐变炫彩提示按钮

使用圆角矩形工具，在属性栏中设置需要的渐变“填充”，“描边”为亮蓝色，在画面上绘制圆角矩形，得到“圆角矩形1”。设置需要的填充，按快捷键Ctrl+J复制得到多个复制图层，按快捷键Ctrl+T变换图像大小，并将其放置于画面中合适的位置。

04 制作提示按钮上的图形

打开“01.png”文件，拖曳到当前图像文件中，生成“图层2”，按快捷键Ctrl+T变换图像大小，并将其放置到画面中合适的位置。按快捷键Ctrl+J复制得到多个复制图层。依次按快捷键Ctrl+T变换图像大小，并将其放置于画面中合适的位置，制作出提示按钮上的图形。

05 制作界面上的选项提示框

使用圆角矩形工具，其属性栏中设置需要的渐变“填充”，“描边”为无，在界面上绘制需要的圆角矩形并设置其需要的图层“填充”，复制得到的圆角矩形，更改其图层为“填充”，绘制需要的圆角矩形。单击“添加图层蒙版”按钮，在蒙版上使用矩形选框工具将不需要的部分删除。

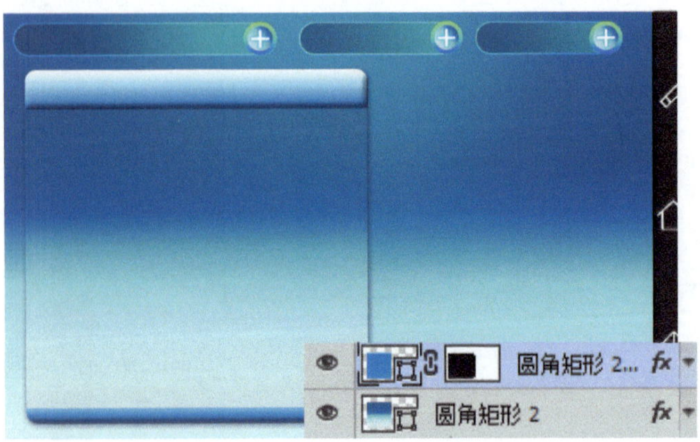

06 制作选项提示框内部的选项

使用圆角矩形工具，在属性栏中设置需要的“填充”和“描边”，在界面上绘制需要的圆角矩形并制作其图层样式。新建图层并绘制需要的图形，将其放置到绘制的圆角矩形中，最后使用横排文字工具，设置需要的前景色，输入所需文字，双击文字图层，在属性栏中设置文字的字体样式及大小，在画面上输入需要的文字，选择内部的选项，按快捷键Ctrl+G新建“组1”，制作出图层样式。

07 制作选项提示框中的图案和文字

使用横排文字工具T，设置前景色为白色，输入所需文字，将其放置于画面提示栏上合适的位置。打开“金币.png”文件，拖曳到当前图像文件中，按快捷键Ctrl+T变换图像大小，连续按快捷键Ctrl+J复制得到复制图层，将其分别放置于画面中合适的位置。

08 制作界面下方的按钮和文字

打开“游戏按钮.png”文件，拖曳到当前图像文件中，按快捷键Ctrl+T变换图像大小，将其放置于画面下方合适的位置。使用横排文字工具T，设置前景色为黄色，输入所需文字，双击文字图层，在属性栏中设置文字的字体样式及大小，将其放置于游戏按钮上合适的位置。

09 制作界面上的图示图标和图案

打开“02.png”~“04.png”文件，拖曳到当前图像文件中，按快捷键Ctrl+T变换图像大小，并将其放置于画面中合适的位置。选择需要的图层，单击“添加图层样式”按钮fx，选择需要的选项并设置参数，制作图层样式。

10 制作界面上其他的图案和文字

使用自定形状工具，在属性栏中选择需要的形状并设置需要的颜色，在界面上方绘制需要的图形，并制作图层样式。新建图层，使用画笔工具，选择需要的画笔并适当调整大小及透明度，设置需要的颜色，绘制需要的图形和颜色，创建图层剪贴蒙版。使用横排文字工具T，设置前景色为黄色，输入所需文字。

11 制作游戏界面上的主体人物

新建图层，设置需要的前景色，使用画笔工具，选择需要的画笔并适当调整大小及透明度，在画面上绘制需要的游戏人物，并在其下方新建图层，继续单击画笔工具绘制出界面上主体人物的投影效果。

12 制作界面上方的圆角矩形提示栏

使用圆角矩形工具，在属性栏中设置需要的“填充”和“描边”，在绘制好的人物上方绘制圆角矩形，设置“不透明度”为82%。继续使用圆角矩形工具，设置需要的“填充”和“描边”，继续在绘制好的人物上方绘制圆角矩形并设置混合模式为“正片叠底”，“填充”为46%。

13 绘制透明提示框上的文字

使用横排文字工具，设置前景色为淡黄色，输入所需文字，双击文字图层，在属性栏中设置文字的字体样式及大小，然后将其放置于画面中合适的位置。

14 将画面制作完整

选择透明提示框上的文字，按快捷键Ctrl+G新建“组2”。单击“添加图层样式”按钮，选择“投影”选项并设置参数，制作图层样式。至此，本实例制作完成。

方法 2：经典逃亡手机游戏界面制作 2

01 新建空白图像文件

执行“文件>新建”命令，在弹出的“新建”对话框中设置各项参数及选项，完成后单击“确定”按钮，新建空白图像文件，得到“背景”图层。

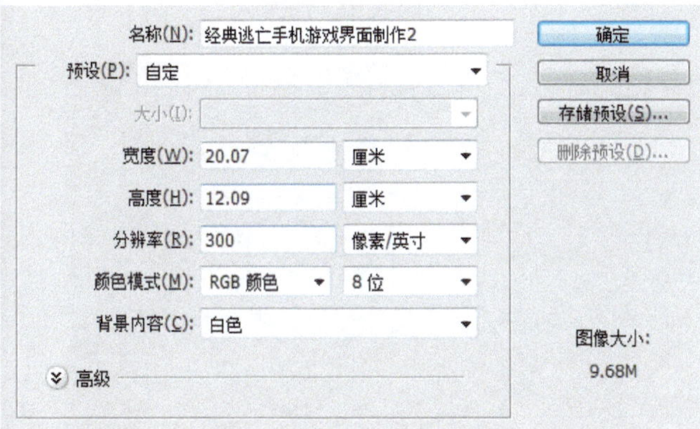

02 制作界面的背景

执行“文件>打开”命令，打开“背景.jpg”文件，拖曳到当前图像文件中，生成“图层1”，按快捷键Ctrl+T变换图像大小，并将其放置于画面中合适的位置。

03 制作界面下方的透明图标

新建“图层2”，使用椭圆选框工具，设置前景色为白色，将其填充为白色，按快捷键Ctrl+D取消选区。设置图层“不透明度”为44%。新建“图层3”，使用画笔工具，选择尖角画笔并适当调整大小及透明度，在图层上绘制需要的形状并创建其“外发光”图层样式。打开“05.png”文件，拖曳到当前图像文件中，生成“图层4”，设置混合模式为“滤色”，创建“投影”和“描边”图层样式。

04 制作界面下方其他的透明图标

按住Ctrl键选择“图层2”和“图层4”，按快捷键Ctrl+J复制得到“图层2拷贝”和“图层4拷贝”，将其移至画面右侧合适的位置。在“图层2拷贝”和“图层4拷贝”中间新建“图层3”，使用画笔工具，选择尖角画笔并适当调整大小及透明度，在图层上绘制需要的形状并创建其“外发光”图层样式。

05 制作界面下方的进度栏

使用圆角矩形工具，在其属性栏中设置“填充”为紫色，“描边”为白色，在界面下方绘制圆角矩形，得到“圆角矩形1”。设置其“不透明度”为60%。使用横排文字工具，输入所需文字。打开“06.png”文件，拖曳到当前图像文件中，生成“图层6”，按快捷键Ctrl+T变换图像大小，并将其放置于画面中合适的位置。

06 制作界面上方的提示栏

使用圆角矩形工具，在属性栏中设置“填充”和“描边”，在界面上绘制需要的圆角矩形，并设置需要的“不透明度”，连续按快捷键Ctrl+J复制得到多个复制图层，并将其移至画面上合适的位置。使用横排文字工具，输入所需文字，单击“添加图层样式”按钮，选择需要的选项并设置参数，制作图层样式，从而制作出界面上方的提示栏。

07 制作界面上其他提示栏和文字效果

使用圆角矩形工具，在属性栏中设置“填充”和“描边”，在界面上绘制需要的圆角矩形，并设置需要的“不透明度”。新建图层，使用多边形套索工具绘制需要的图形并填色，使用横排文字工具，输入所需文字，创建需要的图层样式。

08 将画面制作完整

使用形状钢笔工具，设置需要的“填色”并在界面的右侧绘制需要的图形。新建图层，设置需要的前景色，使用画笔工具，选择需要的画笔并适当调整大小及透明度，在画面上绘制需要的游戏人物，按快捷键Ctrl+T变换图像大小，并将其放置于画面中合适的位置。至此，本实例制作完成。

设计小结

1. 使用形状钢笔工具，设置需要的“填色”并在界面的右侧绘制需要的图形。
2.按快捷键Ctrl+T可以变换图像的大小、方向和形状。

4.3 益智类手机游戏界面制作

益智类手机游戏应用范围广泛并且深受大众喜爱，因此益智类游戏手机界面制作就更加需要具有趣味性和大众消遣性。

4.3.1 迷宫类手机游戏界面制作

·设 计 构 思·

本节实例制作迷宫类手机游戏界面。画面主要采用暖色调，给人温馨的视觉效果，并使用各种形状工具及图层样式来制作迷宫类手机游戏界面，最后使用文字工具和素材文件制作出完整的迷宫类手机游戏界面。

● 设计规格

尺寸规格：1162像素×659像素

使用工具：圆角矩形工具、椭圆工具、多边形套索工具、横排文字工具

源 文 件：第4章\ Complete\4.3\迷宫类手机游戏起始界面1.psd、迷宫类手机游戏起始界面2.psd

视频地址：视频\第4章\4.3\迷宫类手机游戏起始界面1.swf、迷宫类手机游戏起始界面2.swf

● 设计色彩分析

将画面调整为黄绿灰色的色调，使其具有趣味性。

R112、G156、B59　R252、G223、B169　R153、G51、B51　R156、G119、B83

方法 1：迷宫类手机游戏起始界面 1

01 新建空白图像文件

执行“文件>新建”命令，在弹出的“新建”对话框中设置各项参数及选项，完成后单击“确定”按钮，新建空白图像文件，得到“背景”图层。

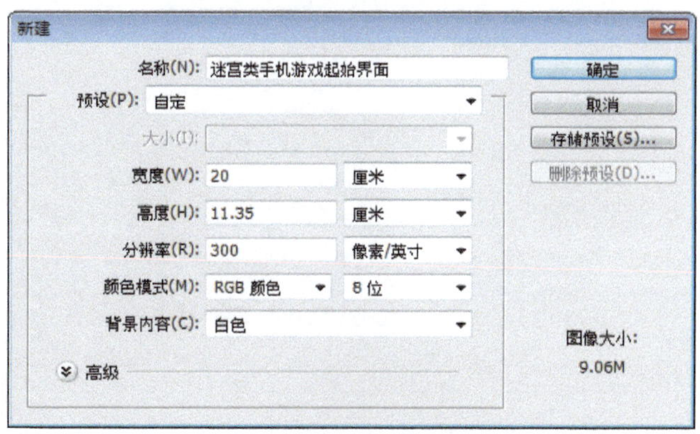

02 制作画面背景的颜色

设置前景色为土黄色，按快捷键Alt+Delete，填充背景色为土黄色。

03 制作界面下方的提示栏

新建“图层1”，使用矩形选框工具，在画面下方创建一个矩形选区并将其填充为棕黄色，单击“添加图层蒙版”按钮创建蒙版。在蒙版上继续单击矩形选框工具，拖出一个矩形选框，并将其填充为黑色，单击“添加图层样式”按钮，选择“斜面和浮雕”选项并设置参数，制作图层样式。

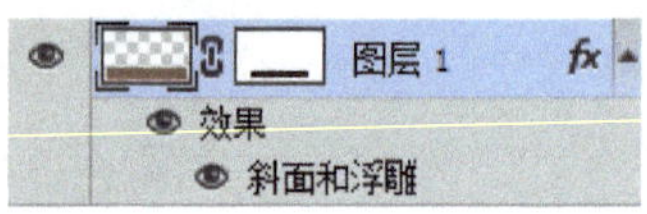

04 制作界面下方的提示栏

新建“图层2”，按住Ctrl键并单击鼠标左键选择“图层1”的蒙版，将得到的选区填充为墨绿色，完成后按快捷键Ctrl+D取消选区。单击“添加图层样式”按钮，选择“内发光”选项并设置参数，制作图层样式。

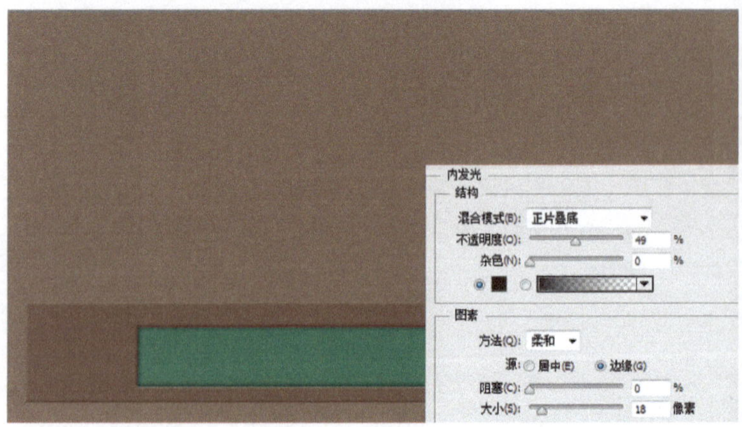

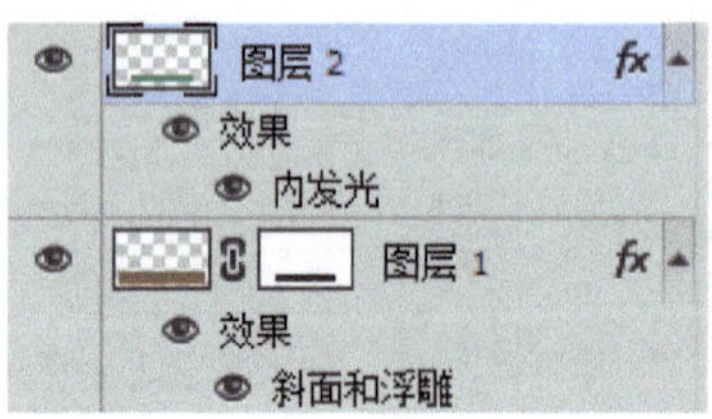

05 绘制需要的卡通图案并添加图层样式

新建“图层3”，设置需要的前景色，使用画笔工具，选择尖角画笔并适当调整大小，在画面上绘制需要的卡通图案。单击“添加图层样式”按钮，选择“描边”选项并设置参数，制作图层样式。

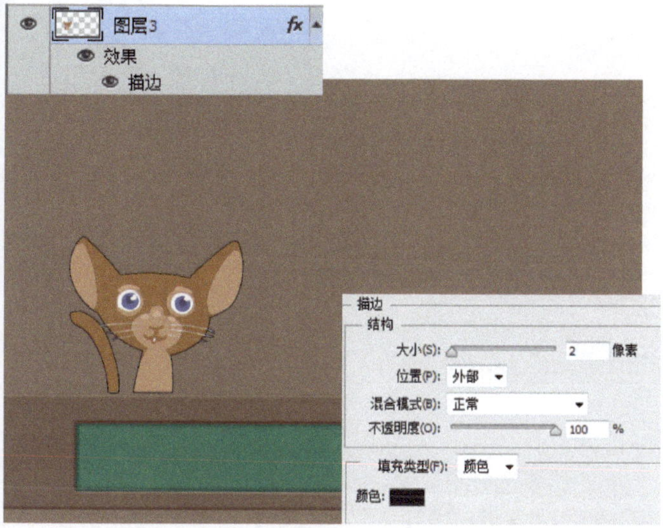

06 制作卡通图案的剪纸效果

在“图层3”下方新建“图层4”，按住Ctrl键并单击鼠标左键选择图层3，得到图层3的选区，执行“选择>修改>扩展”命令，在弹出的对话框中设置需要的参数，完成后单击“确定”按钮。将选区填充为白色，按快捷键Ctrl+D取消选区，单击“添加图层样式”按钮，选择“描边”选项并设置参数，制作图层样式，制作出卡通图案的剪纸效果。

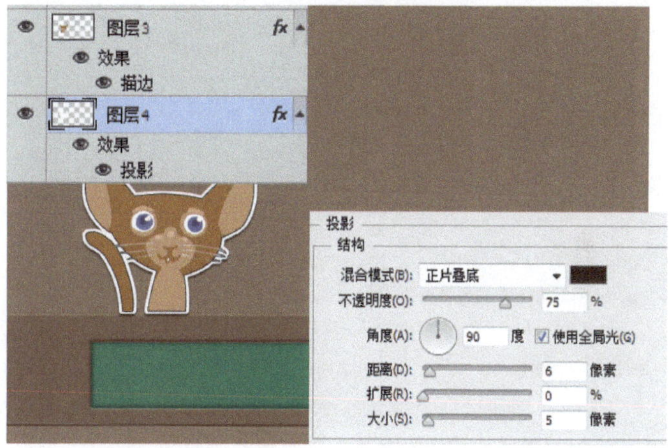

07 单击相同的方法继续制作卡通图案的剪纸效果

新建“图层5”，设置需要的前景色，使用画笔工具，选择尖角画笔并适当调整大小，在画面上绘制需要的卡通图案。单击“添加图层样式”按钮，选择“描边”选项并设置参数，制作图层样式。使用相同的方法，新建“图层6”，继续制作卡通图案的剪纸效果。

08 制作界面上桌了的效果

回到“图层5”，在其上方新建“图层7”，使用矩形选框工具，在画面下方合适的位置创建一个矩形选区，将其填充为棕黄色，按快捷键Ctrl+D取消选区。单击“添加图层样式”按钮，选择“描边”和“投影”选项并设置参数，制作图层样式。

09 在界面上绘制出画框样式

新建“图层8”，使用矩形选框工具，在画面中间绘制合适的选区，并将其填充为棕黄色，然后按快捷键Ctrl+D取消选区。

10 制作界面上的窗帘图案，增加画面的趣味性

打开“窗帘.png”文件，拖曳到当前图像文件中，生成“图层9”，按快捷键Ctrl+T变换图像大小，并将其放置于画面上合适的位置，按快捷键Ctrl+J复制得到“图层9拷贝”，按快捷键Ctrl+T变换图像方向，将其移至画面中合适的位置。

11 制作卡通人物后方的闪光灯效果

在“图层1”的下方新建“图层10”，使用多边形套索工具绘制其需要的闪光灯效果并将其填充为黄色，制作“描边”图层样式。按快捷键Ctrl+J复制得到“图层10拷贝”，按快捷键Ctrl+T变换图像方向并移至画面上合适的位置。

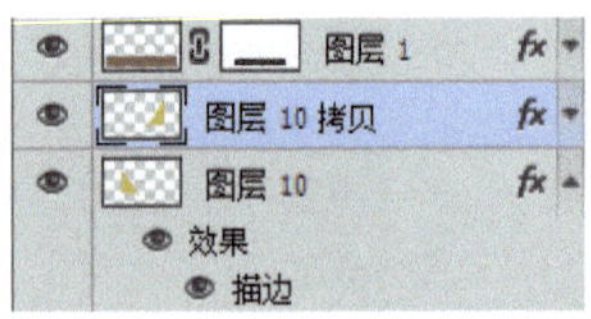

12 制作画面前面的多彩画面

回到图层上方，新建“图层11 ”，设置需要的前景色，使用多边形套索工具，绘制需要的形状并依次填充需要的颜色。完成后依次按快捷键Ctrl+D取消选区。单击“添加图层样式”按钮，选择“描边”选项并设置参数，选择“投影”选项并设置参数，制作图层样式。

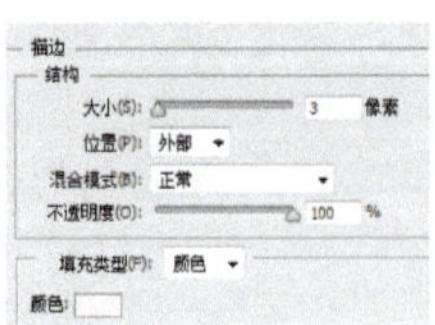

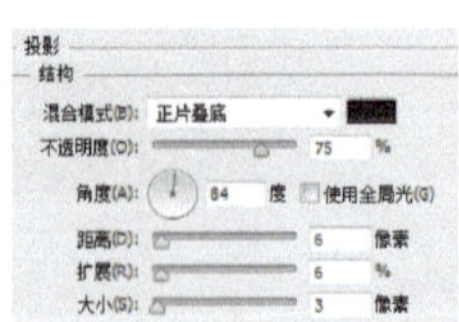

13 制作画面最外围的墙体图案

新建“图层12”，使用矩形选框工具[]，在画面的四周依次绘制需要的矩形选区并填充需要的颜色。完成后按快捷键Ctrl+D取消选区。

14 将窗帘样式绘制完整

在“图层12”下方使用圆角矩形工具[]，在属性栏中设置“填充”为红色，“描边”为无，按住Shift键在画面上绘制连续的圆角矩形图案，得到“圆角矩形1”。选择图层并单击鼠标右键选择“栅格化图层”选项，单击“添加图层样式”按钮[fx]，选择“描边”和“投影”选项并设置参数，制作图层样式。

15 绘制标题栏上的形状

新建“图层13”，设置需要的前景色，在图层上绘制标题栏上的形状，单击“添加图层样式”按钮[fx]，选择“斜面和浮雕”选项并设置参数，制作图层样式。

16 绘制标题栏的横幅

新建“图层14”，使用钢笔工具[]，在属性栏中设置属性为“路径”，在图层上绘制出需要的形状路径并单击鼠标右键选择“创建选区”选项，将其填充为需要的颜色，然后按快捷键Ctrl+D取消选区，创建“描边”图层样式。

17 制作标题栏的剪纸样式

在“图层14”下方新建“图层15”，按住Ctrl键并单击鼠标左键选择“图层14”，得到“图层14”的选区，执行“选择>修改>扩展”命令，在弹出的对话框中设置需要的参数，将选区填充为白色，取消选区，制作“描边”图层样式，制作出卡通图案的剪纸效果。

18 制作标题栏上的文字效果

回到图层上方，使用横排文字工具，设置前景色为白色，输入所需文字，双击文字图层，在属性栏中设置文字的字体样式及大小，然后放置于标题栏上合适的位置。单击“添加图层样式”按钮，选择“投影”选项并设置参数，制作图层样式。

19 添加素材制作标题栏上的画面效果

打开“图案.png”文件，拖曳到当前图像文件中，生成“图层16”，按快捷键Ctrl+T变换图像大小，并将其放置于画面中合适的位置。

20 制作界面上的主题文字

使用横排文字工具，设置前景色为黄色，输入所需文字，双击文字图层，在属性栏中设置文字的字体样式及大小，然后放置于画面上合适的位置。单击“添加图层样式”按钮，选择“斜面和浮雕”选项并设置参数，选择“描边”选项并设置参数，制作图层样式。

21 制作文字下方的效果以突出文字

在文字下方新建“图层17”，按住Ctrl键并单击鼠标左键选择文字图层。得到文字图层的选区后，将其填充为白色。使用多边形套索工具，在其边缘适当地绘制出从内向外延伸的效果。单击“添加图层样式”按钮，选择“投影”选项并设置参数，制作图层样式。

22 制作文字上的纹理并调色

在文字图层上方，新建“图层18”，设置前景色为橘黄色，使用画笔工具，选择尖角画笔并适当调整大小及不透明度，在文字上适当地绘制，按住Alt键并单击鼠标左键，创建图层剪贴蒙版。创建“色相/饱和度1”并单击图框中“此调整影响到下面的所有图层”按钮，以调整图层。

23 制作界面下方的文字

使用横排文字工具，设置前景色为白色，输入所需文字，双击文字图层，在属性栏中设置文字的字体样式及大小，并放置于画面下方。

24 制作界面上方的栏目

新建“图层19”，使用多边形套索工具，在图层上绘制需要的提示栏的形状，并将其填充为淡黄色，按快捷键Ctrl+D取消选区。单击“添加图层样式”按钮，选择“投影”选项并设置参数，制作图层样式。

25 制作提示栏上的图形及样式1

新建“图层20”，使用多边形套索工具，在提示栏上绘制需要的形状并将其填充为橘红色，单击“添加图层蒙版”按钮，使用多边形套索工具，在蒙版上把不需要的部分填充为黑色。新建“图层21”，继续使用多边形套索工具，绘制需要的图形并填充需要的颜色，制作出“斜面和浮雕”的图层样式。

26 制作提示栏上的图形及样式

使用圆角矩形工具，在属性栏中设置“填充”为淡黄色，“描边”为无，在画面上绘制需要的圆角矩形，得到“圆角矩形1”，单击“添加图层样式”按钮，选择“斜面和浮雕”选项并设置参数，制作图层样式。继续使用圆角矩形工具，在属性栏中设置“填充”为绿色，在绘制好的圆角矩形上继续绘制圆角矩形，制作游戏中剩下的能量。

27 制作提示栏上的图形及样式3

新建“图层22”，使用多边形套索工具，在提示栏上合适的位置绘制需要的矩形并将其填充为黄色，按快捷键Ctrl+D取消选区。单击“添加图层样式”按钮，选择“投影”选项并设置参数，制作图层样式。

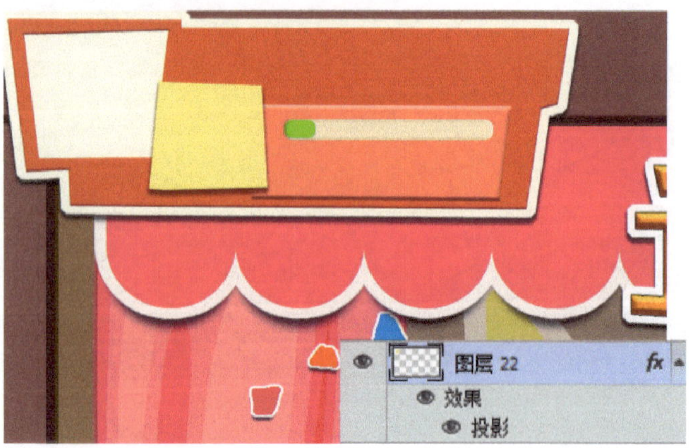

28 制作提示栏上的文字

使用横排文字工具，设置前景色为橘色，输入所需文字，将其放置于提示栏上合适的位置。创建“描边”图层样式。继续使用横排文字工具，设置前景色为棕红色，输入所需文字，将其放置于提示栏上合适的位置。

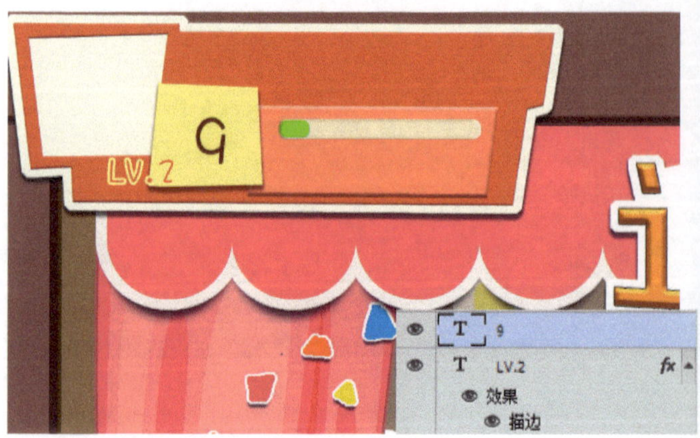

29 制作提示栏上的主题动物

按住Shift键并选择“图层6”~“图层5”，按快捷键Ctrl+J复制得到“图层6拷贝”~“图层5拷贝”并移至图层上方，按快捷键Ctrl+T变换图像大小，并将其放置于提示栏上合适的位置。新建“图层23”，将其填充为棕红色，设置混合模式为“叠加”，按住Alt键并单击鼠标左键，创建图层剪贴蒙版。

30 制作提示栏上其他的元素

新建“图层24”，设置需要的颜色，使用画笔工具，选择柔角画笔并适当调整大小后在图层上绘制可爱的桃心图案。使用横排文字工具，设置前景色为棕红色，输入所需文字，双击文字图层，在属性栏中设置文字的字体样式及大小，并将其放置于提示栏上合适的位置。

31 使用相同的方法，制作界面上其他提示栏

使用相同的方法，新建图层，使用多边形套索工具和椭圆选区工具，在界面上方绘制需要的图形并填充需要的颜色，同时创建需要的“斜面和浮雕”，添加蒙版将不需要的部分适当地去除。

32 使用自定形状工具和文字工具，制作提示栏上的元素

使用自定形状工具，在属性栏中选择需要的形状和需要的“填色”，在画面上的提示栏上绘制需要的形状，使用横排文字工具，设置前景色为棕红色，输入所需文字，双击文字图层，在属性栏中设置文字的字体样式及大小。

33 使用相同的方法，制作界面上的提示栏

使用相同的方法，新建图层，使用多边形套索工具，和椭圆选框工具，在界面上方绘制需要的图形并填充需要的颜色，创建需要的“斜面和浮雕”，添加蒙版将不需要的部分适当地去除。使用自定形状工具和文字工具，制作出提示栏上的元素。

34 将画面制作完整

单击“创建新的填充或调整图层”按钮，在弹出的菜单中选择“色相/饱和度”选项并设置参数，调整画面的色调。至此，本实例制作完成。

技巧点拨

多边形套索工具

套索工具和多边形套索工具都是非常灵活的选区工具，运用这些工具可以非常快捷地做出不规则或多边形选区，方便选取及扣取图片中的实物。

方法 2：迷宫类手机游戏起始界面 2

01 新建空白图像文件

执行“文件>新建”命令，在弹出的“新建”对话框中设置各项参数及选项，完成后单击“确定”按钮，新建空白图像文件，得到“背景”图层。

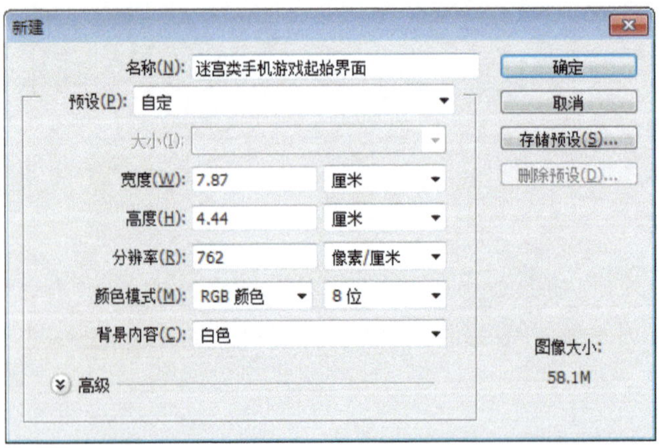

02 制作迷宫游戏界面的背景

新建“图层1”，设置前景色为淡黄色，按快捷键Alt+Delete，填充图层为淡黄色，新建“图层2”，使用画笔工具，选择需要的画笔并适当调整大小及不透明度，设置需要的颜色，在图层上绘制斑点和纹理的样式 。

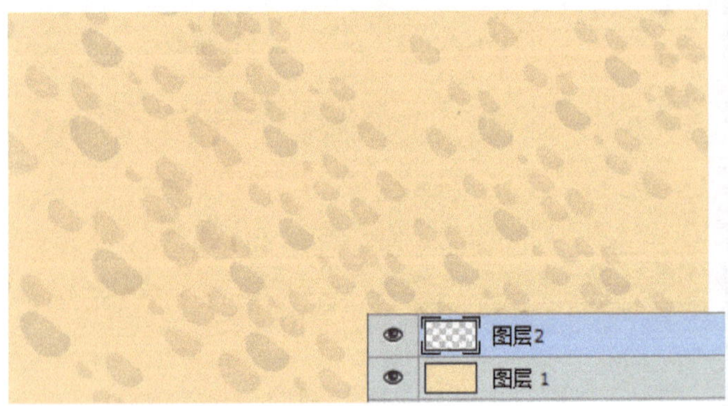

03 制作游戏界面上的迷宫形状

新建“图层3”，使用多边形套索工具，在画面上绘制迷宫形状，设置前景色为绿色，填充其选区为绿色，然后按快捷键Ctrl+D取消选区。单击“添加图层样式”按钮，选择“斜面和浮雕”和“图案叠加”选项并设置参数，制作图层样式。

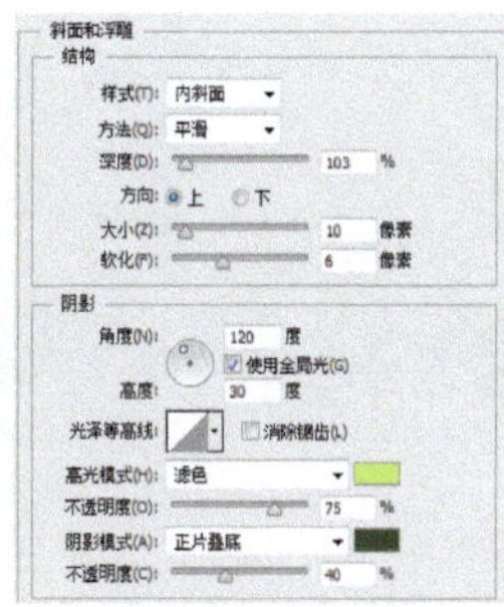

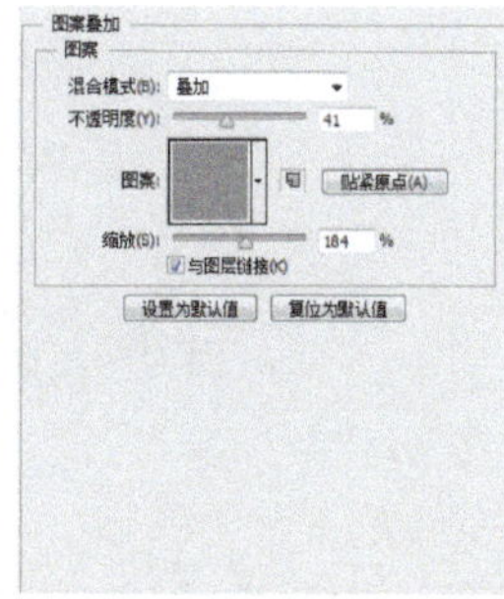

04 绘制迷宫上的草坪效果

新建“图层4”，设置前景色为嫩绿色，使用画笔工具，选择需要的画笔并适当调整大小及不透明度，在绘制的迷宫的界面上绘制草坪效果。

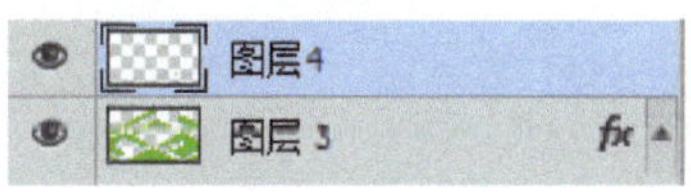

05 制作迷宫界面上的小物品

打开“野餐.png”文件，拖曳到当前图像文件中，生成“图层5”，按快捷键Ctrl+T变换图像大小，并将其放置于画面下方合适的位置。

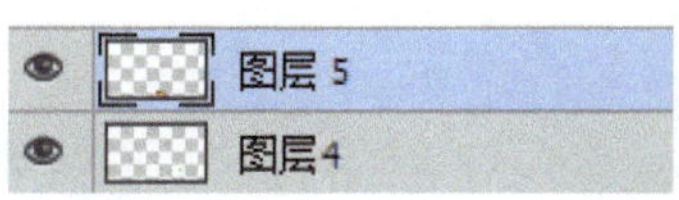

06 制作迷宫上的草堆

打开“草堆.png”文件，拖曳到当前图像文件中，生成“图层6”，按快捷键Ctrl+T变换图像大小，并将其放置于画面下方合适的位置。

07 在迷宫里添加主体动物

打开“猫猫.png”文件，拖曳到当前图像文件中，生成“图层7”，将其移至“图层6”下方。按快捷键Ctrl+T变换图像大小，并放置于画面中合适的位置。按“添加图层样式”按钮fx，选择“斜面和浮雕”选项并设置参数，选择“描边”选项并设置参数，制作图层样式。

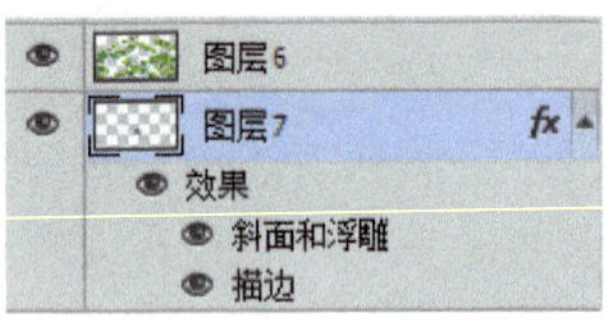

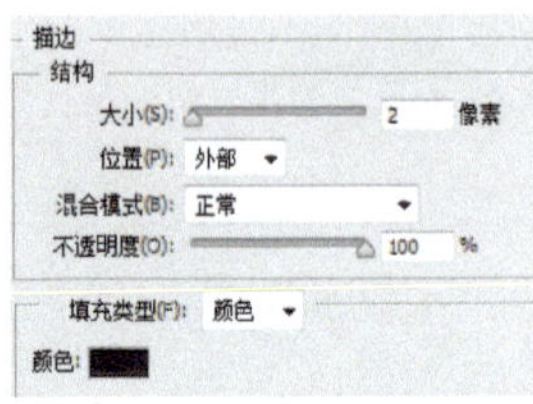

08 添加素材制作迷宫游戏界面上的元素1

分别打开“房子.png”“长椅.png”和“指示牌png”文件，拖曳到当前图像文件中，生成“图层8”~“图层10”，按快捷键Ctrl+T变换图像大小，并将其放置于画面中合适的位置。

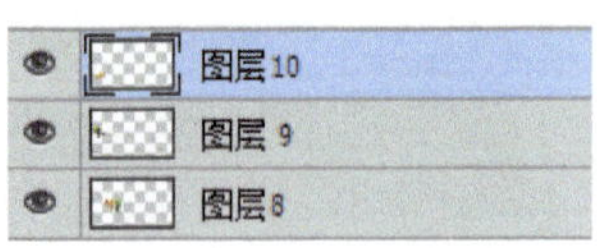

09 添加素材制作迷宫游戏界面上的元素2

分别打开“指示牌2.png”“长廊.png”和“草丛.png”文件，拖曳到当前图像文件中，生成“图层11”到“图层13”，按快捷键Ctrl+T变换图像大小，并将其放置于画面中合适的位置。

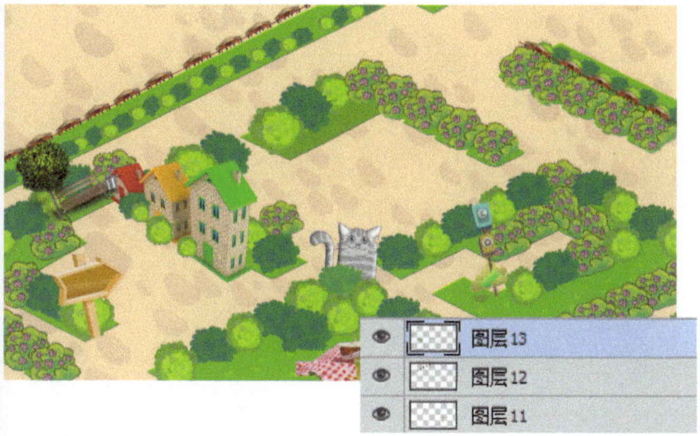

10 添加素材制作迷宫游戏界面上的元素3

分别打开“田框.png”和“小狗.png”文件，拖曳到当前图像文件中，生成“图层14”和“图层15”，按快捷键Ctrl+T变换图像大小，并将其放置于画面中合适的位置。

11 制作游戏界面“吃金币”的效果

打开“金币.png”文件，拖曳到当前图像文件中，生成“图层16”，连续按快捷键Ctrl+J复制得到多个“图层16拷贝”，将其放置于画面中合适的位置，制作出游戏界面“吃金币”的效果。

12 制作指示标题上的指示文字效果

使用横排文字工具 T，设置前景色为白色，输入所需文字，双击文字图层，在属性栏中设置文字的字体样式及大小，并将其放置于画面中合适的位置。单击“添加图层样式”按钮 fx，选择“投影”选项中并设置参数，制作图层样式。

13 打开素材文件制作草丛效果

打开“草丛.png”文件，拖曳到当前图像文件中，生成“图层17”，按快捷键Ctrl+T变换图像大小，并将其放置于画面中合适的位置。

14 制作画面上的透明圆角矩形提示框

使用圆角矩形工具，在属性栏中设置“填充”为白色，“描边”为无，在画面左上方绘制圆角矩形，得到“圆角矩形1”，在“图层”面板上设置其“填充”为35%。

15 制作圆角矩形提示框上的图层样式

选择“圆角矩形1”，单击“添加图层样式”按钮，选择“描边”选项并设置参数，选择“投影”选项并设置参数，制作图层样式。

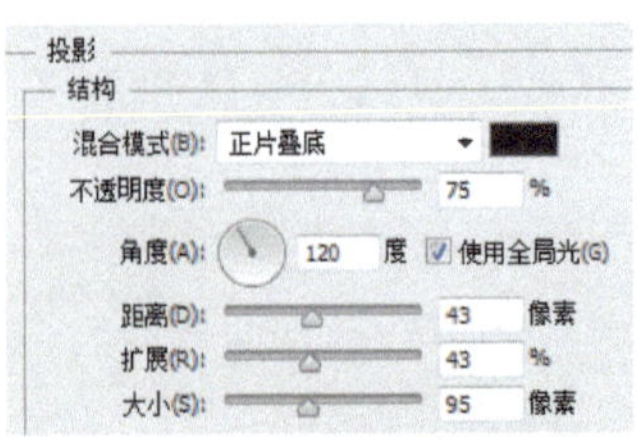

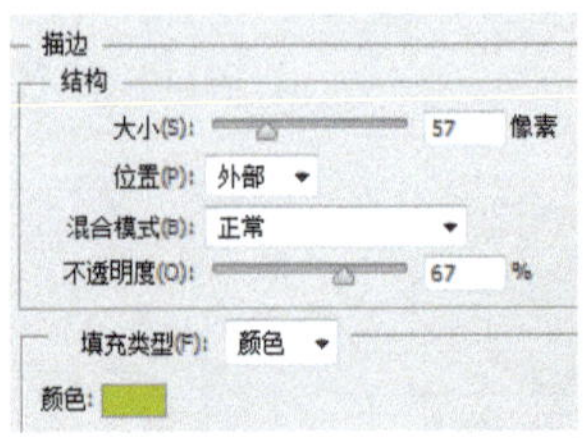

16 制作游戏界面上的图形和文字提示

选择“图层16”，按快捷键Ctrl+J复制得到“图层16拷贝5”，将其移至图层上方。将其放置于圆角矩形提示栏上合适的位置，使用横排文字工具，设置前景色为棕红色，输入所需文字，双击文字图层，在属性栏中设置文字的字体样式及大小，最后放置于圆角矩形提示栏上合适的位置。

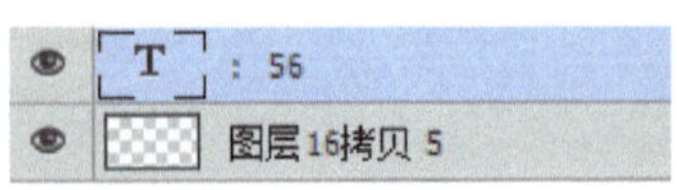

17 制作游戏界面上其他的图形和文字的提示

打开“猫猫.png”文件，拖曳到当前图像文件中，生成“图层18”，按快捷键Ctrl+T变换图像大小，使用横排文字工具，设置前景色为棕红色，输入所需文字，双击文字图层，在属性栏中设置文字的字体样式及大小，将其分别放置于圆角矩形提示栏上合适的位置。

18 绘制画面右上方的提示栏

新建“图层19”，使用多边形套索工具，在画面右上角绘制需要的图形选区，并将其填充为白色，按快捷键Ctrl+D取消选区。单击“添加图层样式”按钮，选择“投影”选项并设置参数，制作图层样式。

19 制作画面右上角的提示按钮

使用圆角矩形工具，在属性栏中设置“填充”为黄色，“描边”为无，在画面右上角绘制适当大小的圆角矩形，得到“圆角矩形2 ”，按快捷键Ctrl+T变换，按快捷键Ctrl+J复制得到“圆角矩形2拷贝”并适当地缩小，更换“填色”为淡黄色。

20 将画面制作完整

新建“图层20”，使用多边形套索工具，绘制右上角的按钮形状并填充为棕黄色，完成后取消选区。在其“图层5”上方新建“图层21”，设置需要的前景颜色，使用画笔工具，选择柔角画笔并适当调整大小及不透明度，在画面上绘制阴影效果。至此，本实例制作完成。

设计小结

1. 使用多边形套索工具可以随意绘制需要的多边形选区。
2. 使用圆角矩形工具，在属性栏中设置需要的“填充”和“描边”，可在画面上绘制需要的圆角矩形。

4.3.2 挑战类手机游戏界面制作

·设 计 构 思·

本节实例制作挑战类手机游戏界面。画面主要采用暖色调，给人温馨的视觉效果，并使用各种形状工具和及图层样式来制作挑战类手机游戏界面，最后使用文字工具和素材文件制作出完整的挑战类手机游戏界面。

● 设计规格

尺寸规格：2923像素×1749像素

使用工具：圆角矩形工具、椭圆工具、多边形套索工具、横排文字工具

源 文 件：第4章\ Complete\4.3\挑战类手机游戏起始界面1.psd、挑战类手机游戏起始界面2.psd

视频地址：视频\第4章\4.3\挑战类手机游戏起始界面1.swf、挑战类手机游戏起始界面2.swf

● 设计色彩分析

将画面调整为粉灰色的色调，使其具有吸引性。

R32、G6、B6　R255、G177、B187　R209、G63、B148　R156、G119、B83

方法1：挑战类手机游戏起始界面1

01 新建空白图像文件

执行“文件>新建”命令，在弹出的“新建”对话框中设置各项参数及选项，完成后单击“确定”按钮，新建空白图像文件，得到“背景”图层。

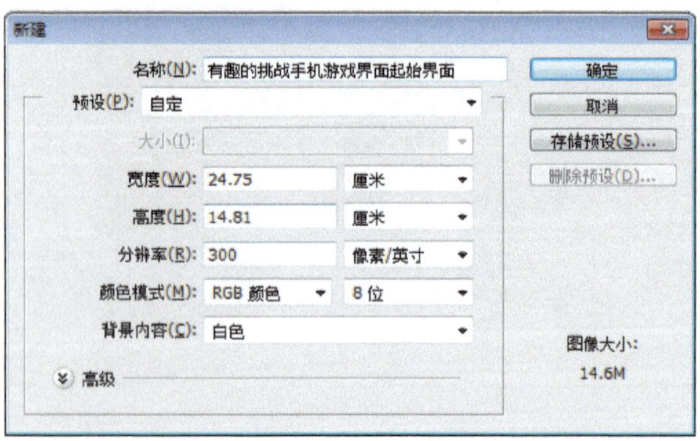

02 制作背景的颜色

新建“图层1”，设置前景色为淡黄色，按快捷键Alt+Delete，填充图层为淡黄色，制作背景的颜色。

03 制作粉色的发散的效果

新建“图层2”，使用多边形套索工具[icon]，在画面上绘制发散效果的选区形状，设置前景色为淡粉色并填充选区，按快捷键Ctrl+D取消选区。

04 制作发散效果上的纹理

执行“文件>打开”命令，打开“纹理.jpg”文件，拖曳到当前图像文件中，生成“图层3”，按快捷键Ctrl+T变换图像大小，并将其平铺于画面上。在“图层”面板上设置混合模式为“叠加”，“不透明度”为66%。按住Alt键并单击鼠标左键，创建图层剪贴蒙版。

05 打开素材文件制作画面中的小元素

执行“文件>打开”命令，打开“晶球.png”文件，拖曳到当前图像文件中，生成“图层4”，按快捷键Ctrl+T变换图像大小和方向，并将其放置于画面右上方合适的位置。单击“添加图层样式”按钮[fx]，选择“投影”选项并设置参数，制作图层样式。

06 制作界面上的主体元素

执行“文件>打开”命令，打开“桃心.png”文件，拖曳到当前图像文件中，生成“图层5”，按快捷键Ctrl+T变换图像大小和方向，并将其放置于画面中合适的位置。单击“添加图层样式”按钮[fx]，选择“投影”选项并设置参数，制作图层样式。

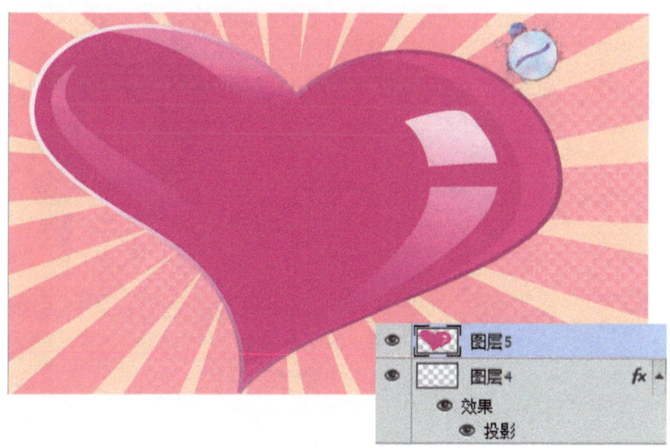

07 制作游戏界面上的人物

执行“文件>打开”命令，打开“人物.png”文件，拖曳到当前图像文件中，生成“图层6”，按快捷键Ctrl+T变换图像大小和方向，并将其放置于画面右侧合适的位置。

08 制作画面中其他的小元素1

执行“文件>打开”命令，打开“晶球2.png”文件，拖曳到当前图像文件中，生成“图层7”，按快捷键Ctrl+T变换图像大小和方向，并将其放置于画面左下角合适的位置。单击“添加图层样式”按钮fx，选择“投影”选项并设置参数，制作图层样式。

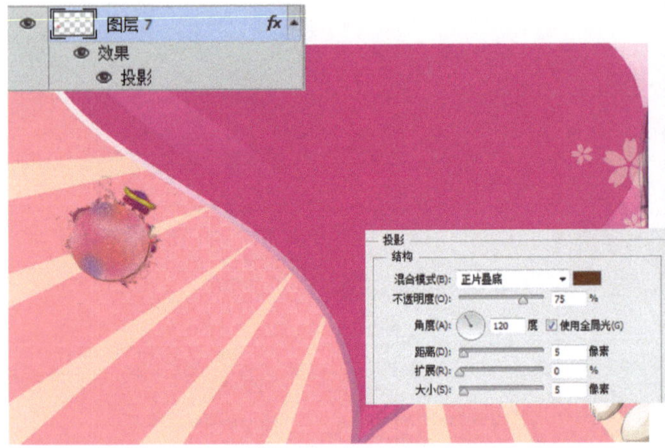

09 制作画面中其他的小元素2

选择“图层7”，按快捷键Ctrl+J复制得到“图层7拷贝”， 按快捷键Ctrl+T变换图像大小和方向，并将其放置于画面中合适的位置。

10 制作画面中其他的小元素3

分行“文件>打开”命令，打开“晶球3.png”文件，拖曳到当前图像文件中，生成“图层8”，按快捷键Ctrl+T变换图像大小和方向，并将其放置于画面左下角合适的位置。单击“添加图层样式”按钮fx，选择“投影”选项并设置参数，制作图层样式。

11 制作游戏界面上的文字

使用横排文字工具[T]，设置前景色为深红色，输入所需文字。双击文字图层，在属性栏中设置文字的字体样式及大小，按快捷键Ctrl+T变换图像方向，并将其放置于画面上方合适的位置。

12 制作文字上可爱的小图案

使用自定形状工具，在属性栏中选择需要的形状，设置“填色”为红色，在画面上绘制爱心的形状。单击“添加图层样式”按钮[fx]，选择“斜面和浮雕”选项并设置参数，制作图层样式。按快捷键Ctrl+T变换图像方向，并将其放置于画面上方合适的位置。

13 结合图层蒙版制作画面中的文字

使用横排文字工具[T]，设置前景色为深红色，输入所需文字。双击文字图层，在属性栏中设置文字的字体样式及大小，按快捷键Ctrl+T变换图像方向，并将其放置于画面上方合适的位置。栅格化后单击“添加图层蒙版”按钮，使用画笔工具并选择尖角画笔，适当地调整大小及不透明度，在蒙版上涂抹不需要的部分。

14 制作游戏界面中的圆角矩形图标

使用圆角矩形工具，设置需要的“填充”。在界面中间绘制游戏界面中的圆角矩形图标，完成后按快捷键Ctrl+E合并图层，将其重命名为“圆角矩形1”。按快捷键Ctrl+J复制得到“圆角矩形1拷贝”，将其向下方移至一定的位置。

15 制作游戏界面图标上的文字

使用横排文字工具，设置前景色为白色，输入所需文字。双击文字图层，在属性栏中设置文字的字体样式及大小，将其放置于画面上合适的位置，按快捷键Ctrl+J复制得到文字图层的复制图层，更改填充颜色，并将其向右上方移至一定的位置。

16 制作游戏界面图标上其他的文字

使用横排文字工具，设置前景色为白色，输入所需文字。将其放置于画面上合适的位置，按快捷键Ctrl+J复制得到文字图层的复制图层，更改填充颜色，并将其向右上方移至一定的位置。最后制作出游戏按钮上的文字效果。

17 制作游戏界面上的返回按钮

使用钢笔工具，在属性栏中设置属性为“形状”，“填色”为红色，在画面左下方绘制返回按钮的形状，得到“形状2”。

18 将画面制作完整

使用横排文字工具，设置前景色为红色，输入所需文字。双击文字图层，在属性栏中设置文字的字体样式及大小，将其放置于画面左下角返回按钮后面合适的位置。至此，本实例制作完成。

方法 2：挑战类手机游戏起始界面 2

01 新建空白图像文件

执行“文件>新建”命令，在弹出的“新建”对话框中设置各项参数及选项，完成后单击“确定”按钮，新建空白图像文件，得到“背景”图层。

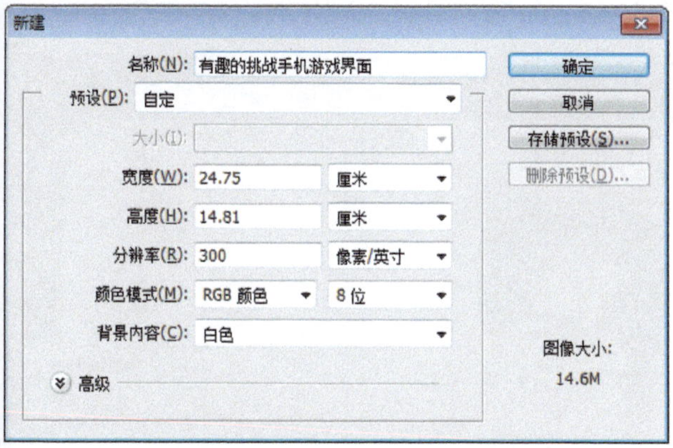

02 制作游戏界面的背景

执行“文件>打开”命令，打开“背景.jpg”文件，拖曳到当前图像文件中，生成“图层1”，然后将其平铺于画面上。

03 制作游戏界面上的提示框底形

使用圆角矩形工具，在属性栏中设置“填充”为粉红色，“描边”为无。在游戏界面中间绘制圆角矩形，得到“圆角矩形1”，按快捷键Ctrl+T变换图像大小，并将其放置于画面中间合适的位置。

04 制作“圆角矩形1”的图层样式

选择绘制的“圆角矩形1”，单击“添加图层样式”按钮，选择“斜面和浮雕”“投影”选项并设置参数，制作图层样式。

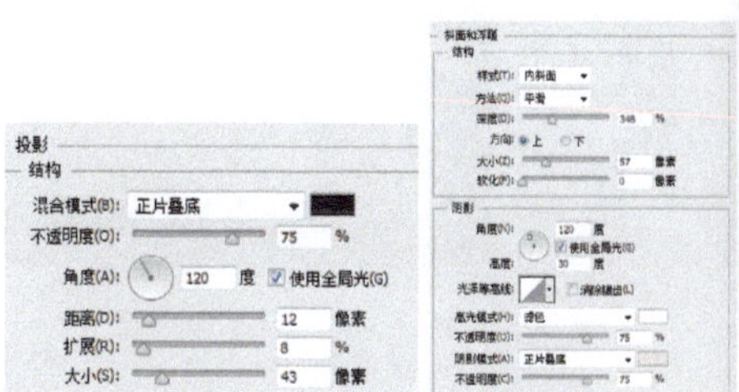

05 制作游戏提示栏上的人物

打开“人物.png”文件，拖曳到当前图像文件中，生成“图层2”。按快捷键Ctrl+T变换图像大小，并将其放置于提示栏左侧合适的位置。按住Alt键并单击鼠标左键，创建图层剪贴蒙版。

06 制作提示栏上的反光效果

新建“图层3”，使用钢笔工具，在属性栏中设置属性为“路径”，在画面的提示框上绘制高光路径，完成后单击鼠标右键，选择“创建选区”选项，设置前景色为白色，按快捷键Alt+Delete，填充选区为白色，然后按快捷键Ctrl+D取消选区。在“图层”面板上设置混合模式为“滤色”，“不透明度”为39%。

07 绘制提示栏上的提示按钮

新建“图层4”，使用椭圆选框工具，在画面上依次按住Shift键绘制需要的圆形，并为其填充需要的颜色。完成后，按快捷键Ctrl+D取消选区。

08 绘制提示按钮上的图形

新建“图层5”，使用钢笔工具，在属性栏中设置属性为“路径”，在画面的提示框上绘制关闭的形状，完成后单击鼠标右键，选择“创建选区”选项，设置前景色为白色，按快捷键Alt+Delete，填充选区为白色，然后按快捷键Ctrl+D取消选区。

09 制作游戏提示栏上的人物细节

选择“图层2”，按快捷键Ctrl+J复制得到“图层2拷贝”，将其移至图层5上方，然后使用橡皮擦工具，擦除画面中不需要的部分。

10 制作提示界面上的文字效果

使用横排文字工具，设置前景色为棕红色，输入所需文字。双击文字图层，在属性栏中设置文字的字体样式及大小，将其放置于提示栏上合适的位置。

11 制作提示栏上的按钮的底形

使用圆角矩形工具，在属性栏中设置“填充”为灰色，“描边”为无，绘制圆角矩形，得到“圆角矩形1”。单击“添加图层样式”按钮，选择“内阴影”和“内发光”选项并设置参数，制作图层样式。

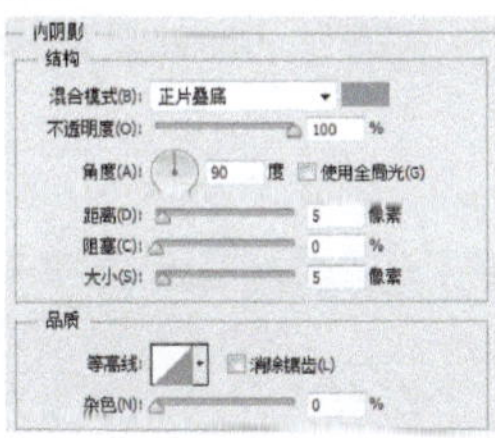

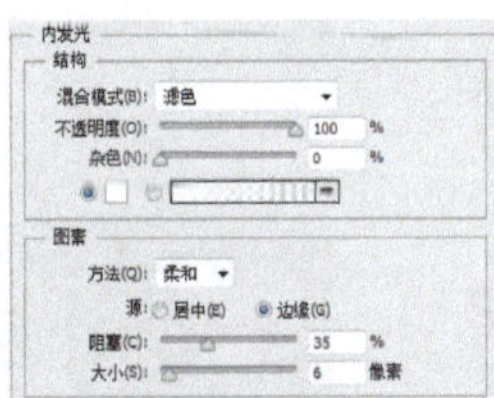

12 制作提示栏上按钮的效果

使用圆角矩形工具，在属性栏中设置“填充”为红灰色，“描边”为无，绘制圆角矩形，得到“圆角矩形2”。单击“添加图层样式”按钮，选择“内阴影”选项并设置参数，制作图层样式。

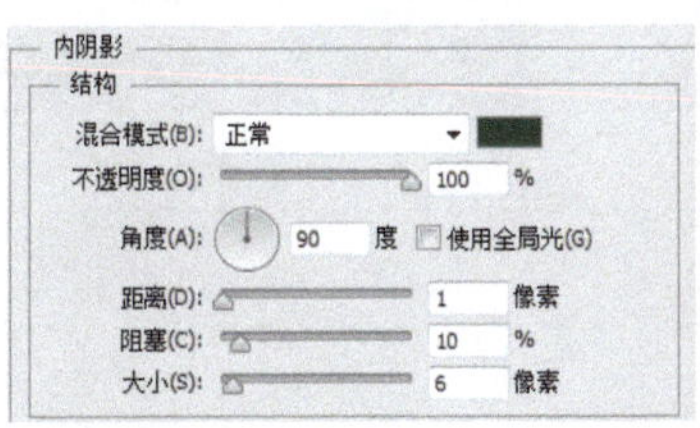

13 绘制提示栏上的滑动图标

使用椭圆工具，在属性栏中设置“填充”为白色，“描边”为无，按住Shift键在画面上绘制圆形，得到“椭圆1”。单击“添加图层样式”按钮，选择“内阴影”和“投影”选项并设置参数，制作图层样式。

14 绘制提示栏上的提示形状

使用钢笔工具，在属性栏中设置属性为“形状”，“填色”为深红色，在提示栏上合适的位置绘制提示形状，得到“形状1”。单击“添加图层样式”按钮，选择“内阴影”“内发光”和“投影”选项并设置参数，制作图层样式。

15 绘制提示栏上其他的图标

按住Shift键并选择“圆角矩形1”~“椭圆1”，按快捷键Ctrl+J复制得到“圆角矩形1拷贝”~“椭圆1拷贝”，并将其移至画面上合适的位置。适当地选择复制的图层对其“填色”进行设置。

16 将画面制作完整

使用钢笔工具，在属性栏中设置属性为“形状”，“填色”为深绿色，在提示栏上合适的位置绘制提示形状，得到“形状2”。单击“添加图层样式”按钮，选择“内阴影”“内发光”和“投影”选项并设置参数，制作图层样式。

设计小结

1. 使用椭圆工具，在属性栏中设置需要的“填充”和“描边”，然后按住Shift键便可绘制需要的圆形形状。
2. 使用“斜面和浮雕”的样式可以制作图形凹陷的样式。

4.3.3 插画风推箱子游戏界面制作

·设 计 构 思·

本节实例制作插画风推箱子游戏界面。将画面调整为棕黄色调，使其具有温馨的整体效果，并使用画笔工具绘制界面上的角色，最后使用文字工具制作出完整的插画风推箱子游戏界面。

● 设计规格

尺寸规格：1313像素×2362像素
使用工具：自定形状工具、矩形工具、椭圆工具、横排文字工具、多边形套索工具
源 文 件：第4章\ Complete\4.3\插画风推箱子游戏界面1.psd、插画风推箱子游戏界面2.psd
视频地址：视频\第4章\4.3\插画风格推箱子游戏界面1.swf、插画风推箱子游戏界面2.swf

● 设计色彩分析

将画面调整成为棕黄色调，使其具有温馨的整体效果。

R119、G33、B7　　R255、G210、B64　　R192、G159、B57

方法 1：插画风推箱子游戏界面 1

01 新建空白图像文件

执行“文件>新建”命令，在弹出的“新建”对话框中设置各项参数及选项，完成后单击“确定”按钮，新建空白图像文件，得到“背景”图层。

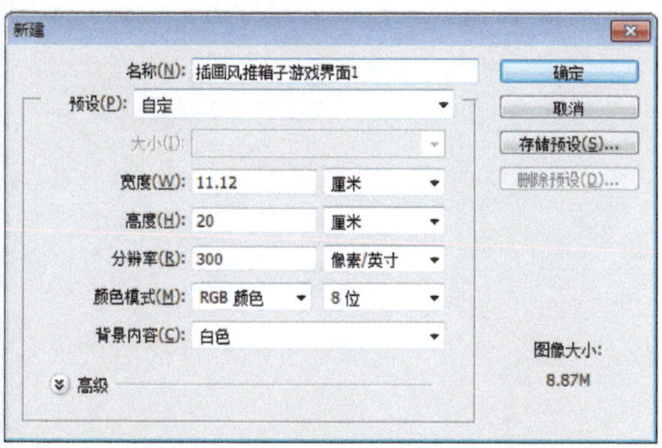

02 制作游戏界面上的背景

打开“背景.jpg”文件，拖曳到当前图像文件中，生成“图层1”。新建“图层2”，设置前景色为棕红色，使用画笔工具，选择需要的画笔并适当调整大小，在画面上绘制需要的图案。

03 制作游戏界面上的文字石柱

执行“文件>打开”命令，打开“01.png”文件，拖曳到当前图像文件中，生成“图层3”。按快捷键Ctrl+T变换图像大小，并将其放置于画面中合适的位置。单击“添加图层样式”按钮，选择“投影”选项并设置参数，制作图层样式。

04 绘制界面上的卡通形象

新建“图层4”，设置需要的前景色，使用画笔工具，选择需要的画笔并适当调整大小，在画面上绘制需要的卡通形象。

05 绘制界面下方的树影图案

新建“图层5”，设置前景色为黑色，使用画笔工具，选择需要的画笔并适当调整大小，绘制界面下方的树影图案，同时设置混合模式为“减去”。

06 绘制游戏界面上方的标题栏

新建“图层6”，设置需要的前景色，使用画笔工具，选择需要的画笔并适当调整大小，绘制游戏界面上方的标题栏。

07 制作标题栏上的文字并绘制界面上的图案

使用横排文字工具，设置前景色为棕红色，输入所需文字。双击文字图层，在属性栏中设置文字的字体样式及大小，将其放置于标题栏下合适的位置。新建“图层7”，设置需要的前景色，使用画笔工具，选择需要的画笔并适当调整大小，绘制游戏界面上的图案。

08 绘制游戏界面标题栏上的卡通头像

新建“图层8”，设置需要的前景色，单击画笔工具，选择需要的画笔并适当调整大小，绘制游戏界面标题栏上的卡通头像。按快捷键Ctrl+T变换图像大小，并将其放置于标题栏上合适的位置。

09 绘制界面上的手绘涂鸦元素并调整图层色调

新建“图层9”，设置需要的前景色，使用画笔工具，选择需要的画笔并适当调整大小，继续绘制界面上的手绘涂鸦元素，然后创建“色相\饱和度1”，调整画面的色调。

10 制作界面上的手绘提示图标

新建“图层10”，设置需要的前景色，使用画笔工具，选择需要的画笔并适当调整大小，绘制界面上的手绘提示图标。按快捷键Ctrl+J复制得到“图层10拷贝”，将其移至画面上合适的位置。

11 绘制界面上其他的卡通形象

新建“图层11”，设置需要的前景色，使用画笔工具，选择需要的画笔并适当调整大小，继续绘制界面上的卡通形象。按快捷键Ctrl+T变换图像大小，并将其放置于画面中合适的位置。

12 制作界面上的文字

使用横排文字工具，设置前景色为棕红色，输入所需文字。双击文字图层，在属性栏中设置文字的字体样式及大小，将其放置于界面上合适的位置，制作出界面按钮上的文字效果。至此，本实例制作完成。

方法 2：插画风推箱子游戏界面 2

01 制作游戏界面背景

新建空白图像文件，得到“背景”图层，将其填充为黄灰色。新建图层，使用矩形选框工具在画面下方创建一个矩形选区，然后使用渐变工具并设置渐变颜色，为其填充需要的渐变颜色。

02 制作推箱子游戏界面上的树木元素

执行“文件>打开”命令，打开“树.png”文件，拖曳到当前图像文件中，生成“图层2”，按快捷键Ctrl+T变换图像大小，并将其放置于画面下方合适的位置。制作推箱子游戏界面上的树木元素。

03 制作推箱子游戏界面上其他的树木元素

选择“图层2”，连续按快捷键Ctrl+J复制得到多个“图层2拷贝”，然后将这些树木移至游戏界面上合适的位置，它们将作为游戏界面上的地图。

04 绘制分界线

在“图层1”下方新建“图层3”，设置前景色为棕红色，使用画笔工具，选择需要的画笔并适当调整大小及不透明度，在画面上绘制需要的手绘风格分界线。

05 制作界面上方的树木

回到图层上方，打开“树2.png”文件，拖曳到当前图像文件中，生成“图层3”，按快捷键Ctrl+T变换图像大小，并将其放置于画面下方合适的位置，制作出推箱子游戏界面上的树木元素。

06 绘制界面上的卡通形象

新建“图层4”，设置需要的前景色，使用画笔工具，选择需要的画笔并适当调整大小，在画面上绘制需要的卡通形象。按快捷键Ctrl+T变换图像大小，并将其放置于画面下方合适的位置。

07 绘制界面上其他的卡通形象

新建“图层6”，设置需要的前景色，使用画笔工具，选择需要的画笔并适当调整大小，在画面上继续绘制需要的卡通形象。按快捷键Ctrl+T变换图像大小，并将其放置于画面中合适的位置。

08 制作推箱子游戏的元素

打开“01.png”文件，拖曳到当前图像文件中，生成“图层7”，按快捷键Ctrl+T变换图像大小，并将其放置于画面下方合适的位置。单击“添加图层样式”按钮，选择“投影”选项并设置参数，制作图层样式。

09 制作暗下去的背景

新建“图层8”，设置前景色为深黄色，按快捷键Alt+Delete，填充前景色为深黄色，设置混合模式为“正片叠底”，“不透明度”为39%，暗下去的背景可以突出主要提示框。

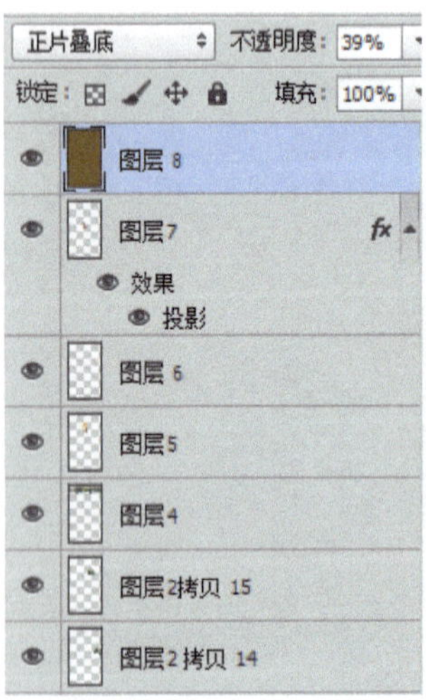

10 制作游戏界面下方的图案

新建“图层9”，设置需要的前景色，分别使用钢笔工具和画笔工具，在游戏界面下方绘制需要的图案，执行“滤镜>滤镜库>纹理>纹理化”命令，并在弹出的对话框中设置参数，完成后单击“确定”按钮。

11 制作界面上的隔断

打开“02.png”文件，拖曳到当前图像文件中，生成“图层12”，按快捷键Ctrl+T变换图像大小，并将其放置于画面上方合适的位置。

12 绘制界面中间的提示栏

新建“图层13”，设置需要的前景色，分别使用钢笔工具和画笔工具，在游戏界面中间绘制需要的图案。使用横排文字工具，设置前景色为咖啡色，输入所需文字。双击文字图层，在属性栏中设置文字的字体样式及大小，然后将其放置于绘制好的按钮上合适的位置。

13 制作提示栏上其他的图案和文字

新建“图层14”，设置需要的前景色，分别使用钢笔工具和画笔工具，在游戏界面中间的提示栏上绘制需要的图形，使用横排文字工具，设置前景色为棕黄色，输入所需文字，将其放置于卡通图像上合适的位置。

14 将画面制作完整

打开“星级.png”文件，拖曳到当前图像文件中，生成“图层15”，按快捷键Ctrl+T变换图像大小，并将其放置于画面上方合适的位置。单击“添加图层样式”按钮，选择“投影”选项并设置参数，制作图层样式。至此，本实例制作完成。

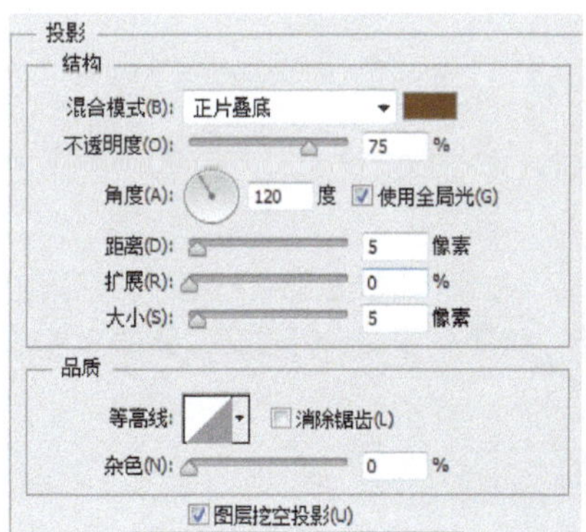

设计小结

1. 使用画笔工具，在属性栏中选择所需画笔，然后设置前景色并在画面上绘制需要的图案。
2. 在Photoshop中正片叠底的快捷键是Alt+Shift+M。

4.4 音乐类手机游戏界面制作

音乐类手机游戏深受大众喜爱，特别是一些热爱音乐的人士，因此音乐类手机游戏界面制作就更加需要具有按键效果，同时具有炫彩感和节奏感。

4.4.1 模拟钢琴手机游戏界面制作

· 设 计 构 思 ·

本节实例制作模拟钢琴手机游戏界面。画面主要采用深灰色调，具有稳重大气的整体效果，并结合使用各种形状工具和图层样式来制作模拟钢琴手机游戏界面，最后使用文字工具将模拟钢琴手机游戏界面制作完整。

● 设计规格

尺寸规格：2126像素×1202像素
使用工具：自定形状工具、圆角矩形工具、椭圆工具、横排文字工具
源 文 件：第4章\ Complete\4.4\模拟钢琴手机游戏界面1.psd、模拟钢琴手机游戏界面2.psd
视频地址：视频\第4章\4.4\模拟钢琴手机游戏界面1.swf、模拟钢琴手机游戏界面2.swf

● 设计色彩分析

将画面调整为深灰色调，使其具有稳重大气的整体效果。

R61、G70、B71	R217、G216、B217	R0、G0、B0

方法 1：模拟钢琴手机游戏界面 1

01 新建空白图像文件

执行“文件>新建”命令，在弹出的“新建”对话框中设置各项参数及选项，完成后单击“确定”按钮，新建空白图像文件，得到“背景”图层。

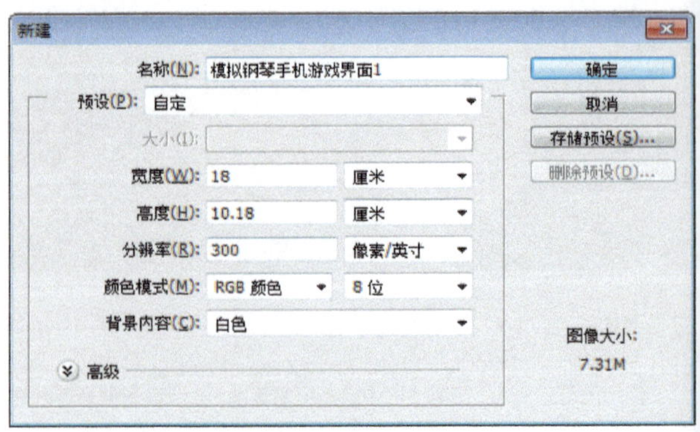

02 制作游戏界面的背景图层

设置前景色为黑色，按快捷键Alt+Delete，填充背景色为黑色，制作出游戏界面的背景图层。

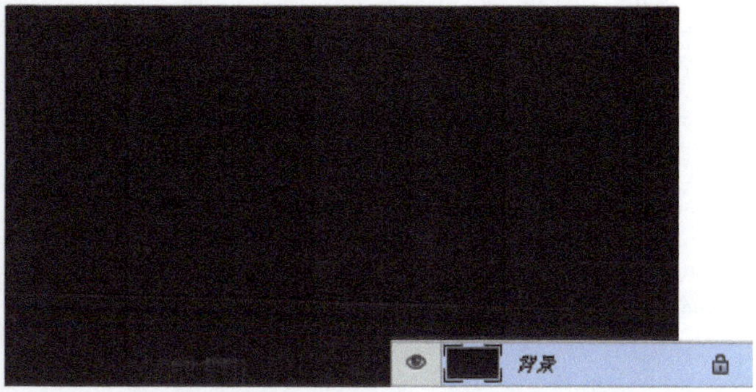

03 打开素材文件制作音乐游戏界面上的元素

打开“01.png”~“03.png”文件，拖曳到当前图像文件中，生成“图层1”~“图层3”，按快捷键Ctrl+T变换图像大小，并将其放置于画面上方合适的位置。

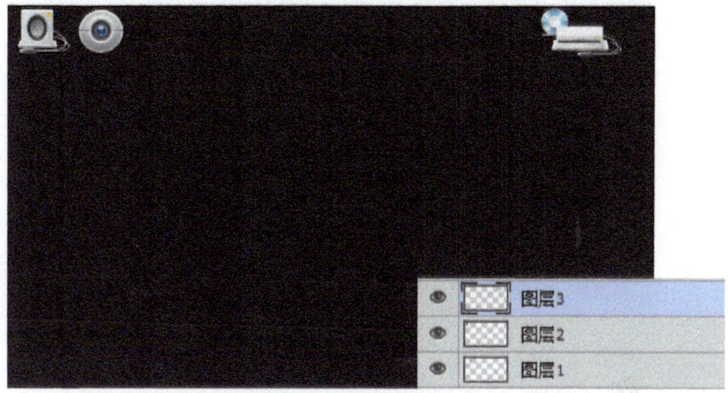

04 制作音乐游戏中的游戏按键

使用圆角矩形工具，在属性栏中设置“填充”为亮灰色，“描边”为无，在画面的最左端绘制圆角矩形，得到“圆角矩形1”。单击“添加图层样式”按钮，选择“斜面和浮雕”选项并设置参数，制作图层样式。

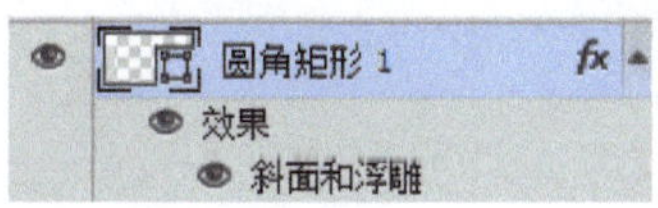

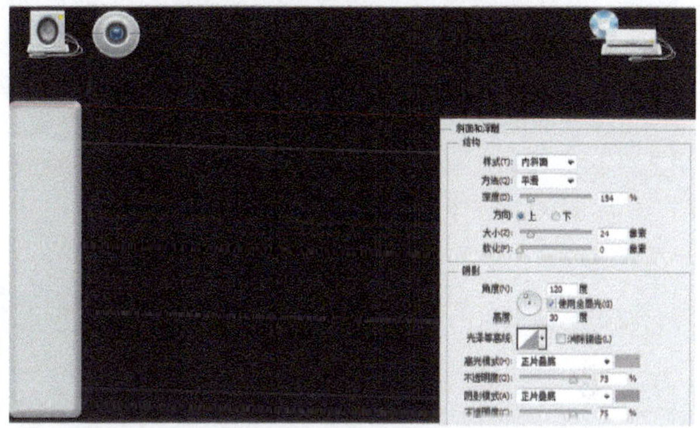

05 复制“圆角矩形1”，制作钢琴按键的图层样式

选择“圆角矩形1”，连续按快捷键Ctrl+J复制得到多个“圆角矩形1拷贝”，依次移至画面上合适的位置，然后制作出钢琴按键的图层样式。

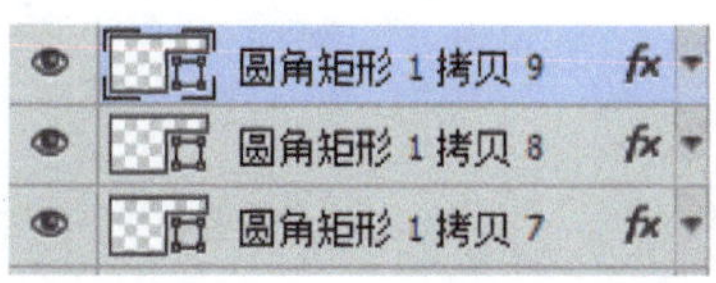

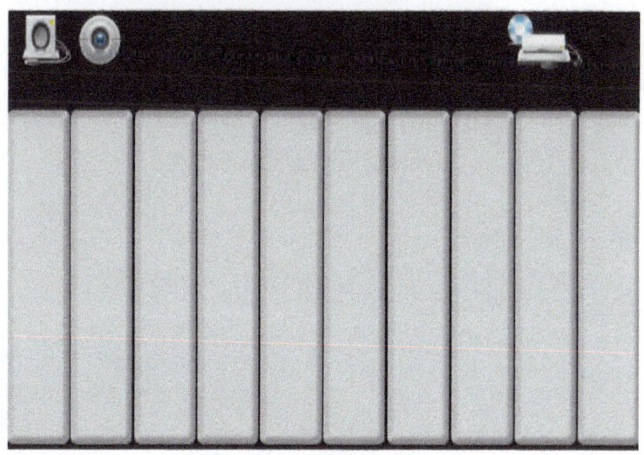

06 绘制键盘上的黑色按键

使用圆角矩形工具，在属性栏中设置“填充”为黑色，“描边”为无，在画面的最左端的两个按钮上方绘制需要的圆角矩形。单击“添加图层样式”按钮，选择“斜面和浮雕”选项并设置参数，制作图层样式。

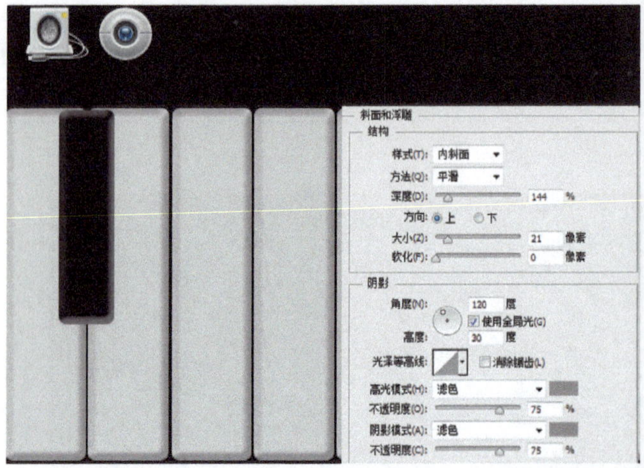

07 为黑色按键绘制高光

新建“图层2”，使用画笔工具，选择尖角笔刷，设置“大小”为5像素，设置前景色为白色，然后使用钢笔工具在图像上绘制曲线路径。绘制完成后单击鼠标右键，在弹出的菜单中选择“描边路径”选项，弹出“描边路径”对话框，设置“工具”为“画笔”，单击“确定”按钮，为路径添加黑色描边，然后按快捷键Ctrl+H隐藏路径。

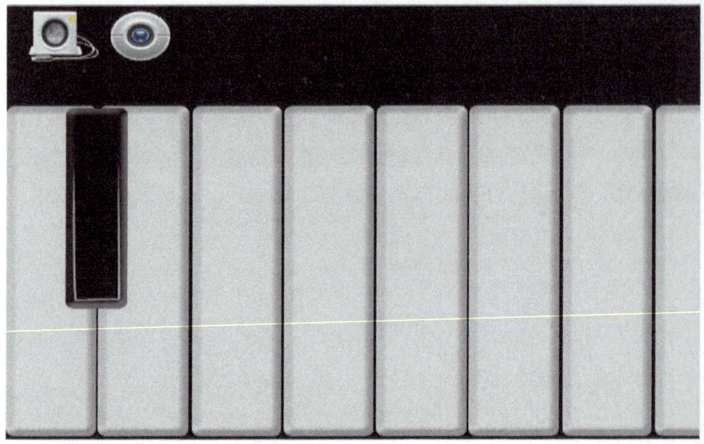

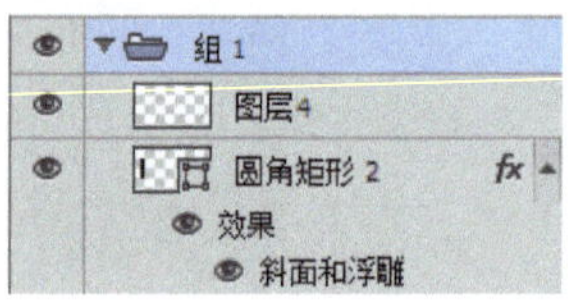

08 创建“组1”并适当地复制，制作游戏界面的钢琴键盘

按住Shift键并选择“圆角矩形2”到“图层2”， 按快捷键Ctrl+G新建“组1”。连续多次按快捷键Ctrl+J复制得到多个“组1拷贝”，将其移至画面上合适的位置。

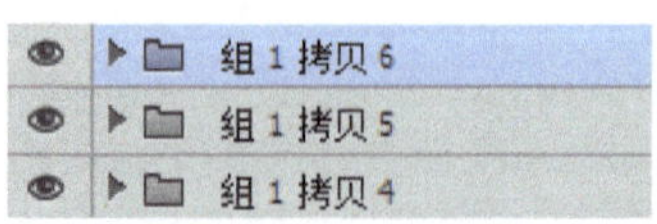

09 制作键盘上的形状

使用矩形工具▭，在属性栏中设置“填充”为深灰色，“描边”为无，在画面上合适的位置绘制矩形，得到“矩形1”。

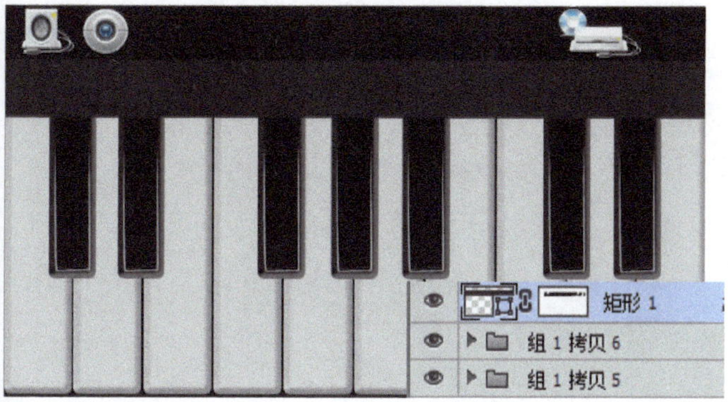

10 制作矩形的图层样式

选择“矩形1”，单击“添加图层样式”按钮fx，选择“斜面和浮雕”选项并设置参数，制作图层样式。单击“添加图层样式”按钮fx，选择“投影”选项并设置参数，制作图层样式。

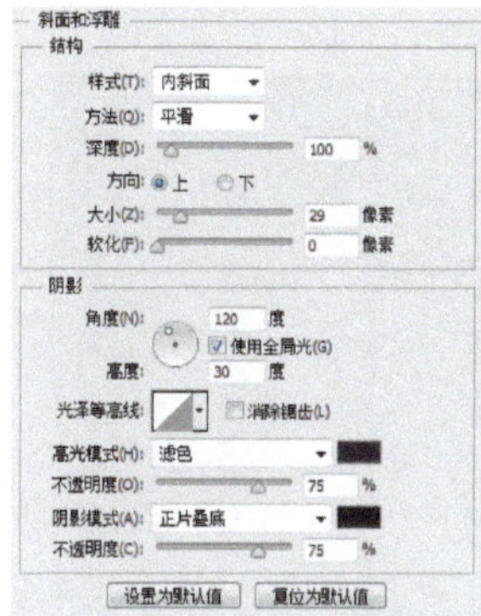

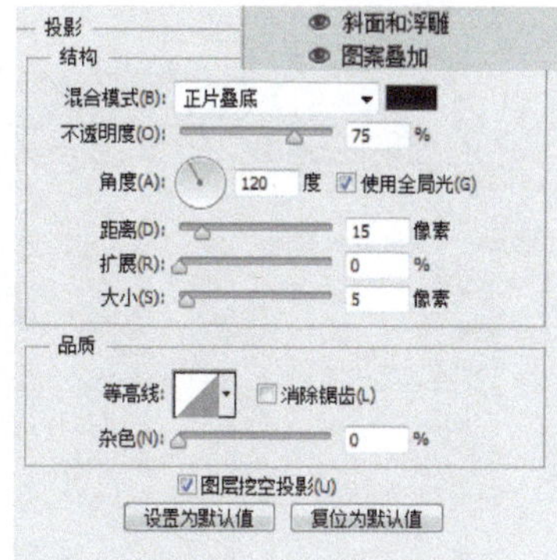

11 制作矩形的其他图层样式

继续选择“矩形1”图层，单击“添加图层样式”按钮fx，选择“图案叠加”选项并设置参数，制作图层样式。

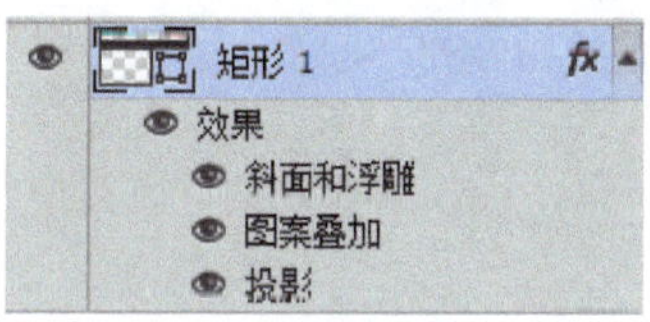

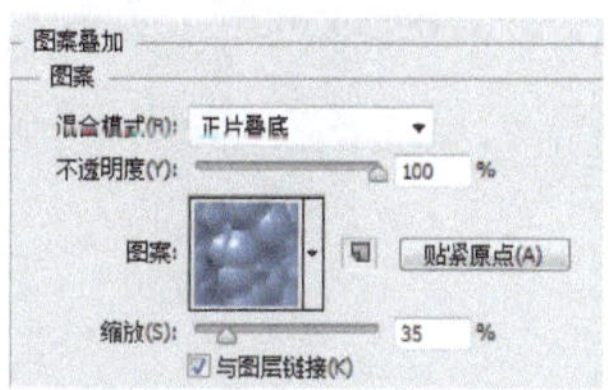

12 制作矩形上的图形元素

打开“06.png”文件，拖曳到当前图像文件中，生成“图层5”，按快捷键Ctrl+T变换图像大小，并将其放置于画面中合适的位置。新建“图层6”，使用多边形套索工具在中间绘制选框，将其填充为黑色，回到“矩形1”，单击“添加图层蒙版”按钮◘，按住Ctrl键并单击鼠标左键选择图层，在蒙版上将其填充为黑色。

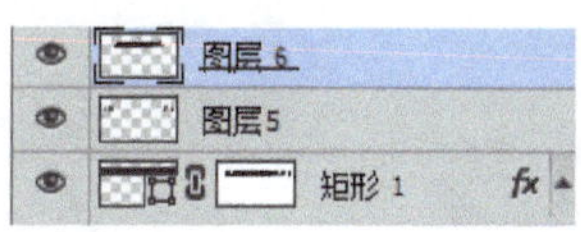

13 制作矩形小框上的图形

回到“图层6”，打开“05.png”文件，拖曳到当前图像文件中，生成“图层7”，按快捷键Ctrl+T变换图像大小，并将其放置于画面中合适的位置。按住Alt键并单击鼠标左键，创建图层剪贴蒙版。

14 绘制按键上的圆角矩形提示1

使用圆角矩形工具，在属性栏中设置“填充”为黄色，“描边”为无，按住Shift键在键盘上绘制需要的圆角矩形，得到“圆角矩形3”。

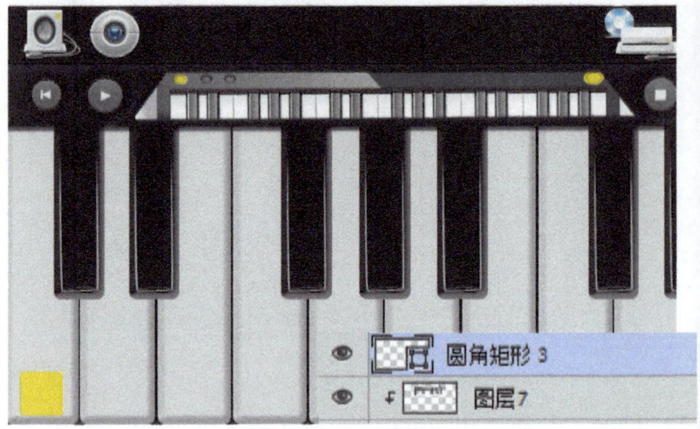

15 绘制按键上的圆角矩形提示2

选择“圆角矩形3”，连续多次按快捷键Ctrl+J复制得到多个“圆角矩形3拷贝”，并将其移至绘制好的键盘按钮上合适的位置。

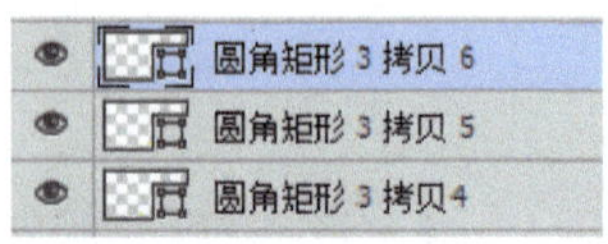

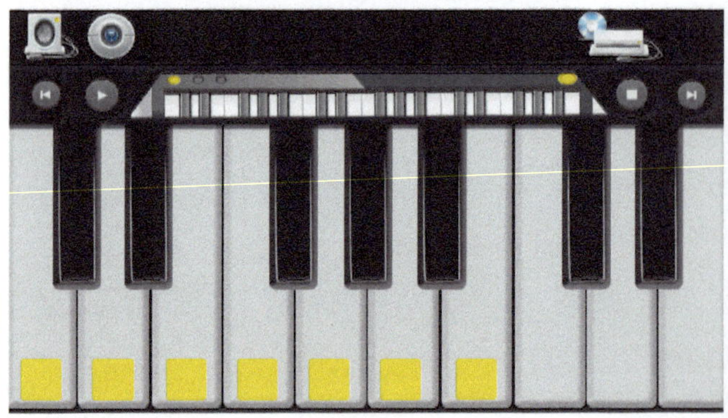

16 绘制按键上的圆角矩形提示3

选择“圆角矩形3”，连续多次按快捷键Ctrl+J复制得到多个“圆角矩形3拷贝”，并将其移至绘制好的键盘按钮上合适的位置。然后适当地更改其“填色”。

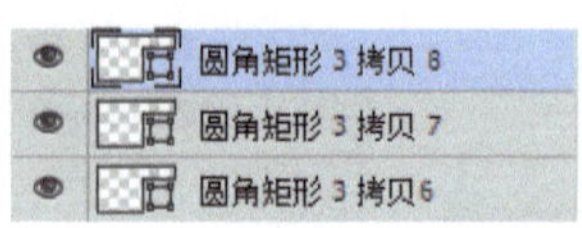

17 制作键盘按钮上的文字

使用横排文字工具[T]，设置前景色为黑色，输入所需文字。双击文字图层，在属性栏中设置文字的字体样式及大小，将其放置于键盘上合适的位置。

18 将画面制作完整

打开“04.png”文件，拖曳到当前图像文件中，生成“图层8”，将其放置于画面右上方合适的位置。使用横排文字工具[T]，设置前景色为白色，输入所需文字，将其放置于画面键盘中合适的位置。至此，本实例制作完成。

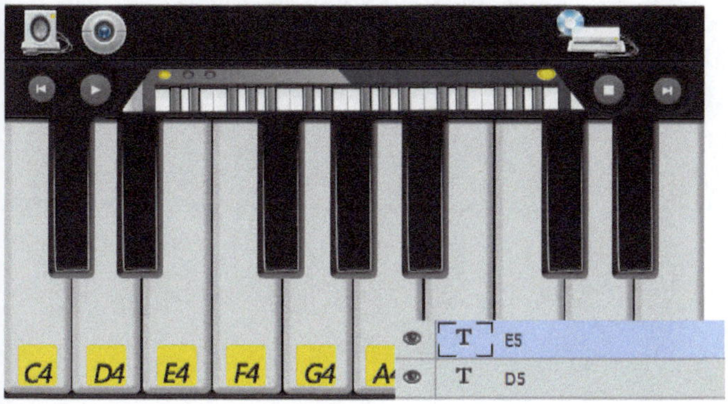

方法 2：模拟钢琴手机游戏界面 2

01 新建空白图像文件

执行“文件>新建”命令，在弹出的“新建”对话框中设置各项参数及选项，完成后单击“确定”按钮，新建空白图像文件，得到“背景”图层。

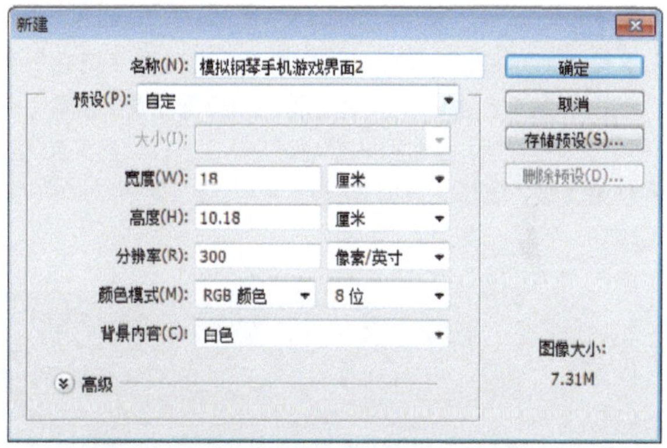

02 制作画面的背景和界面上需要的元素

设置前景色为黑色，按快捷键Alt+Delete，填充背景色为黑色。制作游戏界面的背景图层。打开“01.png”文件，拖曳到当前图像文件中，生成“图层1”，按快捷键Ctrl+T变换图像大小，并将其放置于画面下方合适的位置。

03 制作音乐游戏界面上的音阶条

使用矩形工具▭，在属性栏中设置“填充”为白色，“描边”为无。在画面上绘制需要的矩形，得到“矩形1”，在“图层”面板上设置“不透明度”为30%。

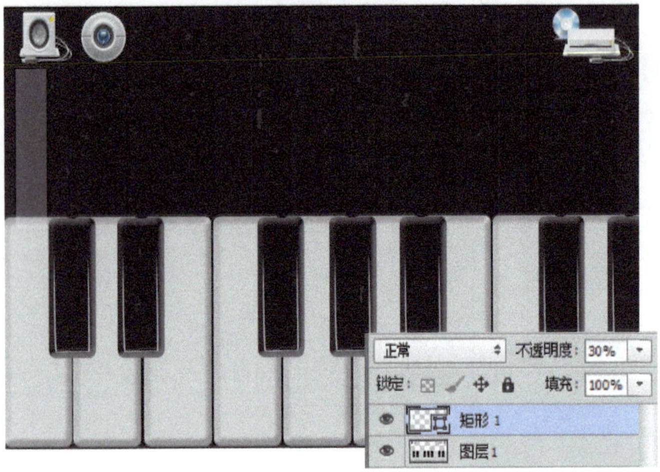

04 制作音乐游戏界面上其他的音阶条

选择“矩形1”，连续按快捷键Ctrl+J复制得到多个“矩形1拷贝”，将其移至画面中矩形音乐阶条上合适的位置。按住Shift键并选择“矩形1”~“矩形1拷贝3”，按快捷键Ctrl+G新建“组1”。

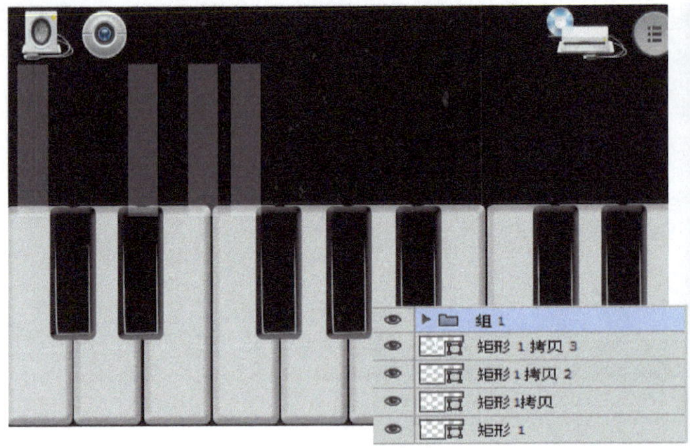

05 制作音乐阶梯上的椭圆元素

使用椭圆工具◯，在属性栏中设置“填充”为白色，“描边”为无。按住Shift键在画面上绘制需要的椭圆，得到“椭圆1”，单击“添加图层样式”按钮fx，选择“斜面和浮雕”选项并设置参数，制作图层样式。

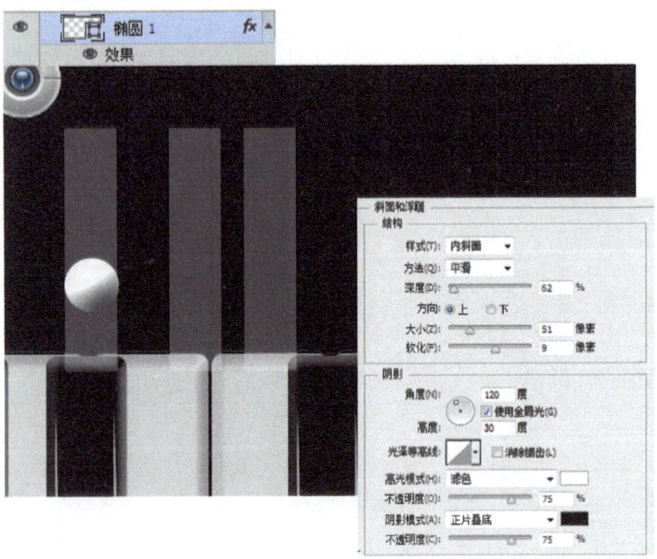

06 制作音乐阶梯上的音符元素

使用自定形状工具，在属性栏中选择需要的形状并设置“填充”为蓝色，“描边”为无。在画面上制作音符的形状，得到“形状2”，单击“添加图层样式”按钮fx，选择“斜面和浮雕”选项并设置参数，制作图层样式。按住Shift键并选择“椭圆1”~“形状2”，按快捷键Ctrl+G新建“组1”。

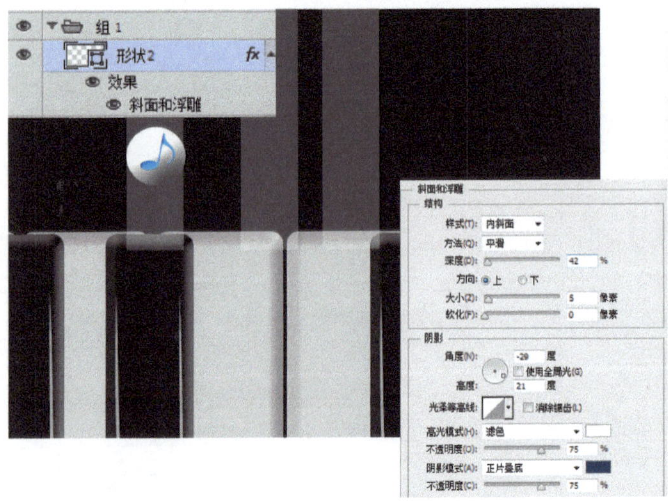

07 制作音乐阶梯上跳动的音符

选择“组1”，连续按快捷键Ctrl+J复制得到多个“组1拷贝”，将其移至音阶上合适的位置，制作出音乐阶梯上跳动的音符。

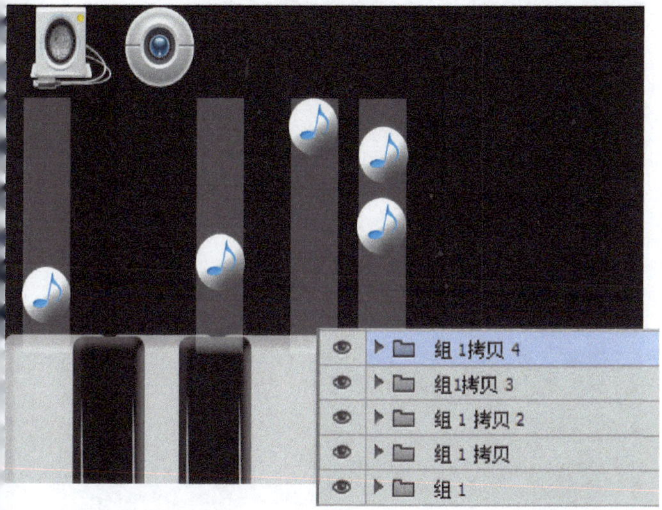

08 制作界面上其他的音符图案

打开“02.png”文件，拖曳到当前图像文件中，生成“图层1”，按快捷键Ctrl+T变换图像大小，并将其放置于画面下方合适的位置，制作出界面上的音符图案。

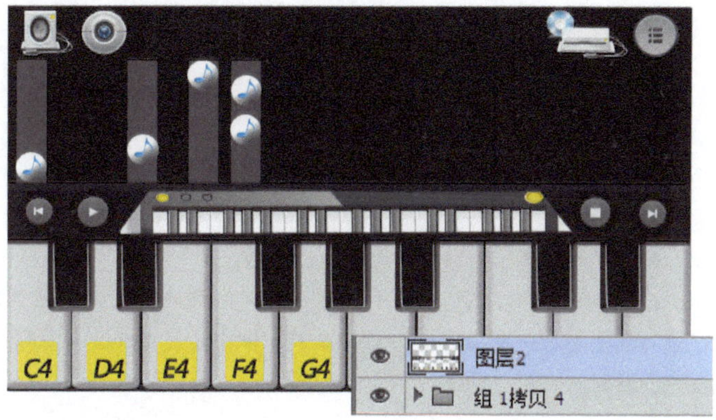

09 制作界面上方的标题栏文字

使用横排文字工具T，设置前景色为白色，输入所需文字。双击文字图层，在属性栏中设置文字的字体样式及大小，将其放置于画面上方合适的位置。

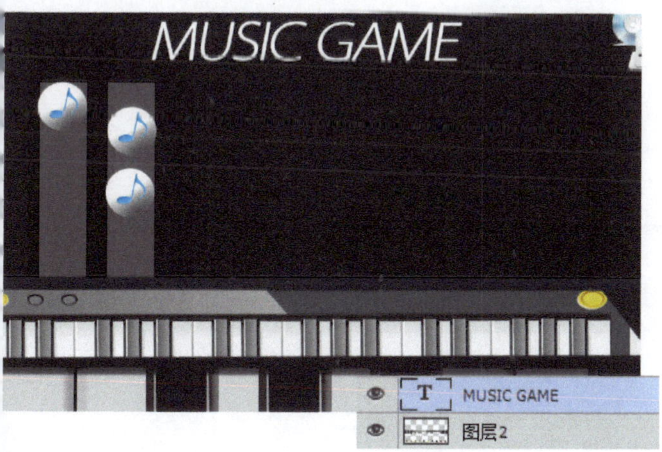

10 制作界面上其他的文字

使用横排文字工具T，设置前景色为白色，输入所需文字，双击文字图层。在属性栏中设置文字的字体样式及大小，将其放置于画面右上方合适的位置。

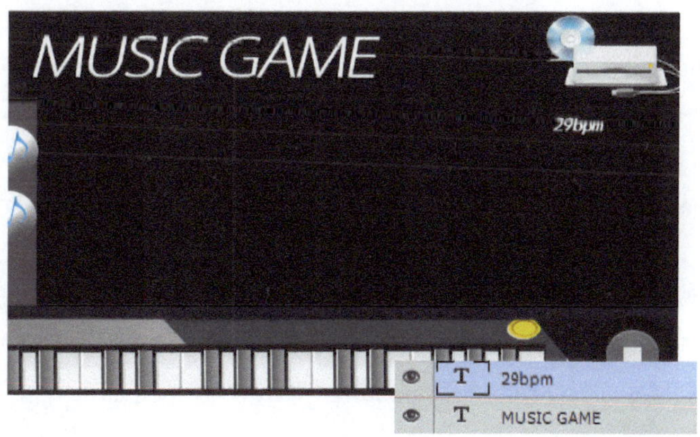

11 制作界面右上方的按钮

使用圆角矩形工具，在属性栏中设置"填充"为灰色，"描边"为无。在画面右上方绘制需要的圆角矩形，得到"圆角矩形1"，制作其"斜面和浮雕"图层样式。添加蒙版，使用矩形选框工具，将蒙版上不需要的部分填充为黑色。

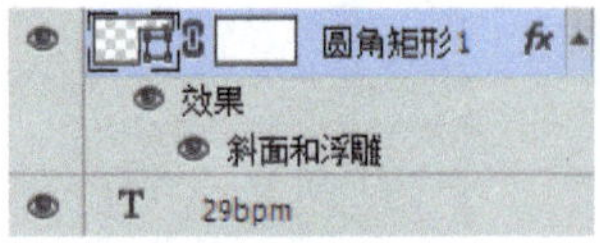

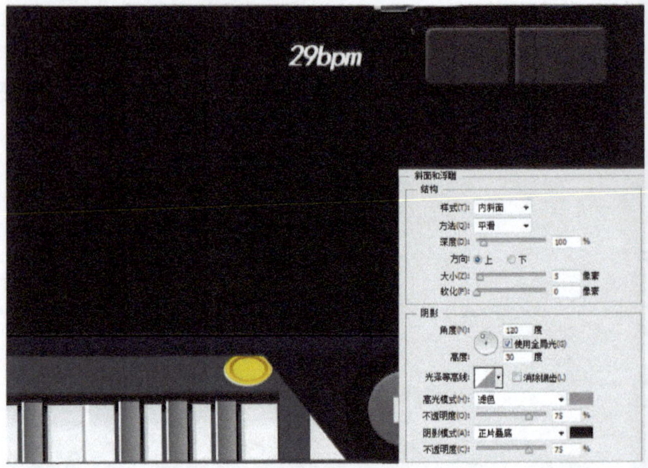

12 将画面制作完整

使用横排文字工具，设置需要的前景色，输入所需文字。双击文字图层，在属性栏中设置文字的字体样式及大小，在画面上合适的位置编写文字。至此，本实例制作完成。

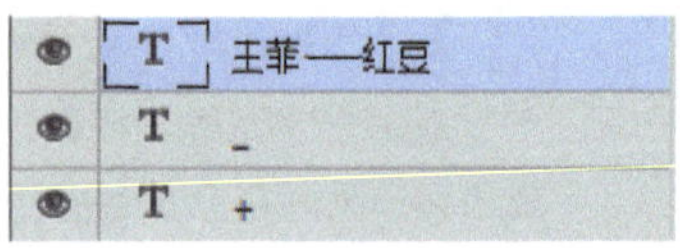

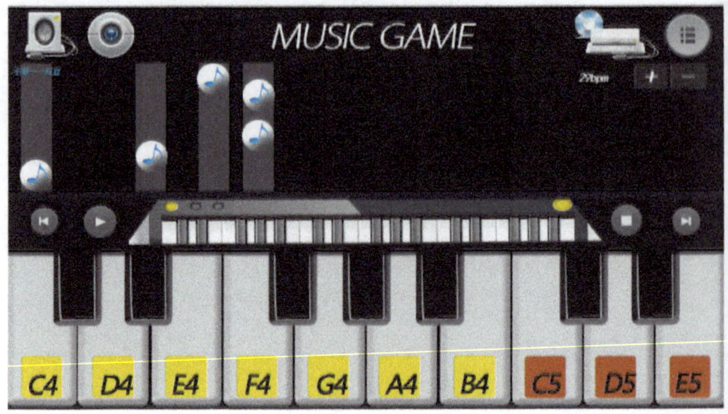

设计小结

1. 按住Alt键并单击鼠标左键，可以创建图层剪贴蒙版。
2. 单击"添加图层蒙版"按钮，设置前景色为黑色可以将画面中不需要的部分去除。

4.4.2 猜歌类手机游戏界面制作

·设 计 构 思·

本节实例制作猜歌类手机游戏界面。将画面调整为深黄灰色调，使其具有稳重大气的整体效果，并使用各种形状工具和图层样式来制作猜歌类手机游戏界面，最后使用文字工具将猜歌类手机游戏界面制作完整。

● **设计规格**

尺寸规格：1337像素×2362像素

使用工具：圆角矩形工具、多边形套索工具、横排文字工具

源 文 件：第4章\ Complete\4.4\猜歌类手机游戏界面1.psd、猜歌类手机游戏界面2.psd

视频地址：视频\第4章\4.4\猜歌类手机游戏界面1.swf、猜歌类手机游戏界面2.swf

● **设计色彩分析**

将画面调整为深黄灰色调，使其具有稳重大气的整体效果。

R61、G70、B71　　R249、G233、B151　　R36、G27、B15

方法 1：猜歌类手机游戏界面 1

01 新建空白图像文件

执行“文件>新建”命令，在弹出的“新建”对话框中设置各项参数及选项，完成后单击“确定”按钮，新建空白图像文件，得到“背景”图层。

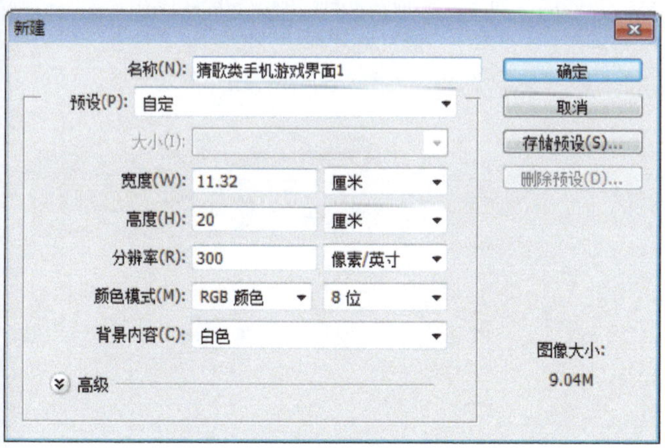

02 制作画面的背景和界面的分界

设置前景色为黑色，按快捷键Alt+Delete，填充背景色为黑色。新建“图层1”，使用矩形选框工具，在画面上方创建一个矩形选区，并将其填充为黄灰色。

03 制作界面上的纹理和上方的矩形

新建“图层2”，设置前景色为淡黄色，使用画笔工具，选择尖角画笔并适当调整大小及不透明度，在画面上适当地绘制纹理效果。新建“图层3”，使用矩形选框工具，在画面上方创建一个矩形选区，使用渐变工具，设置渐变颜色为亮灰色到深灰色的线性渐变，从上到下透出渐变然后取消选区。

04 绘制界面上方的按钮

使用圆角矩形工具，在属性栏中设置“填充”为深灰色，“描边”为无。在界面上方绘制圆角矩形，得到“圆角矩形1”，将其栅格化，使用多边形套索工具绘制右边的选区并同样填充为深灰色，创建“斜面和浮雕”图层样式，并在下方的图层上添加蒙版后取消选区。

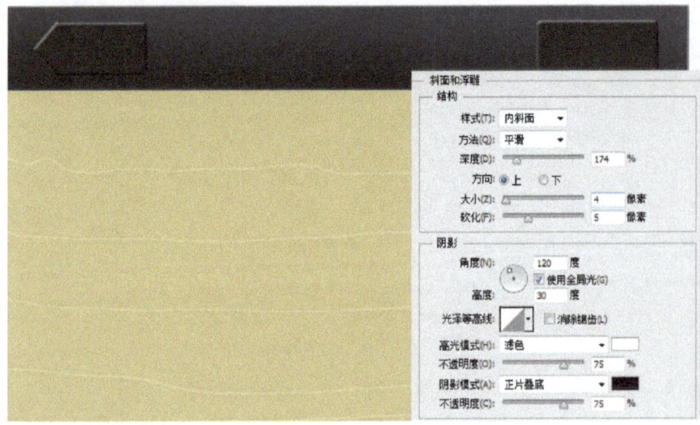

05 制作界面上的文字和图形

使用横排文字工具，设置前景色为白色，输入所需文字。双击文字图层，在属性栏中设置文字的字体样式及大小，将其放置于界面上合适的位置。打开“金币.png”文件，拖曳到当前图像文件中，生成“图层4”，按快捷键Ctrl+T变换图像大小，并将其放置于画面中合适的位置。

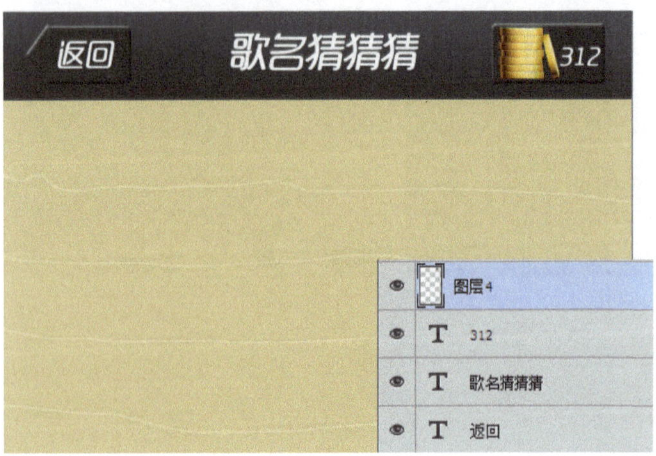

06 制作界面上的圆角矩形图标

使用圆角矩形工具，在属性栏中设置“填充”为黄棕色，“描边”为无。在画面上合适的位置绘制圆角矩形，得到“圆角矩形2”，单击“添加图层样式”按钮，选择“斜面和浮雕”和“投影”选项并设置参数，制作图层样式。

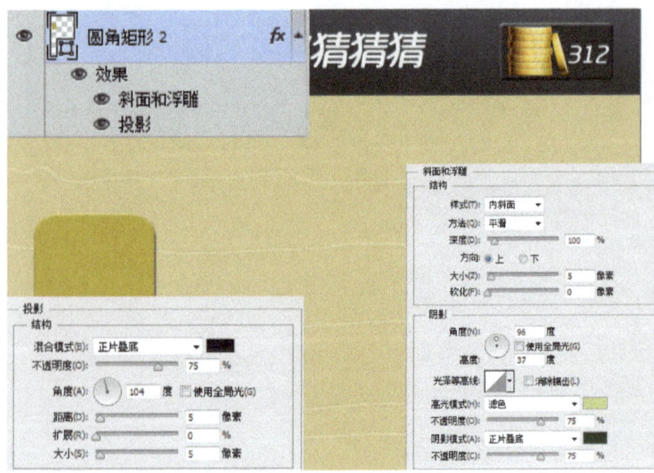

07 复制“圆角矩形2”，继续制作画面上的图标

选择“圆角矩形2”，按快捷键Ctrl+J复制得到“圆角矩形2拷贝”，将其向下移动一定的距离。

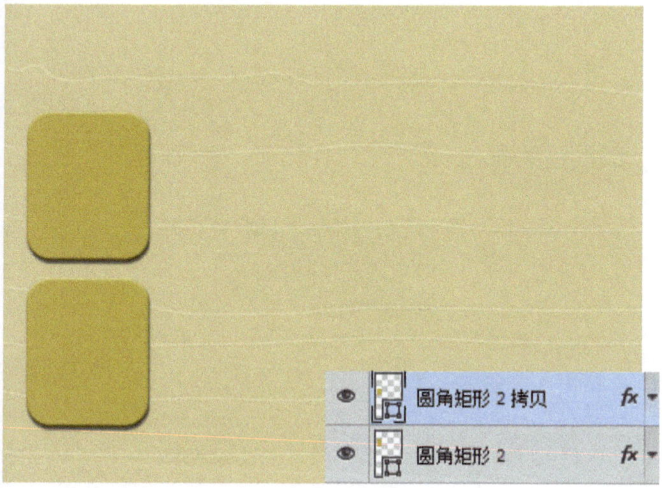

08 制作图标上的图形

新建“图层5”和“图层6”，使用钢笔工具，在属性栏中设置属性为“路径”，结合形状选框工具绘制图标上的图形选区，将其填充为白色，完成后按快捷键Ctrl+D取消选区。分别单击“添加图层样式”按钮，选择“投影”选项并设置参数，制作图层样式。

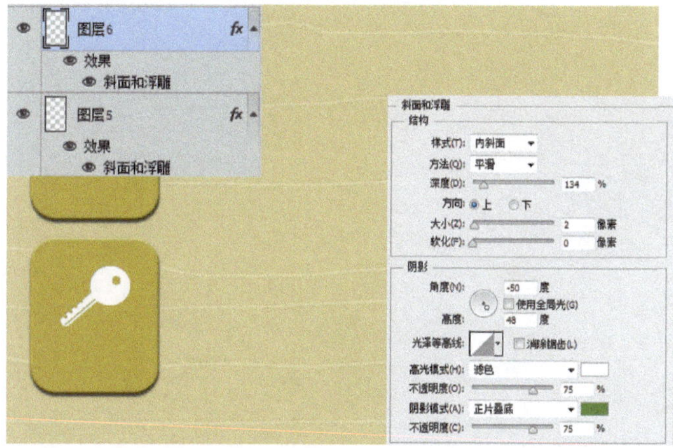

09 绘制图标上的形状及图层样式并添加文字

使用圆角矩形工具，在属性栏中设置“填充”为黑色，“描边”为无，绘制圆角矩形，得到“圆角矩形3”。创建“斜面和浮雕”图层样式。按快捷键Ctrl+J复制得到“圆角矩形3拷贝”，将其移至画面上合适的位置，使用横排文字工具，设置前景色为白色，输入所需文字。

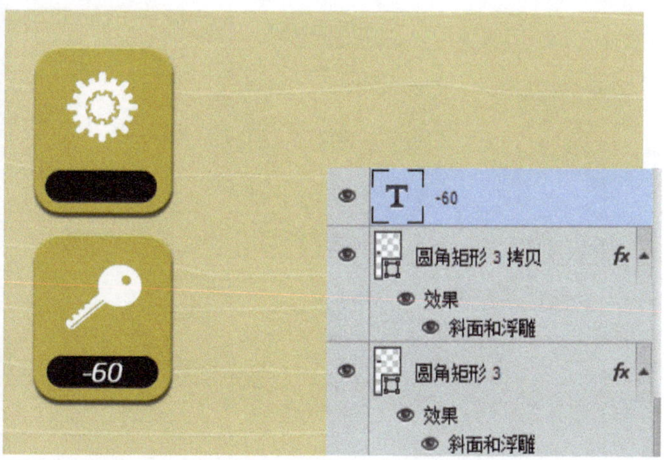

10 制作界面右侧的图案

使用圆角矩形工具，在属性栏中设置“填充”为棕红色，在界面右侧绘制圆角矩形，得到“圆角矩形4”，新建“图层7”，使用形状选框工具和钢笔工具绘制需要的图形并填充为白色，然后在下面的图层上添加蒙版并将其删除。

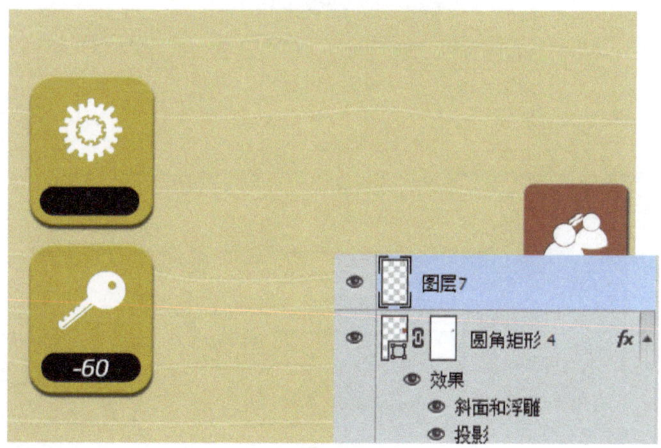

11 制作界面上的猜歌栏

使用圆角矩形工具，在属性栏中设置“填充”为黑色，在画面上合适的位置绘制圆角矩形，得到“圆角矩形5”。在“图层”面板上设置“填充”为60%。创建“斜面和浮雕”和“投影”图层样式，复制“圆角矩形5”并将其移至右边合适的位置。

12 制作猜歌游戏上的猜歌选项栏

使用圆角矩形工具，在属性栏中设置“填充”为白色，“描边”为无，在画面下方绘制圆角矩形，得到“圆角矩形6”。单击“添加图层样式”按钮，选择“投影”选项并设置参数，制作图层样式。连续按快捷键Ctrl+J复制得到多个“圆角矩形6拷贝”，然后将其向右移动合适的距离。

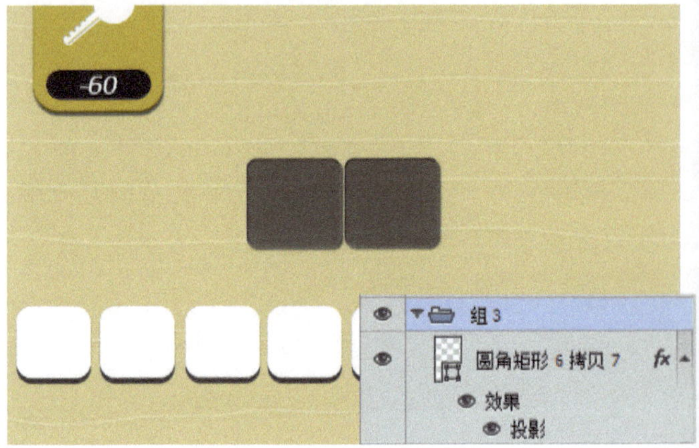

13 制作猜歌游戏上其他的猜歌选项栏

按住Shift键并选择“图层6”~“图层6拷贝7”，按快捷键Ctrl+G新建“组1”。连续按快捷键Ctrl+J复制得到多个“组1拷贝”，然后将其移至界面下方合适的位置。

14 制作猜歌界面上的播放器图案

打开“播放器.png”文件，拖曳到当前图像文件中，生成“图层8”，按快捷键Ctrl+T变换图像大小，并将其放置于画面中合适的位置，制作出猜歌界面上的播放器图案。

15 绘制界面上的标题图案

新建“图层9”，使用多边形套索工具绘制界面上的标题图案并填充需要的颜色，完成后按快捷键Ctrl+D取消选区，绘制出界面上的标题图案。

16 制作界面下方的形状提示按钮

新建“图层10”~“图层12”，使用钢笔工具，在属性栏中设置属性为“路径”，在图层上绘制需要的图形路径，创建选区后将其填充为亮灰色，按快捷键Ctrl+D取消选区。

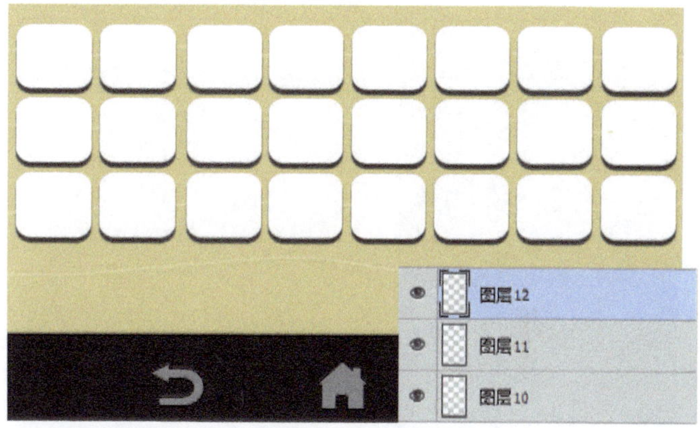

17 制作猜歌选项栏中的歌词文字

依次使用横排文字工具，设置前景色为黑色，输入所需文字。双击文字图层，在属性栏中设置文字的字体样式及大小，并将其放置于猜歌选项栏中合适的位置。制作猜歌选项栏中的歌词文字，并将其编组。

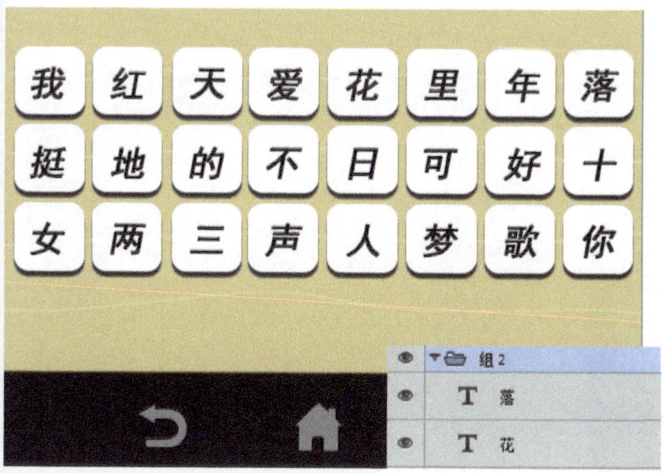

18 调整画面色调，将画面制作完整

使用横排文字工具，设置前景色为白色，输入所需文字。双击文字图层，在属性栏中设置文字的字体样式及大小，并将其放置于标题栏中合适的位置。单击“创建新的填充或调整图层”按钮，在弹出的菜单中选择“色相/饱和度”选项并设置参数，调整画面色调，至此，本实例制作完成。

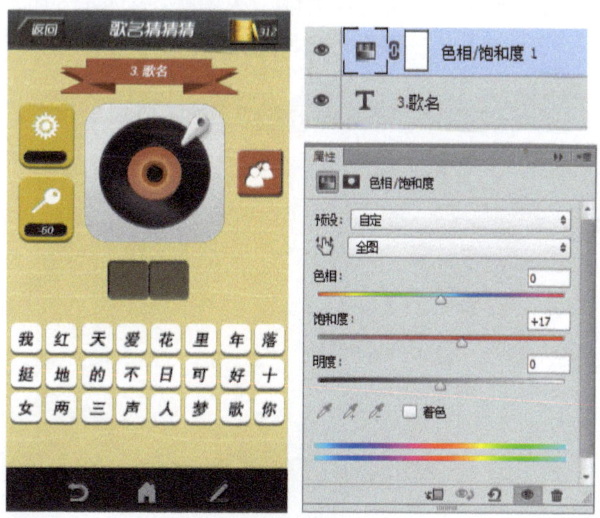

方法 2：猜歌类手机游戏界面 2

01 制作界面背景

执行“文件>打开”命令，打开“背景.jpg”文件，拖曳到当前图像文件中，生成“背景”图层。

02 制作界面上弹出的窗口图案

使用圆角矩形工具，在属性栏中设置“填充”为黄色，“描边”为橘黄色大小为2点的实线，在画面中间绘制“圆角矩形1”。

03 制作界面上圆形头像的底纹

新建“图层1”，使用椭圆选框工具，在弹出窗口左上方绘制椭圆选区，设置前景色为橘红色，按快捷键Alt+Delete填充选区为橘红色，然后按快捷键Ctrl+D取消选区。

04 绘制具有表情的可通人物

新建“图层2”，设置需要的前景色，使用画笔工具，选择尖角画笔并适当调整大小，在画面上绘制需要的卡通人物的造型和表情。

05 制作弹出窗口上的提示文字

使用横排文字工具，设置前景色为棕红色，输入所需文字。双击文字图层，在属性栏中设置文字的字体样式及大小，然后将其放置于绘制好的弹出窗口上合适的位置。

06 制作弹出窗口上其他的提示文字1

使用横排文字工具，设置需要的前景色，输入所需文字。双击文字图层，在属性栏中设置文字的字体样式及大小，然后将其放置于绘制好的弹出窗口上合适的位置。

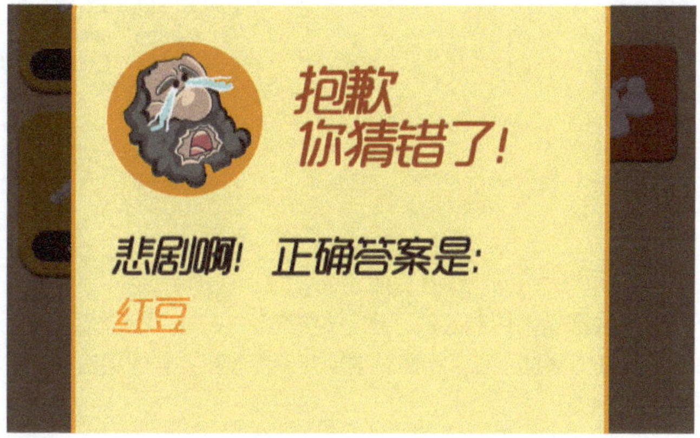

07 制作弹出窗口上其他的提示文字2

使用横排文字工具，设置需要的前景色，输入所需文字。双击文字图层，在属性栏中设置文字的字体样式及大小，然后将其放置于绘制好的弹出窗口上合适的位置。

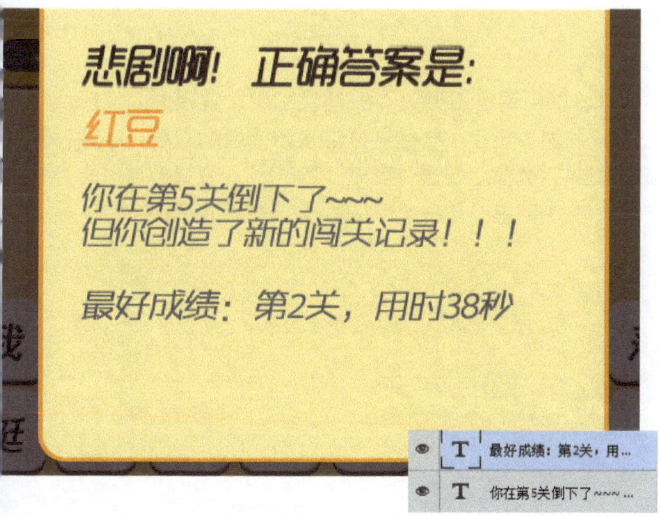

08 制作弹出窗口上的按钮

使用圆角矩形工具，在属性栏中设置“填充”为白色，“描边”为无。在弹出窗口的左侧绘制圆角矩形，得到“圆角矩形2”，按快捷键Ctrl+T变换图像大小，并将其放置于画面中合适的位置。单击“添加图层样式”按钮，选择“投影”选项并设置参数，制作图层样式。

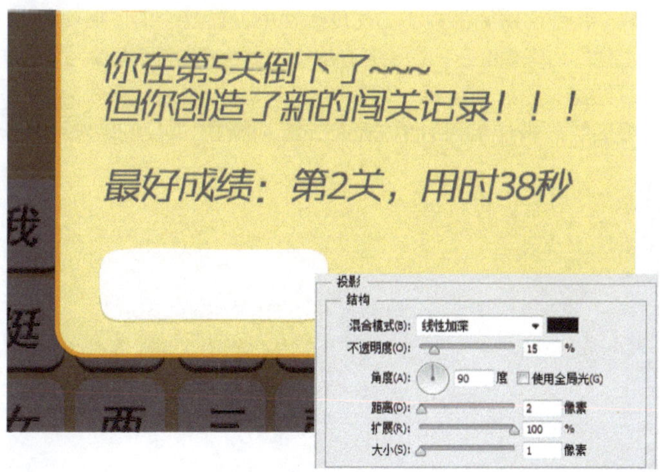

09 制作弹出窗口上按钮的样式

使用圆角矩形工具，在属性栏中设置“填充”为橘黄色，“描边”为无，在弹出窗口的左侧绘制圆角矩形，得到“圆角矩形3”，单击“添加图层样式”按钮，选择“内阴影”选项并设置参数，制作图层样式。

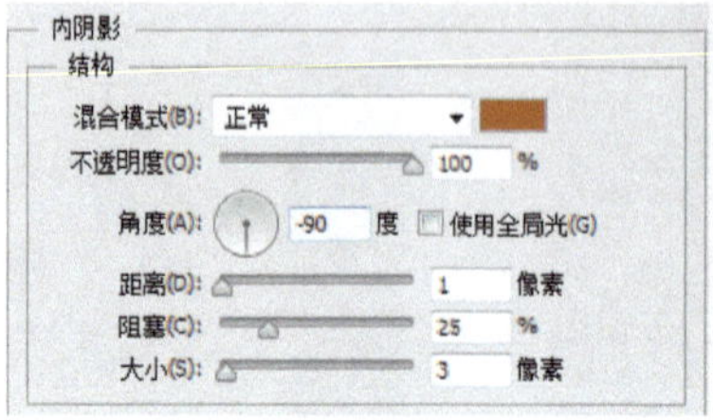

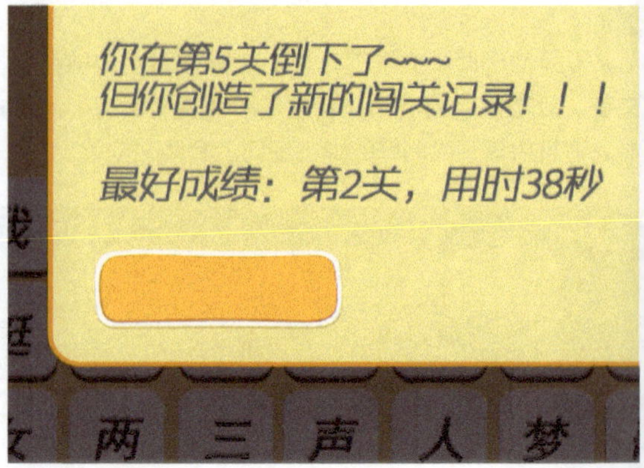

10 制作按钮上其他的图层样式

选择刚才绘制好的“圆角矩形3”，单击“添加图层样式”按钮，选择“渐变叠加”和“阴影”选项并设置参数，制作图层样式。

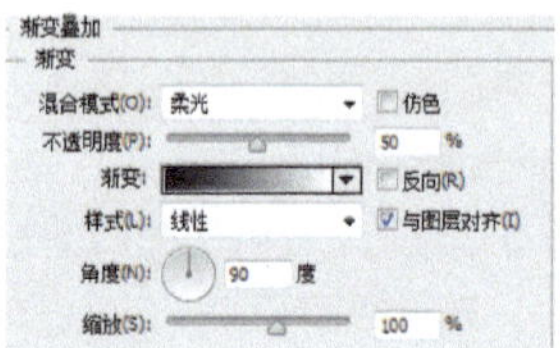

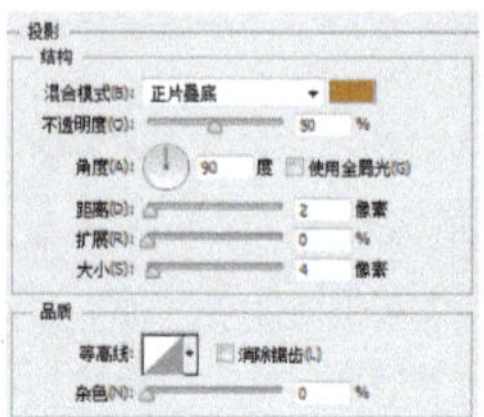

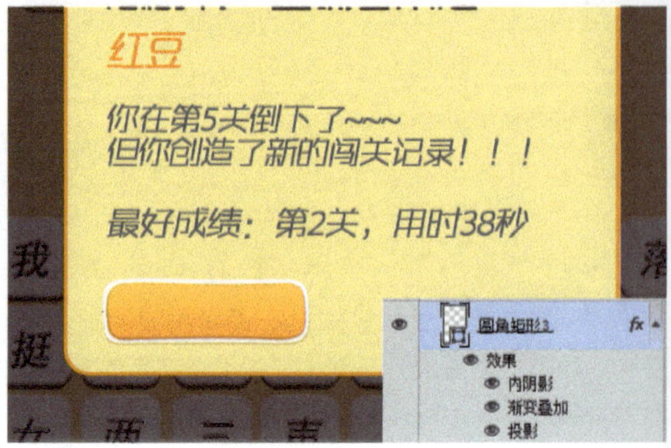

11 制作按钮上的投影

使用钢笔工具，在属性栏中设置属性为“形状”，“填色”为深橘红色。在绘制好的按钮上绘制出阴影图案，然后在“图层”面板上设置“填充”为25%。设置混合模式为“正片叠底”，按住Alt键并单击鼠标左键，创建其图层剪贴蒙版。

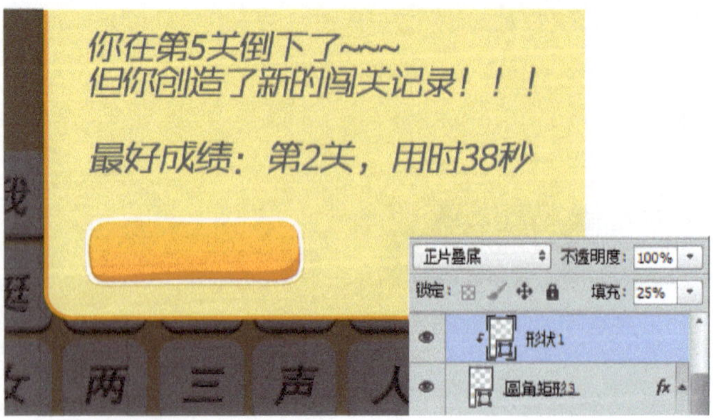

12 制作按钮上的高光

使用钢笔工具，在属性栏中设置属性为“形状”，“填色”为亮黄色。在绘制好的按钮上绘制出高光图案，然后在“图层”面板上设置“填充”为50%。设置混合模式为“叠加”，按住Alt键并单击鼠标左键，创建其图层剪贴蒙版。

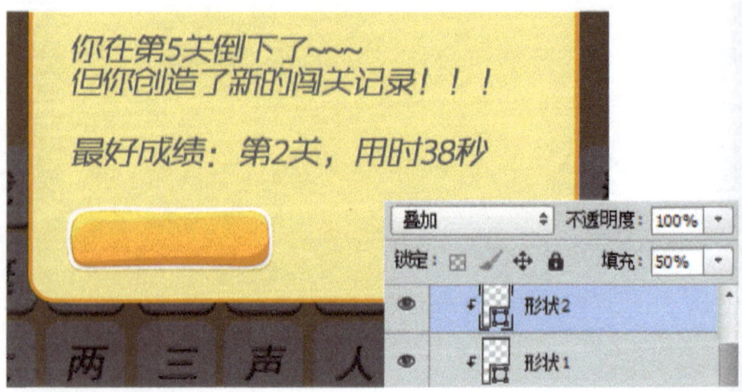

13 制作按钮上的文字

使用横排文字工具T，设置前景色为深棕色，输入所需文字。双击文字图层，在属性栏中设置文字的字体样式及大小，将其放置于按钮上合适的位置。按住Shift键并选择“圆角矩形2”到文字图层，按快捷键Ctrl+G新建“组1”。

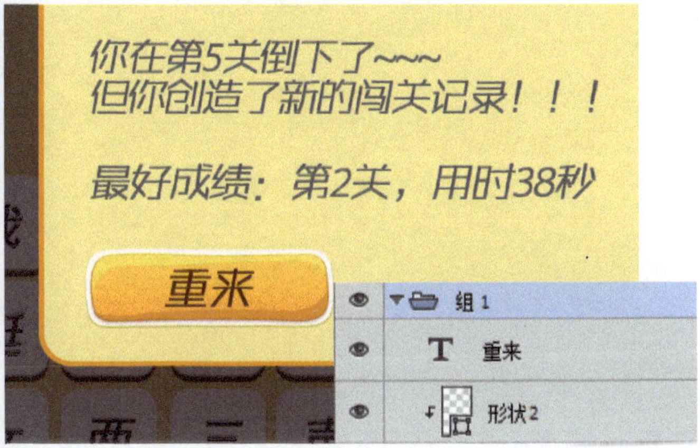

14 制作弹出窗口上其他的按钮

选择“组1”，按快捷键Ctrl+J复制得到“组1拷贝”，将其移至界面弹出窗口右侧合适的位置，然后将其展开并删除文字图层。

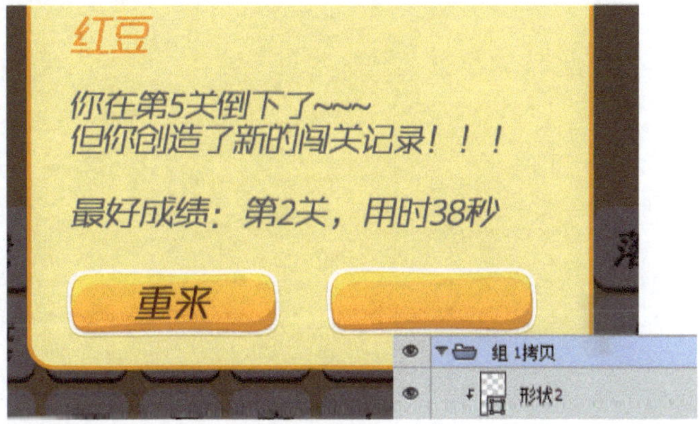

15 制作按钮上的文字

在“组1拷贝”的“形状2”上使用横排文字工具T，设置前景色为深棕色，输入所需文字。双击文字图层，在属性栏中设置文字的字体样式及大小，然后将其放置于按钮上合适的位置。

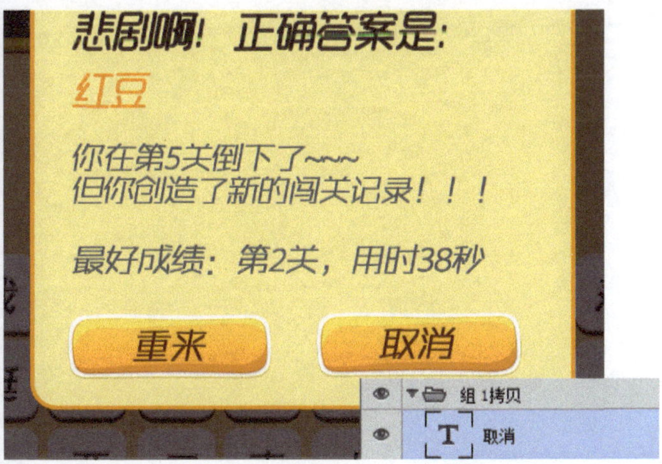

16 将画面制作完整

单击“创建新的填充或调整图层”按钮，在弹出的菜单中选择“色相/饱和度”选项并设置参数，调整画面的色调。至此，本实例制作完成。

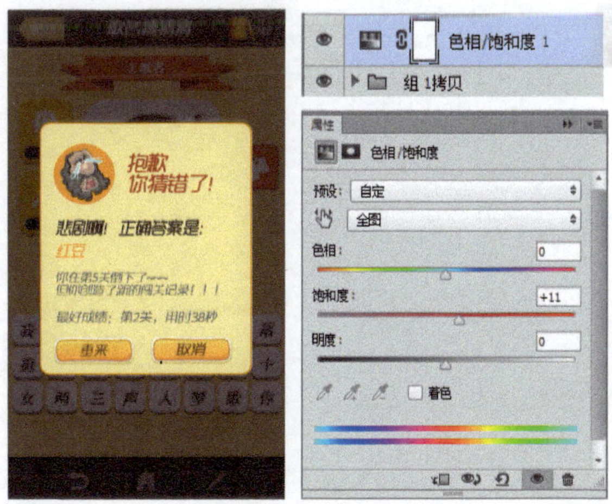

设计小结

1. 使用横排文字工具T，设置需要的前景色，输入所需文字。
2. 按住Alt键并单击鼠标左键，可以轻松创建图层剪贴蒙版。

第5章

爱不释手的不同风格平台游戏界面

在学习和游戏界面中的从图标到游戏开启不同风格手机游戏界面之后，本章将从不同风格网页游戏界面、苹果独特风格 iPad 游戏界面、其他平台游戏界面这三方面对不同风格平台游戏界面有一个清晰且深入的了解，以便读者对游戏界面有一个明确的定位和设计制作理念。

5.1 不同风格网页游戏界面制作

网页游戏的类型非常丰富，也就造成了游戏界面的风格上也丰富多彩。让我们先从不同风格网页游戏界面入手，了解不同风格的游戏界面的要点。

5.1.1 卡通剧情网页游戏界面制作

·设 计 构 思·

本节实例制作卡通剧情网页游戏界面。将画面调整为蓝灰和黄色对比强烈的色调，使其具有明快的整体效果。通过绘制游戏的人物以及选项卡，将卡通剧情网页游戏界面制作出来。

● 设计规格

尺寸规格：2951像素×1417像素

使用工具：横排文字工具、圆角矩形工具、多边形套索工具、画笔工具、矩形选框工具

源 文 件：第5章\Complete\5.1\卡通剧情网页游戏界面.psd

视频地址：视频\第5章\5.1\卡通剧情网页游戏界面.swf

● 设计色彩分析

将画面调整为蓝灰和黄色对比强烈的色调，使其具有明快的整体感觉。

R25、G25、B37　R46、G72、B86　R255、G188、B0

01 新建空白图像文件

执行“文件>新建”命令，在弹出的“新建”对话框中设置各项参数及选项，完成后单击“确定”按钮，新建空白图像文件。

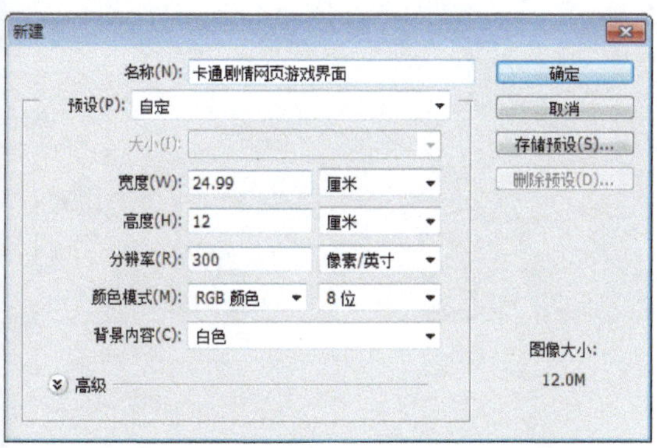

02 添加素材制作画面背景

执行“文件>打开”命令，打开“背景1.jpg”文件，拖曳到当前图像文件中，生成“图层1”。

03 制作界面背景上的图案

执行“文件>打开”命令，打开“龙.png”文件，拖曳到当前图像文件中，生成“图层2”，按快捷键Ctrl+T变换图像大小，然后将其放置于画面右侧合适的位置。

04 绘制界面上需要的图案

新建“图层3”，设置需要的前景色，使用画笔工具，选择尖角画笔并适当调整大小及不透明度，在画面上绘制需要的卡通卷轴图案。按快捷键Ctrl+J复制得到“图层3拷贝”，按快捷键Ctrl+T变换图像方向，并将其放置于合适的位置。

05 添加素材制作主体人物下面的台阶

执行“文件>打开”命令，打开“台阶.png”文件，拖曳到当前图像文件中，生成“图层4”，按快捷键Ctrl+T变换图像大小，并将其放置于画面右侧合适的位置。单击“添加图层样式”按钮fx，选择“外发光”选项并设置参数，制作图层样式。

06 绘制界面上的卡通人物效果

新建“图层5”，设置需要的前景色，使用画笔工具，选择尖角画笔并适当调整大小及不透明度，在画面上绘制需要的卡通人物效果。

07 制作界面上游戏选项卡的外轮廓

新建“图层6”，使用矩形选框工具，在画面上合适的位置创建一个矩形选区，将其填充为深褐色。取消选区后单击“添加图层样式”按钮，选择“斜面和浮雕”选项并设置参数，制作图层样式，然后添加蒙版使中间部分呈现“挖空”效果。

08 制作选项卡中间的图片

打开“图片.jpg”文件，拖曳到当前图像文件中，生成“图层7”。按快捷键Ctrl+T变换图像大小，并将其放置于画面合适的位置。按住Alt键并单击鼠标左键，创建图层剪贴蒙版，制作出选项卡中间的图片。

09 制作游戏选项卡内的人物

选择“图层5”，按快捷键Ctrl+J复制得到“图层5拷贝”，将其移至图层上方，按快捷键Ctrl+T变换图像大小，并将其放置于画面合适的位置。按住Alt键并单击鼠标左键，创建图层剪贴蒙版。

10 绘制选项卡上的形状

新建“图层8”，使用多边形套索工具，在绘制好的矩形选项卡上绘制需要的图形并将其填充为淡黄色。单击“添加图层样式”按钮，选择“斜面和浮雕”选项并设置参数，制作图层样式。添加蒙版将不需要的地方“挖空”。

11 绘制选项卡上的形状里面的图形

新建“图层9”，设置前景色为暗红色，使用画笔工具，选择柔角画笔并适当调整大小及不透明度，在制作好的选项卡上绘制需要的图形，按住Alt键并单击鼠标左键，创建图层剪贴蒙版，制作出细节。

12 复制图形制作对称的选项卡

选择“图层8”和“图层9”，按快捷键Ctrl+J复制得到“图层8拷贝”和“图层9拷贝”，按快捷键Ctrl+T变换图像方向，将其放置于选项卡下面合适的位置，制作出选项卡上对称的形状。

13 绘制选项卡两边的形状

新建“图层10”并移至“图层8”的下面，设置前景色为黄灰色，使用画笔工具，选择尖画笔并适当调整大小及不透明度，在选项卡一旁依次绘制需要的形状，按快捷键Ctrl+J复制得到“图层10拷贝”，然后将其移至画面的另一侧。

14 为选项卡外轮廓制作描边

按住Shift键并选择“图层10”~“图层9拷贝”，按快捷键Ctrl+G新建“组1”。单击“添加图层样式”按钮fx，选择“描边”选项并设置参数，制作图层样式。制作选项卡外轮廓形状的描边，使选项卡更加精致。

15 绘制选项卡旁边的提示图案并制作图层样式

新建“图层11”，使用多边形套索工具绘制需要的提示图案并填充需要的颜色，完成后按快捷键Ctrl+D取消选区，单击“添加图层样式”按钮，选择“描边”选项并设置参数，制作出图层样式。

16 复制需要的图层制作游戏界面上其他的选项卡

按住Shift键并选择“图层6”～“图层11”。按快捷键Ctrl+J复制得到副本，按快捷键Ctrl+T变换图像大小并放置于画面中合适的位置。绘制选项卡内的不同的人物并创建“色相/饱和度1”，降低画面的明度，制作出选项卡上的层次。

17 单击相同方法制作游戏界面上的选项卡

复制“图层6”～“图层11”得到副本，将这些副本图层移至图层上方，按快捷键Ctrl+T变换图像大小，并将其放置于画面中合适的位置。绘制选项卡内的不同的人物并创建“色相/饱和度1”，降低画面的明度，制作出选项卡上的层次。

18 将游戏界面上的选项卡制作完整

复制“图层6”～“图层11”得到副本，将这些副本图层移至图层上方，按快捷键Ctrl+T变换图像大小，并将其放置于画面中合适的位置。绘制选项卡内的不同的人物并创建“色相/饱和度1”，降低画面的明度，制作出画面中选项卡上的层次。

19 绘制游戏界面下方的图案

新建“图层12”，设置前景色为白色，使用画笔工具，选择尖角画笔并适当调整大小及不透明度，在界面下方绘制需要的图案。单击“添加图层样式”按钮，选择“描边”选项并设置参数，制作图层样式。最后将图层重命名为“纹”。

20 制作主体人物下方的提示栏

在图层12中使用矩形选框工具，在画面下方创建一个矩形选区并将其填充为黄灰色。新建“图层13”，使用多边形套索工具在画面上绘制需要的形状和颜色，设置混合模式为“正片叠底”，“不透明度”为26%。按住Alt键并单击鼠标左键，创建图层剪贴蒙版。

21 绘制主体人物下方提示栏上的形状

新建“图层14”，使用多边形套索工具，在绘制好的矩形选项卡上绘制需要的图形并将其填充为淡黄色，单击“添加图层样式”按钮，选择“斜面和浮雕”和“描边”选项并设置参数，制作图层样式。添加蒙版将不需要的地方“挖空”。

22 绘制提示栏形状里面的图形

新建“图层15”，设置前景色为暗红色，使用画笔工具，选择柔角画笔并适当调整大小及不透明度，在制作好的提示栏上绘制需要的图形，按住Alt键并单击鼠标左键，创建图层剪贴蒙版，制作出细节。

23 绘制界面下方提示栏上的按钮

新建“图层16”，在界面下方提示栏上合适的位置使用矩形选框工具创建一个矩形选区，并将其填充为橘红色。单击“添加图层样式”按钮，选择“斜面和浮雕”选项并设置参数，制作图层样式。新建“图层17”，使用画笔工具并设置需要的颜色，在其上方适当地涂抹后创建图层剪贴蒙版。

24 使用圆角矩形工具制作输入名称栏

使用圆角矩形工具，在属性栏中设置“填充”为棕黄色，“描边”为黄色，在界面下方的选项栏中绘制需要的圆角矩形，得到“圆角矩形1”。单击“添加图层样式”按钮，选择“内发光”选项并设置参数，制作图层样式。

25 绘制界面右方的选项卡

新建“图层18”，使用和前面制作选项卡相同的方法，依次使用矩形选框工具和多边形套索工具，制作出界面右方的选项卡。

26 制作界面下方提示栏上的文字

使用横排文字工具，设置需要的前景色，输入所需文字。双击文字图层，在属性栏中设置文字的字体样式及大小，将其放置于界面下方提示栏上合适的位置，依次创建“描边”图层样式。

27 制作界面右方选项卡上的文字效果

使用横排文字工具T，设置前景色为淡黄色，输入所需文字。双击文字图层，在属性栏中设置文字的字体样式及大小，将其放置于界面右方选项卡上合适的位置。单击“添加图层样式”按钮fx，选择“描边”选项并设置参数，制作图层样式。依次制作出选项卡旁边提示卡上的文字。

28 制作选项卡旁边的提示效果

新建“图层19”，设置前景色为淡黄色，使用画笔工具，选择需要的画笔并适当调整大小及不透明度，在选项卡旁边绘制需要的提示效果。

29 制作选项卡旁边的文字效果1

使用横排文字工具T，设置前景色为橘黄色，输入所需文字。双击文字图层，在属性栏中设置文字的字体样式及大小，将其放置于界面右方的选项卡旁边合适的位置。单击“添加图层样式”按钮fx，选择“描边”选项并设置参数，制作图层样式。

30 制作选项卡旁边的文字效果2

新建“图层20”，使用渐变工具，设置渐变颜色为黄色到透明色的线性渐变，从画面上方到下方透出渐变，按住Alt键并单击鼠标左键，创建图层剪贴蒙版，制作出选项卡前面的渐变文字效果。

31 制作游戏界面左侧提示的文字及效果1

使用横排文字工具T，设置需要的前景色，输入所需文字。双击文字图层，在属性栏中设置文字的字体样式及大小，在界面上合适的位置输入需要的文字，并将其放置于画面中合适的位置。单击“添加图层样式”按钮fx，选择“描边”选项并设置参数，制作图层样式。

32 制作游戏界面左侧提示的文字及效果2

使用横排文字工具T，设置前景色为绿色，输入所需文字。双击文字图层，在属性栏中设置文字的字体样式及大小，在界面上合适的位置输入需要的文字，并将其放置于画面中合适的位置。单击“添加图层样式”按钮fx，选择“描边”选项并设置参数，制作图层样式。

33 制作游戏界面左侧提示的文字及效果3

使用横排文字工具T，设置前景色为淡黄色，输入所需文字。双击文字图层，在属性栏中设置文字的字体样式及大小，在界面上合适的位置输入需要的文字，并将其放置于画面中合适的位置。单击“添加图层样式”按钮fx，选择“描边”选项并设置参数，制作图层样式。

34 将卡通游戏界面制作完整

单击“创建新的填充或调整图层”按钮●，在弹出的菜单中选择“色相/饱和度”选项并设置参数，调整画面的色调。至此，本实例制作完成。

设计小结

1. 单击“添加图层样式”按钮fx，选择“描边”选项并设置参数，制作描边图层样式。
2. 绘制卡通人物时可以先绘制外轮廓再进行内部颜色的绘制。

5.1.2 水墨风格网页游戏界面制作

·设 计 构 思·

本节实例制作水墨风格网页游戏界面。通过制作具有水墨效果且朦胧的背景，突出网页游戏界面的水墨风格，画面中包括游戏人物的选项卡以及各个水墨游戏元素。

● **设计规格**

尺寸规格：2362像素×1761像素

使用工具：横排文字工具、圆角矩形工具、多边形套索工具、画笔工具

源 文 件：第5章\ Complete\5.1\水墨风格网页游戏界面.psd

视频地址：视频\第5章\5.1\水墨风格网页游戏界面.swf

● **设计色彩分析**

将画面调整为水墨黄绿的色调，使其具有水墨风格。

R25、G25、B37　　R235、G222、B201　　R109、G106、B85

01 新建空白图像文件

执行“文件>新建”命令，在弹出的“新建”对话框中设置各项参数及选项，完成后单击“确定”按钮，新建空白图像文件。

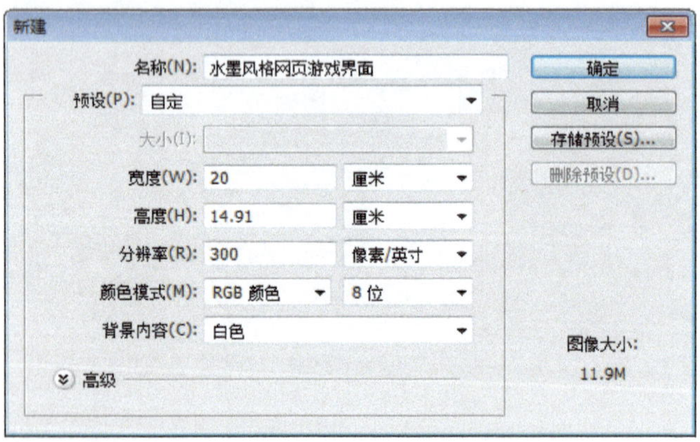

02 制作界面的背景

新建“图层1”，设置前景色为淡黄色，按快捷键Alt+Delete，填充背景色为淡黄色。

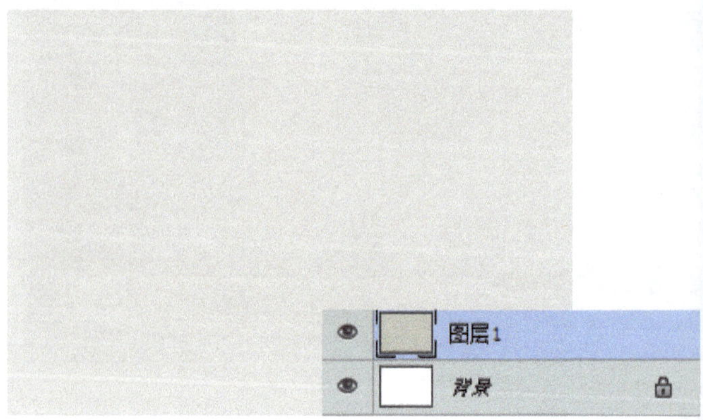

03 在图层左上方绘制被水墨侵染的效果

新建“图层2”，载入“水墨画笔1.abr”画笔，使用画笔工具，在属性栏中选择柔角画笔并适当调整大小及不透明度，设置前景色为黑色，在图层左上方绘制被水墨侵染的效果，设置“不透明度”为82%。

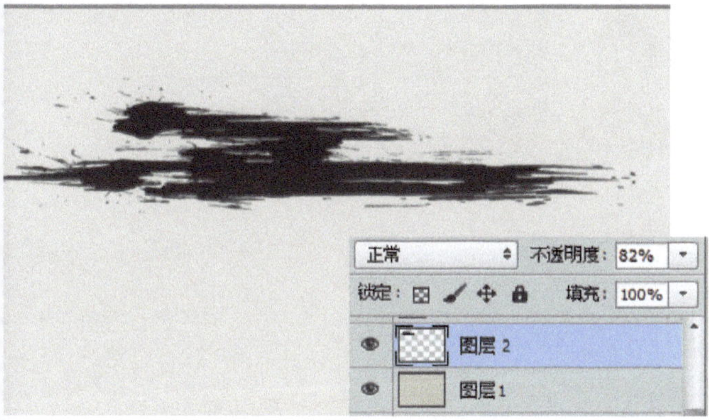

04 制作画面左上方的圆角矩形图标1

使用圆角矩形工具，在画面左上方绘制“圆角矩形1”，单击“添加图层样式”按钮，选择“斜面和浮雕”和“投影”选项并设置参数，制作图层样式并设置混合模式为“正片叠底”，制作出具有透明质感的图标。

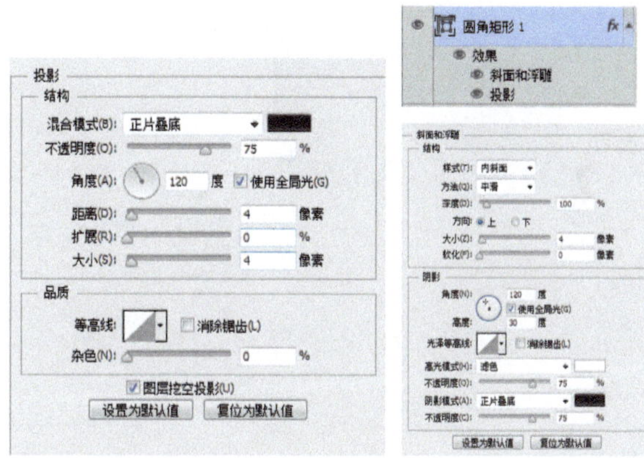

05 制作画面左上方的圆角矩形图标2

选择“圆角矩形1”，按快捷键Ctrl+J复制得到“圆角矩形1拷贝”，修改其混合模式为“正常”，按快捷键Ctrl+T变换图像大小，并将其放置于绘制好的圆角矩形上方合适的位置，制作出左上方的图标。

06 制作左上方的游戏人物介绍框

打开“02.png”文件，拖曳到当前图像文件中，生成“图层3”，将其放置到画面左上角，按住Alt键并单击鼠标左键，创建其图层剪贴蒙版并设置混合模式为“正片叠底”。制作出左上方的游戏人物介绍框。

技巧点拨

透明对话框

在半透明的对话框中添加文字，字的颜色必须让人一目了然，于是为了看清楚字当然是加黑边和投影，还要注意背景颜色不可太亮，毕竟要让用户看字。

07 制作游戏人物介绍框里的文字

使用横排文字工具[T]，设置不同的前景色，输入所需文字，单击“添加图层样式”按钮[fx]，选择“投影”选项并设置参数，制作文字样式。

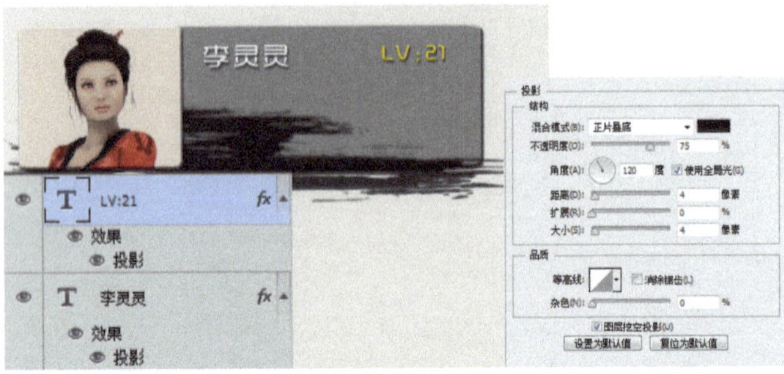

08 制作游戏人物介绍框里的图形和文字

依次打开“03.png”～“05.png”文件，拖曳到当前图像文件中，生成“图层4”～“图层6”，按快捷键Ctrl+T变换图像大小，将其放置于游戏人物介绍框内合适的位置并继续制作文字及样式。

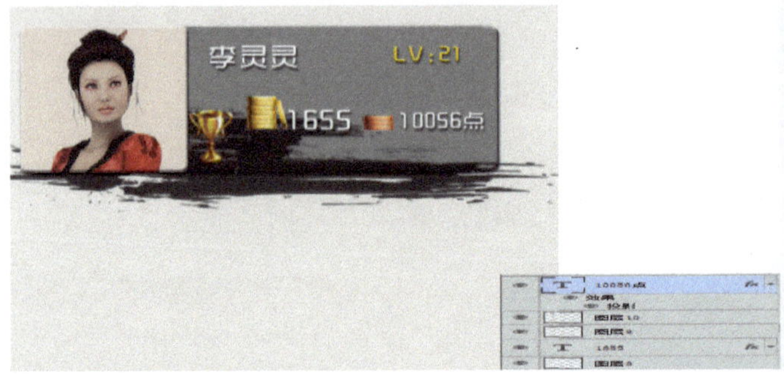

09 制作游戏人物介绍框里的进度条

使用圆角矩形工具[■]，设置“填色”为黑色，在人物介绍框里绘制进度条，复制一层，修改其“填色”为深黄到黄色的线性渐变，并适当缩短长度。

10 在图层右上方绘制被水墨侵染的效果

新建“图层7”，载入“水墨画笔2.abr”画笔，使用画笔工具[✓]，在属性栏中选择柔角画笔并适当调整大小及不透明度，设置前景色为黑色，在图层左上方绘制被水墨侵染的效果，并设置“不透明度”为75%。

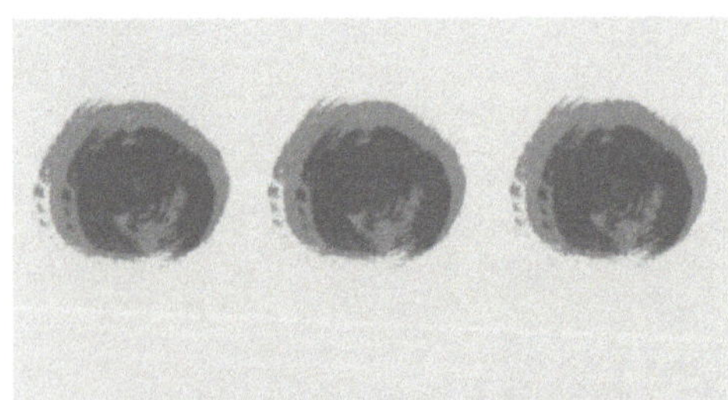

11 制作右上方被水墨侵染效果上的图形

打开“06.png”文件，拖曳到当前图像文件中，生成“图层8”，按快捷键Ctrl+T变换图像大小，并将其放置于画面右上方合适的位置，然后设置其“不透明度”为80%。制作出右上方被水墨侵染效果上的图形。

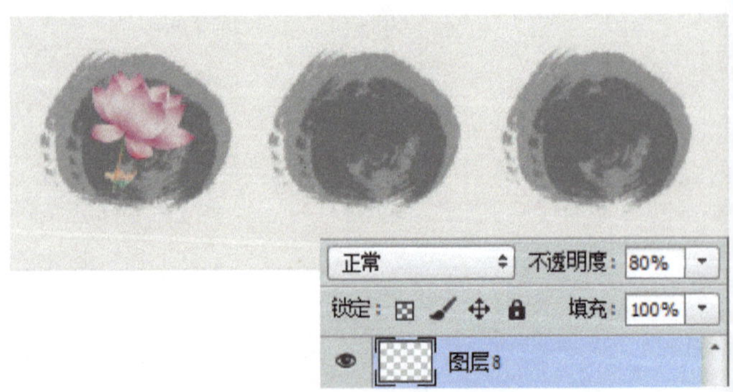

12 制作右上方被水墨侵染效果上其他的图形

打开“07.png”、“08.png”文件，拖曳到当前图像文件中，生成“图层6”和“图层10”，按快捷键Ctrl+T变换图像大小，并将其放置于画面上方合适的位置，并设置其混合模式为“正片叠底”。制作出右上方被水墨侵染效果上的图形。

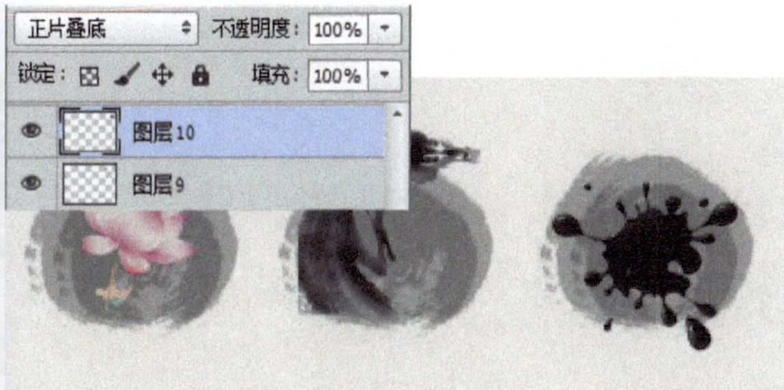

13 制作右上方被水墨侵染效果下方的文字

使用横排文字工具T，设置前景色为黑色，输入所需文字。双击文字图层，在属性栏中设置文字的字体样式及大小，并将其放置于画面右上方被水墨侵染效果下面合适的位置。

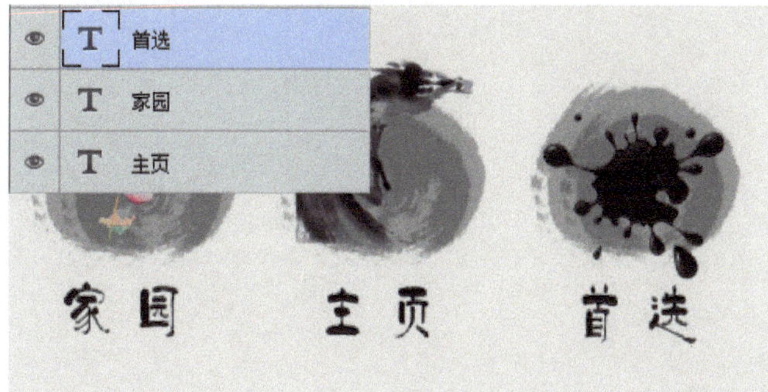

14 制作画面右上方的鼠标及其图层样式

新建“图层11”，使用多边形套索工具，在图层上绘制鼠标图形并填充为白色。单击“添加图层样式”按钮fx，选择“斜面和浮雕”和“投影”选项并设置参数，制作图层样式。

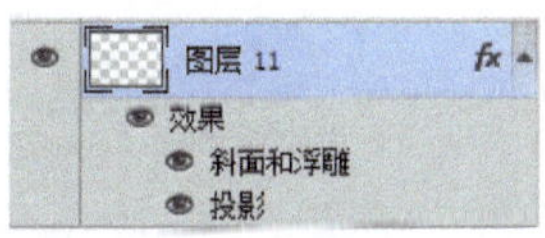

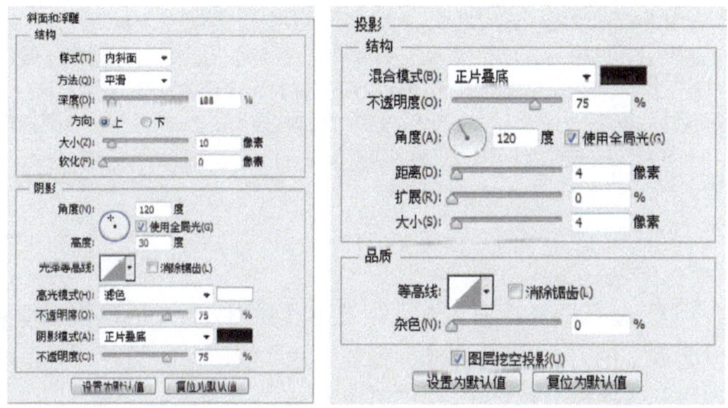

15 添加素材文件制作水墨画的效果

打开“09.png”文件，拖曳到当前图像文件中，生成“图层12”，按快捷键Ctrl+T变换图像大小，并将其放置于画面右下方合适的位置，制作出水墨画的效果。

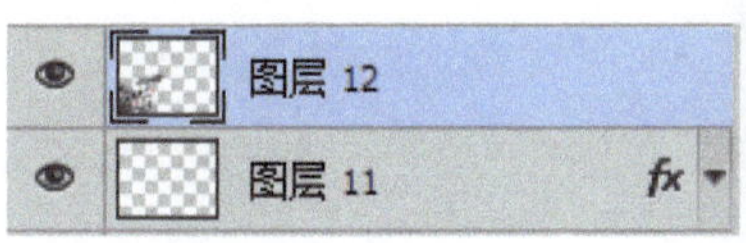

16 制作游戏界面

新建“图层13”，使用多边形套索工具，在图层上绘制纸张的样式。使用橡皮擦工具，选择需要的橡皮擦样式，在图层上绘制的纸张四周涂抹后制作其“投影”图层样式。

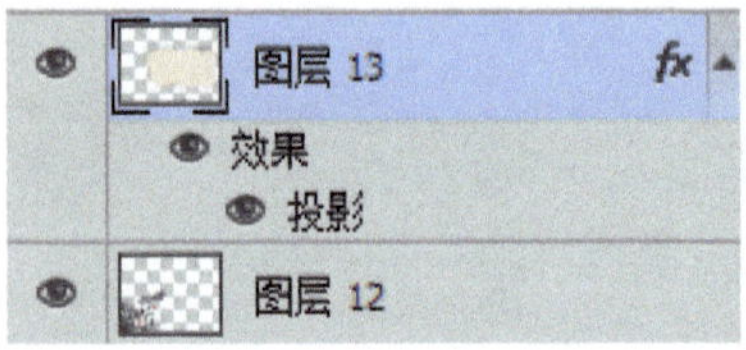

技巧点拨

游戏界面设计风格

游戏界面风格和logo的制作方向要符合游戏风格。游戏界面是游戏第一印象的构成部分，如果按钮和logo与角色背景违和会让人不舒服。简单说就是一个欢乐的游戏应该用一个活泼的logo和界面按钮，配色也从明亮的角度出发；清纯、治愈、温馨、平淡的基调里应该用柔和的颜色，且配色应稳重、安详、温暖、清新；神秘、悲怆、病态、黑暗的游戏，界面上应该体现出沉稳的感觉，配色也素一些。logo的风格代表了游戏整体风格，字体和配色甚至图案特效都在告诉玩家游戏中包含的要素。一个哥特式logo领导下的游戏肯定具备西洋的要素；水墨标题肯定是东方风情剧；糖果字体必须是快节奏的欢乐游戏；电子味道浓的logo后面肯定有高科技技术支撑。

17 制作游戏界面中的选项卡1

使用圆角矩形工具，在游戏界面上绘制圆角矩形得到“圆角矩形3”，单击“添加图层样式”按钮，选择“斜面和浮雕”选项并设置参数，制作图层样式。

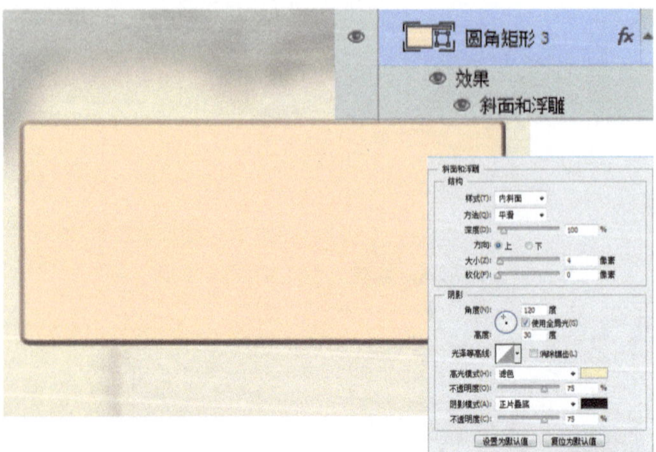

18 制作游戏界面中的选项卡2

使用圆角矩形工具，在游戏界面上绘制圆角矩形得到“圆角矩形4”，单击“添加图层样式”按钮，选择“斜面和浮雕”选项并设置参数，制作图层样式。

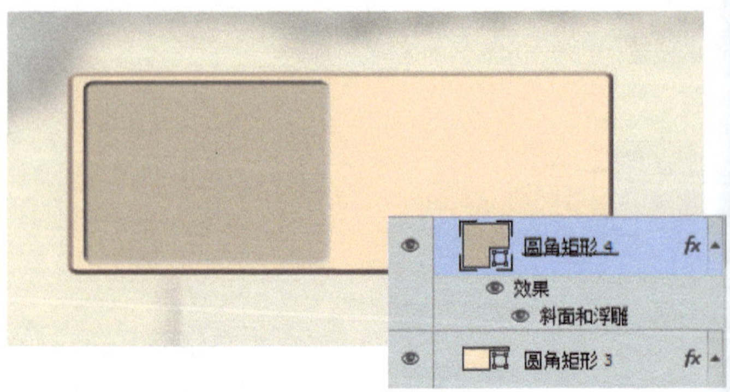

19 制作游戏界面选项卡里的图片

打开“10.jpg”文件，拖曳到当前图像文件中，生成“图层14”，按快捷键Ctrl+T变换图像大小，并将其放置于画面中合适的位置，按住Alt键并单击鼠标左键，创建图层剪贴蒙版。

20 制作游戏界面里面其他的选项卡1

按住Shift键并选择“圆角矩形3”和“圆角矩形4”，按快捷键Ctrl+J复制得到其复制图层，并将其移至图层上方，打开“11.jpg”文件，拖曳到当前图像文件中，生成“图层15”，按住Alt键并单击鼠标左键，创建图层剪贴蒙版。

21 制作游戏界面里面其他的选项卡2

按住Shift键并选择“圆角矩形3”和“圆角矩形4”，按快捷键Ctrl+J复制得到其复制图层，并将其移至图层上方，打开“12.jpg”文件，拖曳到当前图像文件中，生成“图层16”，按住Alt键并单击鼠标左键，创建图层剪贴蒙版。

22 将游戏界面里面的选项卡制作完整

使用相同方法复制“圆角矩形3”和“圆角矩形4”，并将其移至图层上方，依次打开“13.jpg”~“15. jpg”文件，拖曳到当前图像文件中，生成“图层17”~“图层19”，创建图层剪贴蒙版。

23 制作游戏界面上的中国风水墨效果

将制作好的选项卡创建为“组1”，打开“16.png”文件，拖曳到当前图像文件中，生成“图层20”，将其放于游戏界面上，设置“不透明度”为50%。按快捷键Ctrl+J复制得到“图层20拷贝”，并将其移至画面需要的合适的位置，制作出游戏界面上的中国风元素。

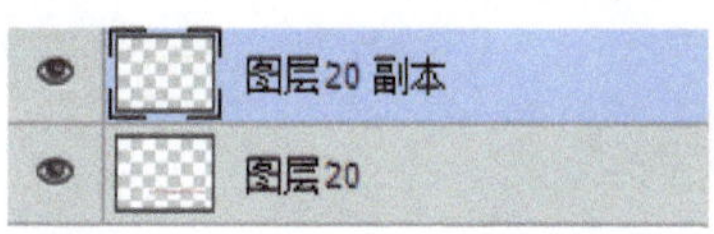

24 制作游戏界面的水墨框效果

打开“水墨边框.psd”文件，把制作好的边框拖曳到当前图像文件中，生成“图层21”至“图层23”，复制“图层21”，再将复制的图层水平翻转，转动到边框的右侧。

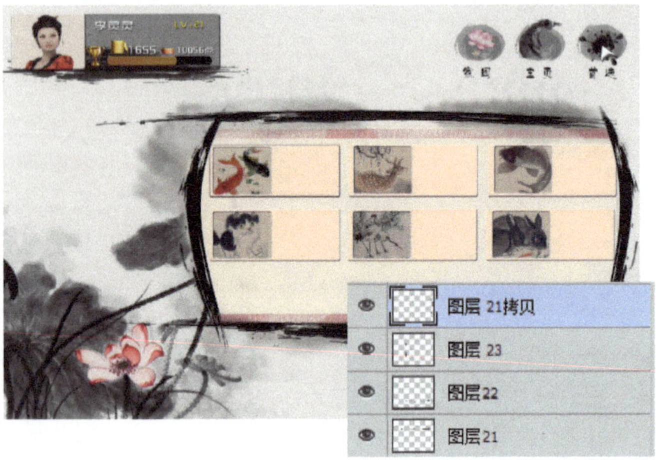

25 绘制水墨的图形框上的水墨侵染按钮

新建“图层24”~“图层25”，使用画笔工具，选择需要的画笔样式并适当调整大小及不透明度，在图层上依次绘制需要的水墨效果，然后绘制水墨的图形框上的水墨侵染按钮。

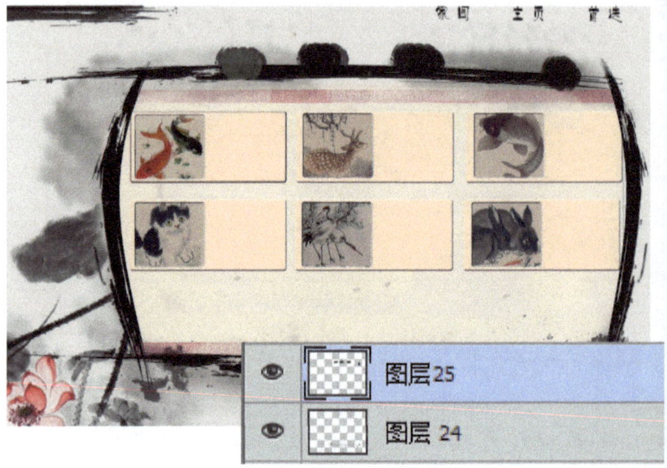

26 制作水墨框上的文字

使用横排文字工具，设置前景色为白色，输入所需文字。双击文字图层，在属性栏中设置文字的字体样式及大小，并将其放置于水墨框上合适的位置。

27 绘制水墨框上“关闭”按钮的样式

新建“图层26”，设置前景色为白色，使用画笔工具，选择尖角画笔并适当调整大小及不透明度，在画面中水墨框上的按钮上绘制“关闭”按钮的样式。

28 绘制水墨翻页效果

新建“图层27”，设置需要的前景色，使用画笔工具，选择需要的画笔在图层上绘制水墨翻页效果。按快捷键Ctrl+J复制得到“图层27拷贝”，按快捷键Ctrl+T变换图像方向，并将其放置于画面中合适的位置，完成水墨翻页效果的制作。

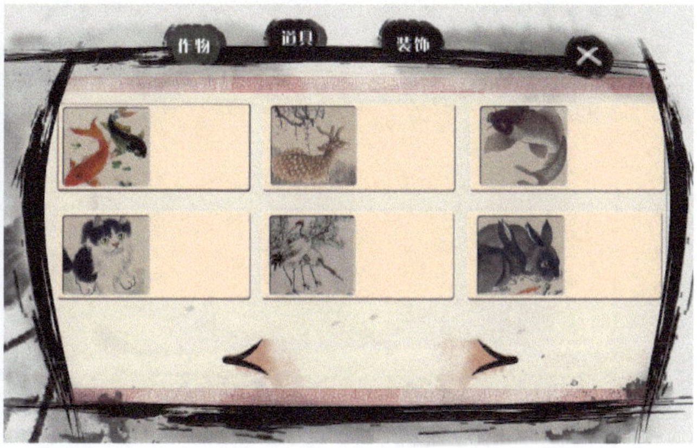

29 制作水墨翻页效果中间的文字和游戏界面选项卡的文字

使用横排文字工具，设置需要的不同前景色，输入所需文字。双击文字图层，在属性栏中设置文字的字体样式及大小，将其放置于画面中合适的位置，制作出水墨翻页效果中间的文字和游戏界面选项卡的文字。

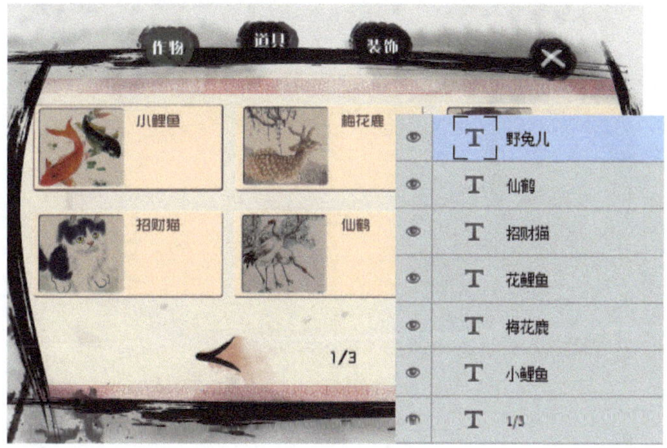

30 复制图层并放置于画面中合适的位置

选择“图层4”，连续按快捷键Ctrl+J复制得到多个“图层4拷贝”，将其移至图层上方并放置于画面中合适的位置。选择“图层6”，连续按快捷键Ctrl+J复制得到多个“图层6拷贝”，将其移至图层上方并放置于画面中合适的位置。

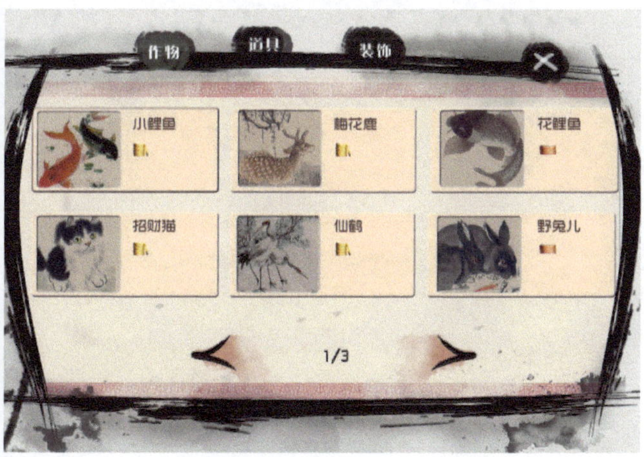

31 制作选项卡中的文字

使用横排文字工具，设置前景色为黄色，输入所需文字。双击文字图层，在属性栏中设置文字的字体样式及大小，并将其放置于画面选项卡中合适的位置。

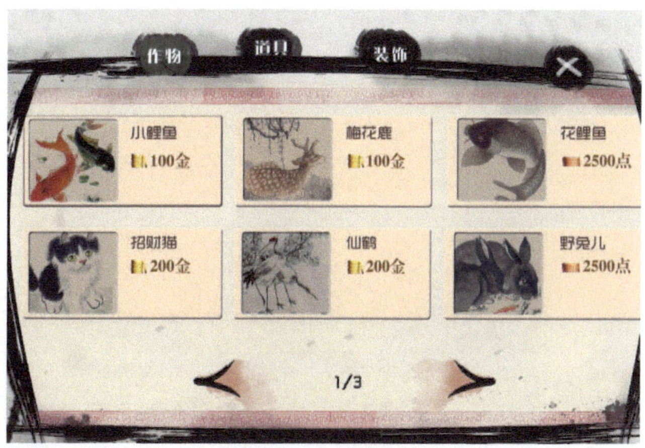

32 制作选项卡上的图案和文字

新建“图层28”，载入“水墨画笔3.abr”画笔，使用画笔工具，在属性栏中选择所需画笔，设置前景色为黄色，在图层上绘制水墨涂鸦的效果。使用横排文字工具，设置前景色为黑色，输入所需文字，制作出选项卡上的文字。

33 将画面中所有选项卡上的图案和文字制作完整

按住Shift键并选择“图层28”到文字图层，依次按快捷键Ctrl+J复制得到多个复制图层，将其放置于画面中合适的位置，将画面中所有选项卡上的图案和文字制作完整。

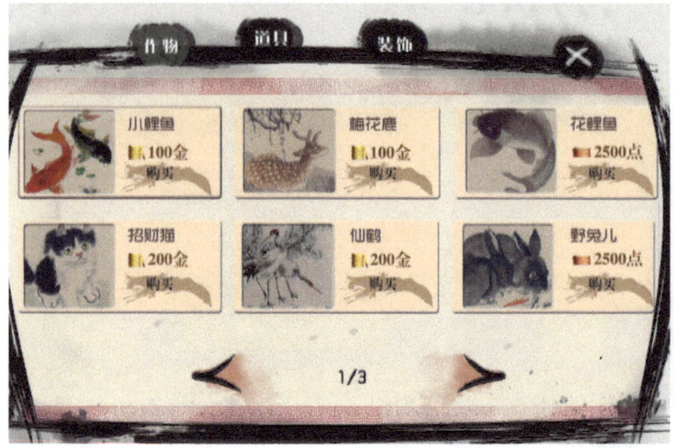

34 创建“色相/饱和度1”，调整画面的色调

单击“创建新的填充或调整图层”按钮，在弹出的菜单中选择“色相/饱和度”选项并设置参数，调整画面的色调。至此，本实例制作完成。

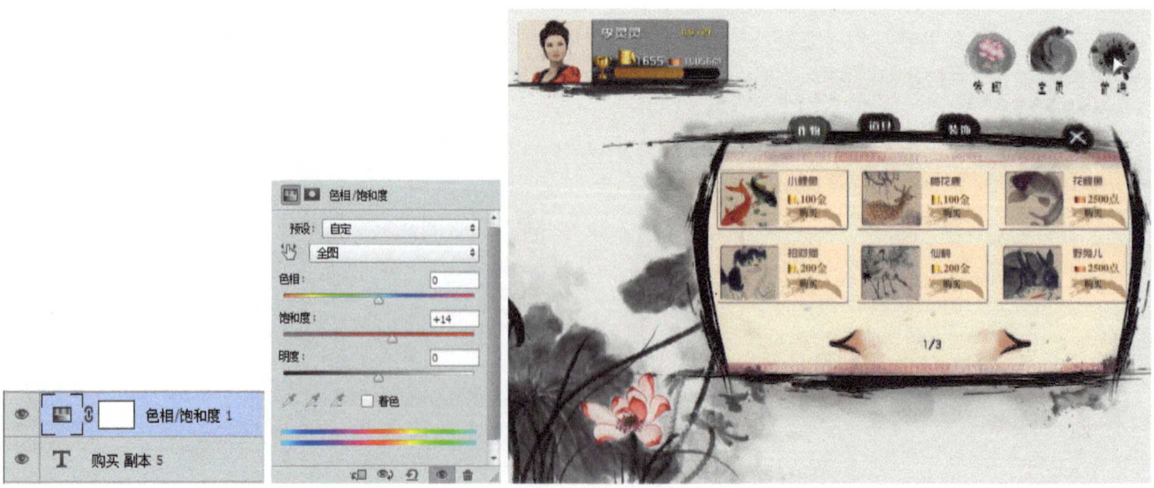

设计小结

1. 在制作游戏界面时应注意游戏界面上应具有的元素图标和文字。
2. 网页字体一般选择宋体等比较常用的字体。不要出现生僻字体，防止用户因没安装对应字体造成显示错误。

5.1.3 炫光风格网页游戏界面制作

·设 计 构 思·

本节实例制作炫光风格网页游戏界面。将画面调整为蓝色调，并添加亮蓝色作为画面的点缀，使其具有炫丽的效果。最后通过横排文字工具和渐变工具制作文字效果将炫光风格网页游戏界面制作完整。

●设计规格

尺寸规格：2178像素×1417像素
使用工具：横排文字工具、圆角矩形工具、多边形套索工具、画笔工具
源 文 件：第5章\ Complete\5.1\炫光风格网页游戏界面.psd
视频地址：视频\第5章\5.1\炫光风格网页游戏界面.swf

●设计色彩分析

将画面调整为蓝色调，并添加亮蓝色作为画面的点缀，使其具有炫丽的效果。

R25、G25、B37　R0、G34、B91　R64、G174、B65

01 制作画面的炫彩背景

执行“文件>打开”命令，打开“炫彩背景.jpg”文件，拖曳到当前图像文件中，生成“背景”图层。

02 添加背景素材制作画面中的炫彩背景

执行“文件>打开”命令，打开“炫光.png”文件，拖曳到当前图像文件中，生成“图层1”，按快捷键Ctrl+T变换图像大小，并将其放置于画面中合适的位置，然后设置混合模式为“滤色”。

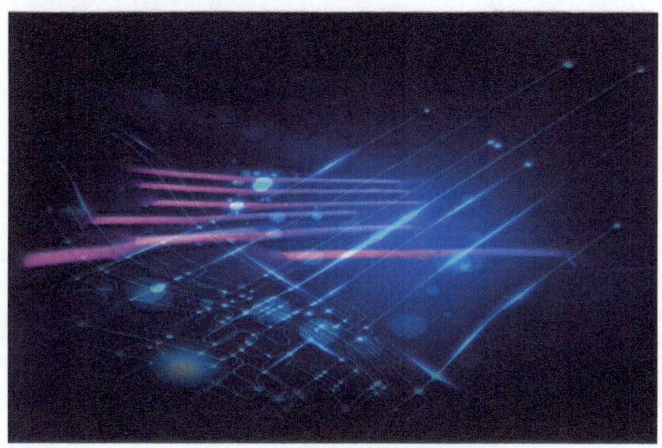

03 制作界面中的主体灰色人物

新建“图层2”，设置需要的前景色，使用画笔工具，选择尖角画笔并适当调整大小及不透明度，在画面上绘制需要的游戏中的人物。单击“创建新的填充或调整图层”按钮，在弹出的菜单中选择“黑白”选项并设置参数，创建图层剪贴蒙版，制作出界面中的主体灰色人物。

04 制作界面中的主体炫光人物

新建“图层3”，设置需要的前景色，使用画笔工具，选择尖角画笔并适当调整大小及不透明度，在画面上绘制需要的游戏中的人物。单击“添加图层样式”按钮，选择“外发光”选项并设置参数，制作图层样式。

05 绘制界面上方的提示栏

新建“图层4”，使用多边形套索工具，在界面上方绘制提示栏并将其填充为蓝灰色，按快捷键Ctrl+D取消选区。单击“添加图层蒙版”按钮，使用渐变工具，设置渐变颜色为黑色到透明色的线性渐变，在蒙版上从右到左拖出渐变，绘制界面上方的提示栏。

06 绘制界面上方提示栏的效果

选择“图层4”，按快捷键Ctrl+J复制得到“图层4拷贝”，在其蒙版上继续使用多边形套索工具，在其前面绘制需要挖去的选区填充为黑色。单击“添加图层样式”按钮，选择“外发光”选项并设置参数，制作图层样式。单击“添加图层样式”按钮，选择“内发光”选项并设置参数，制作图层样式。

07 制作界面上方的标题1

新建“图层5”，继续使用多边形套索工具，在其上方挖空处绘制需要的提示框，设置前景色为蓝灰色，按快捷键Alt+Delete，填充图层为蓝灰色，按快捷键Ctrl+D取消选区。单击“添加图层样式”按钮，选择“外发光”选项并设置参数，制作图层样式。

08 制作界面上方的标题2

选择“图层5”，按快捷键Ctrl+J复制得到“图层5拷贝”，按住Ctrl键并单击鼠标左键选择该图层，使用渐变工具，设置渐变颜色为深蓝色到蓝色到透明色的线性渐变。在选区内拖出渐变，继续制作界面上方的标题。

09 绘制界面右上角的渐变效果

新建“图层6”，使用渐变工具，设置渐变颜色为深蓝色到透明色的线性渐变，从画面的左上方向下方拖出渐变。

10 制作提示栏上的文字及文字效果

使用横排文字工具，设置前景色为白色，输入所需文字。双击文字图层，在属性栏中设置文字的字体样式及大小，将其放置于标题栏上合适的位置。单击“添加图层样式”按钮，选择“投影”选项并设置参数，制作图层样式。

11 制作界面上标题文字的渐变效果

新建“图层7”，使用渐变工具▣，设置渐变颜色为蓝色到白色的线性渐变效果，并在图层上从上到下拖出渐变，按住Alt键并单击鼠标左键，创建其图层剪贴蒙版。制作界面上标题文字的渐变效果。

12 制作界面右边的选项卡1

新建“图层8”，继续使用多边形套索工具▣，在界面右边合适的位置绘制游戏中的选项卡，填充为深蓝色，在“图层”面板上设置“填充”为0%。单击“添加图层样式”按钮fx，选择“内发光”和“描边”选项并设置参数，制作图层样式。

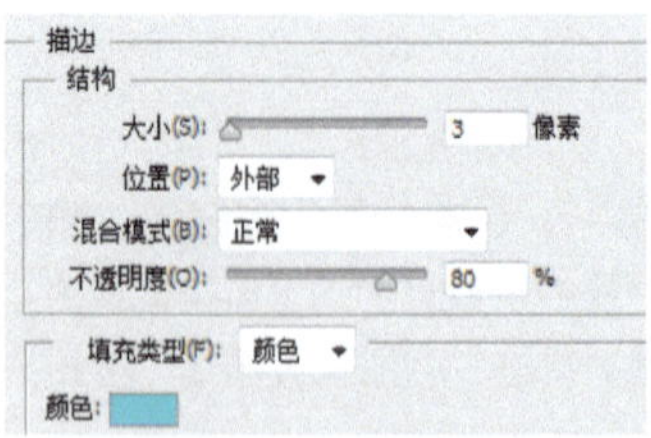

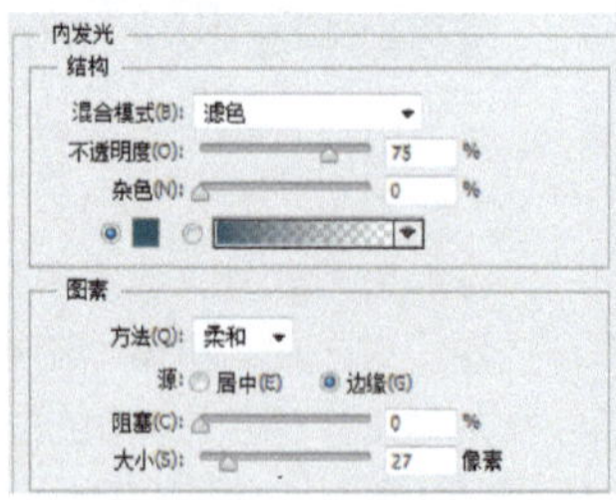

13 制作界面右边的选项卡2

在“图层8”下方新建“图层9”，继续使用多边形套索工具▣，在合适的位置绘制游戏中的选项卡，填充为深蓝色，在“图层”面板上设置“填充”为55%，“不透明度”为59%。单击“添加图层样式”按钮fx，选择“外发光”选项并设置参数，制作图层样式。

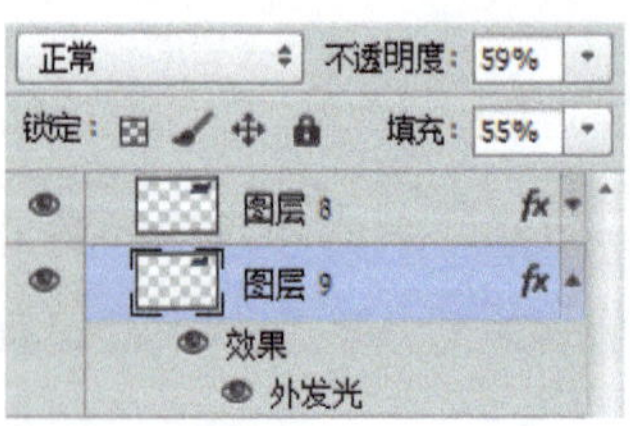

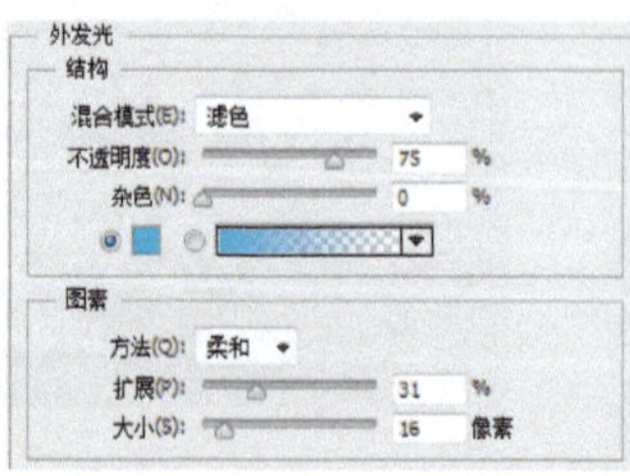

14 制作界面右边的选项卡3

选择“图层9”，按快捷键Ctrl+J复制得到“图层9拷贝”，将其移至图层上方并按快捷键Ctrl+T变换图像大小，然后将其放置于画面中合适的位置。

15 将游戏中的人物置入选项卡

新建“图层10”，设置需要的前景色，使用画笔工具，选择尖角画笔并适当调整大小及不透明度，在画面上绘制需要的游戏中的人物。按快捷键Ctrl+T变换图像大小，并将其放置于画面中合适的位置。按住Alt键并单击鼠标左键，创建图层剪贴蒙版。

16 制作游戏中的人物的层次性

单击“创建新的填充或调整图层”按钮，在弹出的菜单中选择“黑白”选项设置参数，单击图框中“此调整影响到下面的所有图层”按钮，创建图层剪贴蒙版，调整画面的色调，制作游戏中的人物的层次性。

17 复制图层组，继续制作界面右边的选项卡1

按住Shift键并选择“图层9”～“黑白1”图层。按快捷键Ctrl+G新建“组1”。按快捷键Ctrl+J复制得到“组1拷贝”，将其展开后，删除“黑白”调整图层和“图层10”。新建“图层11”，设置需要的前景色，使用画笔工具在画面上绘制需要的游戏人物，并创建图层剪贴蒙版。

18 复制图层组，制作界面右边的选项卡2

按快捷键Ctrl+J复制得到“组1拷贝2”，将其移至图层上方，将其展开后，删除“黑白”调整图层和“图层10”。新建“图层12”，设置需要的前景色，使用画笔工具，选择需要的画笔并适当调整大小及不透明度，在画面上绘制需要的游戏人物，并创建图层剪贴蒙版。

19 复制图层组，制作界面右边的选项卡2

按快捷键Ctrl+J复制得到“组1拷贝3”，将其移至图层上方，将其展开后，删除“黑白”调整图层和“图层10”。使用横排文字工具，设置前景色为蓝色，输入所需文字，按快捷键Ctrl+T变换图像大小和方向，并将其放置于画面中合适的位置。

20 制作游戏界面下方的提示栏1

新建“图层13”，继续使用多边形套索工具，在画面下方合适的位置绘制需要的提示栏图形并将其填充为深蓝色，然后按快捷键Ctrl+D取消选区。单击“添加图层蒙版”按钮，使用渐变工具，设置渐变颜色为黑色到透明色的线性渐变，在蒙版上从右到左拖出渐变，然后创建“投影”图层样式。

21 制作游戏界面下方的提示栏2

新建“图层14”，按住Ctrl键并单击鼠标左键选择“图层13”，得到选区，使用渐变工具，设置渐变颜色为蓝色到透明色线性渐变，在选区内绘制渐变效果。单击“添加图层蒙版”按钮，使用渐变工具，设置渐变颜色为黑色到透明色的线性渐变，在蒙版上从右到左拖出渐变。

22 制作游戏界面下方的另一提示栏

使用圆角矩形工具，在属性栏中设置“填充”为蓝色，“描边”为亮蓝色，绘制圆角矩形，得到“圆角矩形1”。在“图层”面板上设置“填充”为55%，“不透明度”为72%。按快捷键Ctrl+J复制得到“圆角矩形1拷贝”，按快捷键Ctrl+T变换图像大小，并更改其“填充”和“不透明度”。

23 制作界面下方提示栏上的按钮

使用圆角矩形工具，在属性栏中设置“填充”为蓝色到蓝灰色的渐变，“描边”为无，绘制圆角矩形，得到“圆角矩形2”。按快捷键Ctrl+J复制得到“圆角矩形2拷贝”，按快捷键Ctrl+T变换图像大小，将其放置于画面中合适的位置。

24 制作界面下方提示栏上的文字效果

使用横排文字工具，设置前景色为白色，输入所需文字。双击文字图层，在属性栏中设置文字的字体样式及大小，将其放置于画面中合适的位置。在需要的文字上方依次新建图层，设置需要的渐变颜色并填充，然后创建图层剪贴蒙版。

25 制作提示栏上其他的文字效果

使用横排文字工具，设置前景色为白色，输入所需文字。双击文字图层，在属性栏中设置文字的字体样式及大小，将其放置于画面中合适的位置。新建图层，使用渐变工具，设置渐变颜色为黄色到橘黄色再到蓝色的线性渐变，在图层上拖出需要的渐变，并按住Alt键并单击鼠标左键，创建其图层剪贴蒙版。单击“添加图层样式”按钮，选择“投影”选项并设置参数，制作图层样式。

26 制作提示栏上的提示文字

使用横排文字工具，设置前景色为白色，输入所需文字。双击文字图层，在属性栏中设置文字的字体样式及大小，将其放置于画面中合适的位置。单击“添加图层样式”按钮，选择“投影”选项并设置参数，制作图层样式。

27 绘制游戏人物两旁的透明提示按钮

使用圆角矩形工具，在属性栏中设置“填充”为蓝色，“描边”为亮蓝色，在界面上人物的两旁绘制合适的圆角矩形得到“圆角矩形3”，在“图层”面板上设置“填充”为53%。按快捷键Ctrl+J复制得到“圆角矩形3拷贝”，然后移至人物另一侧合适的位置。

28 制作界面上的提示按钮

打开“箭头.png”文件，拖曳到当前图像文件中，生成“图层17”，按快捷键Ctrl+T变换图像大小和方向，并将其放置于画面中合适的位置。按快捷键Ctrl+J复制得到“图层17拷贝”，移至人物另一侧，按快捷键Ctrl+T变换图像方向，并将其放置于画面中合适的位置。

29 创建“色相/饱和度1”，以调整画面色调

单击“创建新的填充或调整图层”按钮，在弹出的菜单中选择“色相/饱和度”选项并设置参数，以调整画面色调。

30 制作界面右侧选项卡上的文字

使用横排文字工具，设置前景色为白色，输入所需文字。双击文字图层，在属性栏中设置文字的字体样式及大小，将其放置于画面中合适的位置。单击“添加图层样式”按钮，选择“投影”选项并设置参数，制作图层样式。

31 制作文字的渐变效果

新建“图层18”，使用渐变工具，设置渐变颜色为蓝色到亮灰色的线性渐变，在图层上拖出需要的渐变，并按住Alt键并单击鼠标左键，创建图层剪贴蒙版。

32 制作界面右侧选项卡上的文字效果

使用横排文字工具，设置前景色为白色，输入所需文字。双击文字图层，在属性栏中设置文字的字体样式及大小，将其放置于画面中合适的位置。单击“添加图层样式”按钮，选择“投影”选项并设置参数，制作图层样式。

33 制作文字的渐变效果

新建“图层18”，使用渐变工具，设置渐变颜色为橘黄色到黄色再到橘黄色的线性渐变，在图层上拖出需要的渐变，并按住Alt键并单击鼠标左键，创建图层剪贴蒙版。

34 **将画面制作完整**

使用相同的方法制作界面上的文字效果。使用横排文字工具T，设置前景色为白色，输入所需文字，创建“投影”图层样式，然后新建图层制作其他渐变样式。至此，本实例制作完成。

设计小结

1. 按住Alt键并单击鼠标左键，可以创建图层剪贴蒙版。
2. 图层不透明度可以在“图层”面板上设置“填充”或“不透明度”两种。

5.2 苹果独特风格 iPad 游戏界面制作

其他平台游戏界面也非常值得我们的关注和制作。下面将从苹果手绘风格平面游戏界面、苹果涂鸦风格平面游戏界面以及经典比赛类 PSP 游戏界面，为读者讲解其他平台游戏界面的不同风格特点和画面的制作方法。

5.2.1 儿童风格 iPad 游戏界面制作

· 设 计 构 思 ·

本节实例制作儿童风格 iPad 游戏界面。将画面调整为色彩鲜明的蓝绿色调，使其具有明快、干净的整体效果。画面中有可爱的恐龙卡通形象，使用文字工具可以制作出风趣、可爱的卡通形象，最后可将儿童风格 iPad 游戏界面制作完成。

● **设计规格**

尺寸规格：2598像素×1908像素
使用工具：横排文字工具、圆角矩形工具、多边形套索工具、画笔工具
源 文 件：第5章\Complete\5.2\儿童风格iPad游戏界面.psd
视频地址：视频\第5章\5.2\儿童风格iPad游戏界面.swf

● **设计色彩分析**

将画面调整为色彩鲜明的蓝绿色调，使其具有明快、干净的整体效果。

R168、G103、B221　R201、G242、B119　R148、G221、B254

01 新建空白图像文件

执行“文件>新建”命令，在弹出的“新建”对话框中设置各项参数及选项，完成后单击“确定”按钮，新建空白图像文件。

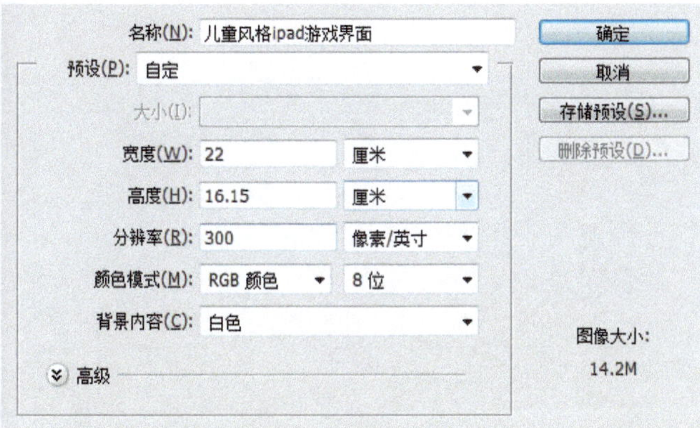

02 制作游戏界面的蓝色背景

新建“图层1”，设置前景色为天蓝色，按快捷键Alt+Delete，填充背景色为天蓝色。

03 制作界面上房屋的画面效果

新建“图层2”，使用多边形套索工具，在画面上合适的位置绘制房屋的效果并填充其需要的颜色。按快捷键Ctrl+T变换绘制好的图像大小，新建“图层3”并将其填充为粉红色，设置混合模式为“点光”，“不透明度”为75%。按住Alt键并单击鼠标左键，创建图层剪贴蒙版。

04 绘制画面下方的草丛的效果

新建“图层4”，使用钢笔工具，在属性栏中设置属性为“路径”，在画面下方合适的位置勾画出需要的草坪形状并创建选区，将其填充为嫩绿色。完成后按快捷键Ctrl+D取消选区。

05 绘制界面上方的小图形

新建“图层5”~“图层7”，设置需要的前景色，使用画笔工具，选择尖角画笔并适当调整大小及不透明度，在图层上绘制需要的图形，结合使用横排文字工具，输入所需文字。按快捷键Ctrl+T变换图像大小和方向，并将其放置于画面中合适的位置。

06 绘制界面上的主题小恐龙并制作其图层样式

新建“图层8”，设置需要的前景色，使用画笔工具，选择尖角画笔并适当调整大小及不透明度，在图层上绘制可爱的喷火小恐龙，按快捷键Ctrl+T变换图像大小和方向，并将其放置于画面中合适的位置。

07 绘制小恐龙的投影效果

新建“图层9”，将其放置到“图层8”的下方，设置需要的前景色，使用画笔工具，选择尖角画笔并适当调整大小及不透明度，在绘制好的小恐龙的下方适当涂抹，制作出小恐龙的投影效果。

08 绘制界面下方的圆角矩形图标

使用圆角矩形工具，在属性栏中设置“填充”为绿色，“描边”为无，在画面左下方合适的位置绘制需要的圆角矩形图标，使用钢笔工具，在属性栏中设置属性为“形状”，“填色”为淡绿色，在绘制好的圆角矩形图标上适当地绘制高光效果。

09 制作界面下方其他的圆角矩形图标

使用圆角矩形工具，在属性栏中设置“填充”为蓝色，“描边”为无，在画面左下方合适的位置绘制需要的圆角矩形图标。使用钢笔工具，在属性栏中设置属性为“形状”，“填色”为淡蓝色，在绘制好的圆角矩形图标上适当地绘制高光效果。

10 将界面下方的圆角矩形图标制作完整

使用相同的方法绘制界面下方不同颜色的圆角矩形图标，并依次在其上方新建图层，设置需要的前景色。使用画笔工具，选择尖角画笔并适当调整大小及不透明度，在其绘制好的圆角矩形图标上适当地绘制高光效果。将界面下方的圆角矩形图标制作完整。

11 将界面下方的圆角矩形图标编组并制作其图层样式

按住Shift键并选择“圆角矩形1”～“图层12”。按快捷键Ctrl+G新建“组1”。单击“添加图层样式”按钮，选择“投影”选项并设置参数，制作图层样式。

12 制作圆角矩形图标前面的可爱卡通形象

新建“图层13”～“图层17”，设置需要的前景色，使用画笔工具，选择尖角画笔并适当调整大小及不透明度，在图层上依次绘可爱的卡通形象，按快捷键Ctrl+T变换图像大小，将其放置于圆角矩形图标前面合适的位置。

13 制作卡通形象的剪纸效果

按住Shift键并选择“图层13”～“图层17”，按快捷键Ctrl+G新建“组2”。按快捷键Ctrl+J复制得到“组2拷贝”，单击鼠标右键选择“合并组”选项，得到“组2拷贝”图层。关闭“组2”的可见性，按住Ctrl键并单击鼠标左键选择“组2拷贝”图层，在其下方新建“图层18”，执行“选择>修改>扩展”命令，在弹出的对话框中设置参数，将其填充为白色并创建“投影”样式。

14 制作圆角矩形按钮上的文字效果

使用横排文字工具T，设置前景色为白色，输入所需文字。双击文字图层，在属性栏中设置文字的字体样式及大小，在画面下方的圆角矩形按钮上制作需要的文字。

15 制作界面右下角的椭圆按钮

使用椭圆工具，在属性栏中设置“填充”为橘黄色，“描边”为无，按住Shift键在画面的右下角绘制椭圆，得到“椭圆1”。单击“添加图层样式”按钮fx，选择“投影”选项并设置参数，制作图层样式。

16 制作界面右下角椭圆按钮的效果

选择“椭圆1”，按快捷键Ctrl+J复制得到“椭圆1拷贝”，按快捷键Ctrl+T变换图像大小，将“投影”图层样式删除，并更改其“填充”为白色。将其放置于制作好的椭圆按钮的上方，继续制作界面右下角椭圆按钮的效果。

17 制作界面右下角其他的椭圆按钮

按住Shift键选择“椭圆1”和“椭圆1拷贝”，按快捷键Ctrl+J复制得到“椭圆1拷贝2”和“椭圆1拷贝3”，更改“椭圆1拷贝2”的“填充”为深蓝色，然后将“椭圆1拷贝2”和“椭圆1拷贝3”移至画面右下方合适的位置。

18 制作界面右下角椭圆按钮上的提示图形

依次新建图层，使用多边形套索工具，在界面右下角的椭圆按钮上绘制需要的提示图形并填充需要的颜色。按快捷键Ctrl+D取消选区，单击“添加图层样式”按钮，选择需要的选项并设置参数，制作图层样式。

19 制作儿童游戏界面上方的主题文字

使用横排文字工具，设置前景色为深蓝色，输入所需文字。双击文字图层，在属性栏中设置文字的字体样式及大小，将其放置于画面上合适的位置。按快捷键Ctrl+J复制文字得到副本，并更改填色为白色，移动到画面右上方合适的位置。

20 使用相同的方法制作儿童游戏界面上方的主题文字

使用横排文字工具，设置前景色为深蓝色，输入所需文字。双击文字图层，在属性栏中设置文字的字体样式及大小，将放置于画面上合适的位置。按快捷键Ctrl+J复制文字得到副本，并更改填色为白色，然后向画面的右上方适当地移动。

21 **将儿童游戏界面上方的主题文字制作完整**

新建图层，依次设置需要的前景色，使用画笔工具，选择尖角画笔并适当调整大小及不透明度，将儿童游戏界面上方的主题文字制作完整。

22 **调整画面的色调将画面制作完整**

单击“创建新的填充或调整图层”按钮，在弹出的菜单中选择“色相/饱和度”选项并设置参数以调整图层色调。至此，本实例制作完成。

设计小结

1. 执行“选择>修改>扩展”命令，在弹出的对话框中设置参数，完成后单击“确定”按钮可扩展选区。
2. 按快捷键Ctrl+D可以取消选区。

5.2.2 玛雅风格游戏界面制作

·设 计 构 思·

本节实例制作玛雅风格游戏界面。将画面调整为黄绿的灰色调，使其具有玛雅风格。画面中通过使用画笔工具并设置不同的颜色绘制游戏界面上的各个元素，最后结合素材文件和文字工具将玛雅风格游戏界面制作完整。

● 设计规格

尺寸规格：2051像素×1535像素
使用工具：横排文字工具、画笔工具
源 文 件：第5章\ Complete\5.2\玛雅风格游戏界面.psd
视频地址：视频\第5章\5.2\玛雅风格游戏界面.swf

● 设计色彩分析

将画面调整为黄绿的灰色调，使其具有玛雅风格。

R59、G39、B24	R213、G192、B124	R153、G153、B51

01 新建空白图像文件

执行“文件>新建”命令，在弹出的“新建”对话框中设置各项参数及选项，完成后单击“确定”按钮，新建空白图像文件。

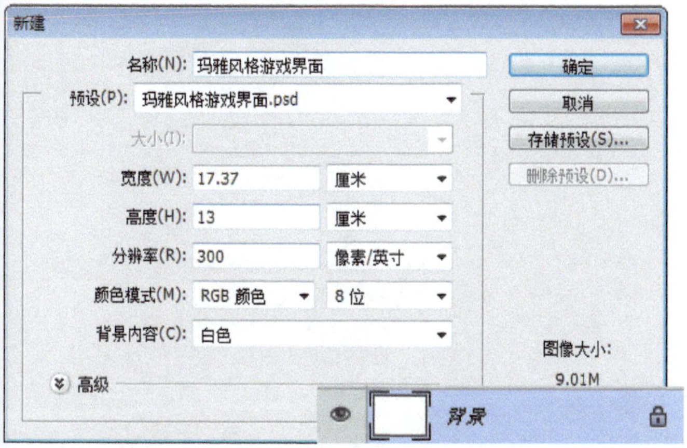

02 添加背景素材制作画面中的背景

执行“文件>打开”命令，打开“背景1.jpg”文件，拖曳到当前图像文件中，生成“图层1”。

03 制作游戏界面上的木质提示框

执行“文件>打开”命令，打开“木质提示框.png”文件，拖曳到当前图像文件中，生成“图层2”，按快捷键Ctrl+T变换图像大小，并将其放置于画面中合适的位置，制作出游戏界面上的木质提示框。

04 绘制木质提示框的边缘样式

新建“图层3”，设置需要的前景色，使用画笔工具，选择尖角画笔并适当调整大小及不透明度，在木质提示框上绘制提示框的边缘样式。

05 添加素材丰富提示框

依次打开“叶子1.png”“叶子2.png”和“叶子3.png”文件，拖曳到当前图像文件中，生成“图层4”~“图层6”，依次按快捷键Ctrl+T变换图像大小和方向，并将其放置于画面中合适的位置。

06 绘制提示界面上的标题栏

新建“图层7”，设置需要的前景色，使用画笔工具，选择尖角画笔并适当调整大小及不透明度，在界面上的木质提示框上绘制标题栏。

07 制作标题栏上的剪纸效果

在“图层7”下方新建“图层8”，按住Ctrl键并单击鼠标左键选择“图层7”得到选区，执行“选择>修改>扩展”命令，在弹出的对话框中设置参数，完成后单击“确定”按钮。将选区填充为白色，按快捷键Ctrl+D取消选区。单击“添加图层样式”按钮，选择“投影”选项并设置参数，制作图层样式。

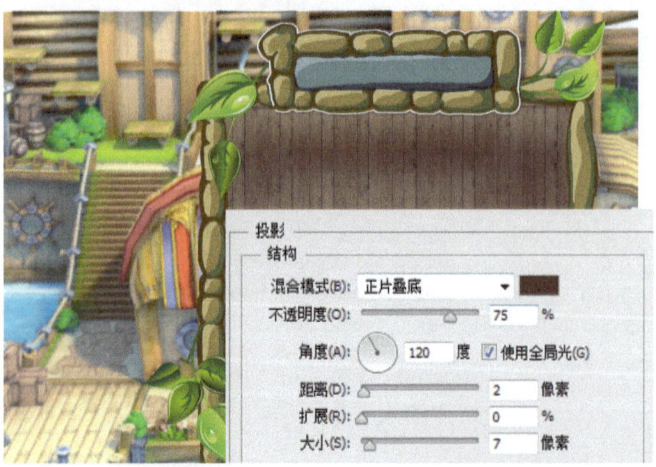

08 编组制作提示栏上的阴影效果

按住Shift键并选择“图层3”~“图层7”，按快捷键Ctrl+G新建“组1”。单击“添加图层样式”按钮，选择“投影”选项并设置参数，制作图层样式。

09 绘制提示栏右边的标题提示栏

新建“图层9”，设置需要的前景色，使用画笔工具，选择尖角画笔并适当调整大小及不透明度，绘制提示栏右边的标题提示栏。

10 制作标题提示栏的图层样式

选择“图层9”，单击“添加图层样式”按钮，选择“投影”选项并设置参数，制作图层样式。

11 制作界面左上方的木质提示栏

打开“木质提示框1.jpg”文件，拖曳到当前图像文件中，生成“图层10”。按快捷键Ctrl+T变换图像大小，并将其放置于画面左上方合适的位置。

12 绘制木质提示框的边缘样式

新建“图层11”，设置需要的前景色，使用画笔工具，选择尖角画笔并适当调整大小及不透明度，绘制游戏界面左上角木质提示框的边缘样式。

13 制作提示框上的剪纸效果

在“图层10”下方新建“图层12”，按住Ctrl键并单击鼠标左键选择“图层10”得到选区，执行“选择>修改>扩展”命令，在弹出的对话框中设置参数，完成后单击“确定”按钮。将选区填充为白色，按快捷键Ctrl+D取消选区。单击“添加图层样式”按钮fx，选择“投影”选项并设置参数，制作图层样式。

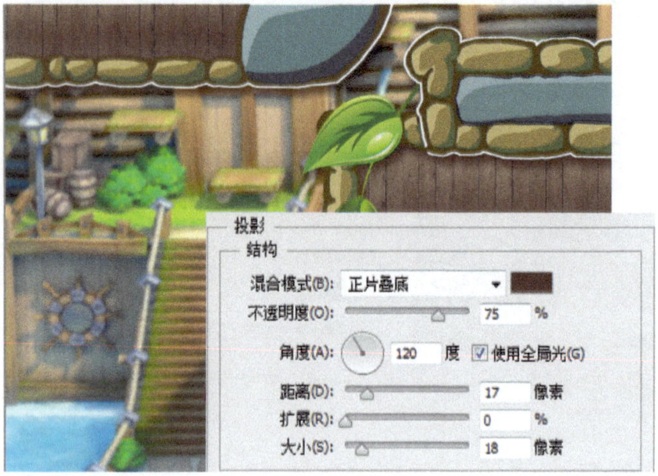

14 制作左上角提示框上的元素和文字

回到“图层11”，打开“宝石.png”文件，拖曳到当前图像文件中，生成“图层13”，按快捷键Ctrl+T变换图像大小，使用横排文字工具T，设置前景色为白色，输入所需文字。双击文字图层，在属性栏中设置文字的字体样式及大小，并将其放置于画面左上方合适的位置。

15 绘制界面上的主体人物

新建“图层14”，设置需要的前景色，使用画笔工具，选择尖角画笔并适当调整大小及不透明度，绘制界面上的主题卡通人物，按快捷键Ctrl+T变换图像大小，并于其放置于界面左下角合适的位置。

16 制作界面上主体人物的图层样式

选择“图层14”，单击“添加图层样式”按钮fx，选择“斜面和浮雕”选项并设置参数，制作图层样式。再次单击“添加图层样式”按钮fx，选择“投影”选项并设置参数，制作图层样式，使绘制的人物更加具体。

17 制作界面左上角提示栏上的图案

新建“图层15”，设置前景色为黄色，使用画笔工具，选择尖角画笔并适当调整大小及不透明度，在画面左上角的提示栏上绘制需要的提示图形，单击“添加图层样式”按钮，选择“斜面和浮雕”选项并设置参数，制作图层样式。

18 绘制返回提示按钮

新建“图层16”，设置需要的前景色，使用画笔工具，选择尖角画笔并适当调整大小及不透明度，在画面左下角绘制返回提示按钮图案。

19 制作左下角返回按钮的剪纸效果

在“图层16”下方新建“图层17”，按住Ctrl键并单击鼠标左键选择“图层16”得到选区，执行“选择>修改>扩展”命令，在弹出的对话框中设置参数，完成后单击“确定”按钮。将选区填充为白色，按快捷键Ctrl+D取消选区。单击“添加图层样式”按钮，选择“投影”选项并设置参数，制作图层样式。

20 添加素材文件，丰富画面

打开“蝴蝶.png”和“蝴蝶2.png”文件，拖曳到当前图像文件中，生成“图层18”和“图层19”，按快捷键Ctrl+T变换图像大小，将其放置于界面上合适的位置，丰富画面。

21 制作提示栏中的物件

打开“物件.png”文件，拖曳到当前图像文件中，生成“图层20”，按快捷键Ctrl+T变换图像大小，并将其放置于画面中合适的位置。

22 将画面制作完成

使用横排文字工具，设置需要的前景色，输入所需文字，将其放置于画面上合适的位置，并将其编组为“组2”。单击“添加图层样式”按钮，选择“投影”选项并设置参数，制作文字样式。至此，本实例制作完成。

设计小结

1. 在绘制立体的效果时要注意物体的明暗灰三种颜色。
2. 制作物体的投影可以使图形更加具有立体的效果。

5.3 其他平台游戏界面制作

其他平台游戏界面也非常值得我们关注和制作。下面将从三星手绘风格平面游戏界面、三星涂鸦风格平面游戏界面以及经典比赛类 PSP 游戏界面为例，为读者讲解其他平台游戏界面的不同风格特点和画面的制作方法。

5.3.1 三星手绘风格平面游戏界面制作

·设 计 构 思·

本节实例制作三星手绘风格平面游戏界面。将画面绘制为有手绘质感的绿灰色调，使其具有手绘的效果。通过绘制游戏中手绘风格的任务动物和景物，最终制作出具有手绘风格的平面游戏界面。

● **设计规格**

尺寸规格：3960像素×2642像素

使用工具：横排文字工具、画笔工具

源 文 件：第5章\ Complete\5.3\三星手绘风格平面游戏界面.psd

视频地址：视频\第5章\5.3\三星手绘风格平面游戏界面.swf

● **设计色彩分析**

将画面绘制为有手绘质感的绿灰色调，使其具有手绘的可爱卡通效果。

R109、G106、B85　R164、G174、B180　R127、G154、B91

01 新建空白图像文件

执行“文件>新建”命令，在弹出的“新建”对话框中设置各项参数及选项，完成后单击“确定”按钮，新建空白图像文件。

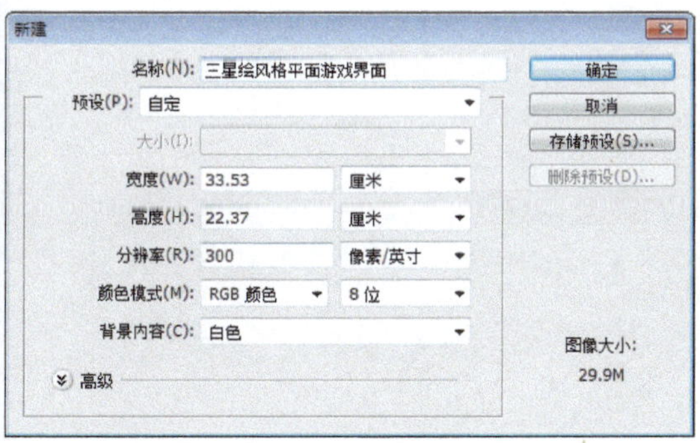

02 制作画面灰色背景

设置前景色为亮灰色，按快捷键Alt+Delete，填充背景色为亮灰色。

03 绘制画面的阴影场景框

新建“图层2”，设置前景色为绿灰色，使用画笔工具，选择尖角画笔并适当调整大小及不透明度，在画面上绘制阴影场景。

04 绘制阴影场景的草坪

新建“图层3”和“图层4”，设置需要的前景色，继续使用画笔工具，选择尖角画笔并适当调整大小及不透明度，在绘制好的阴影场景中绘制草坪效果。

05 绘制道路场景的颜色

新建“图层5”，设置需要的前景色，继续使用画笔工具，选择尖角画笔并适当调整大小及不透明度，在画面上绘制道路场景及其路纹样式。

06 绘制界面下方的草坪

新建“图层6”，设置需要的前景色，继续使用画笔工具，选择尖角画笔并适当调整大小及不透明度，在画面上绘制界面下方的草坪。

07 绘制草坪上的垃圾桶，增加游戏界面上的真实性和趣味性

新建“图层7”，设置需要的前景色，继续使用画笔工具，选择尖角画笔并适当调整大小及不透明度，在画面上绘制草坪上的垃圾桶。

08 绘制阴影上的线条，丰富画面

新建“图层8”，设置前景色为深蓝灰色，使用画笔工具，选择尖角画笔并适当调整大小及不透明度，在画面上绘制阴影场景上的线条。在“图层”面板上设置混合模式为“正片叠底”，“不透明度”为72%。

09 绘制界面右侧的卡通手绘大炮

新建“图层9”，设置需要的前景色，继续使用画笔工具，选择需要的画笔样式并适当调整大小及不透明度，在画面右侧绘制具有手绘效果和质感的卡通大炮，在最后需要绘制出一些手绘的纹理效果。

10 使用相同的方法绘制卡通手绘大炮发射出来的子弹

新建“图层10”，使用相同的方法绘制卡通手绘大炮发射出来的子弹。

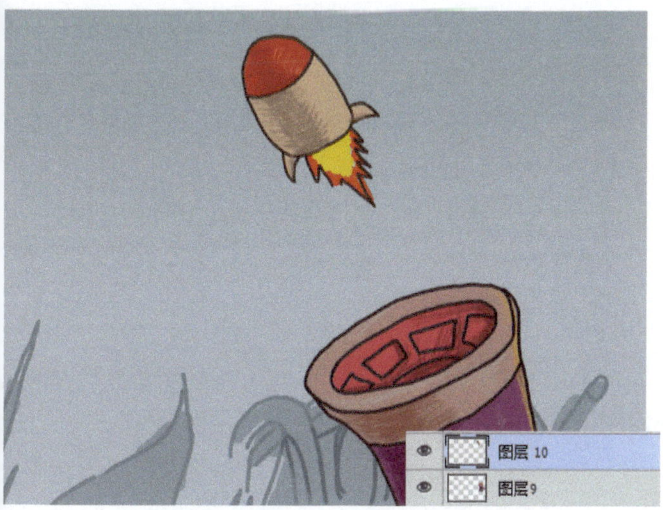

11 复制绘制的子弹，丰富画面上的层次

选择“图层10”，按快捷键Ctrl+J复制得到“图层10拷贝”，按快捷键Ctrl+T变换图像大小和方向，并将其放置于画面中合适的位置，丰富画面的层次。

12 绘制界面下方草坪上的小乌龟

新建“图层11”，设置需要的前景色，继续使用画笔工具，选择需要的画笔样式并适当调整大小及不透明度，在画面下方草坪上绘制其小乌龟。

13 绘制界面上的主体人物

新建“图层12”，设置需要的前景色，继续使用画笔工具，选择需要的画笔样式并适当调整大小及不透明度，在画面左侧合适的位置绘制界面上的主体人物，绘制的过程中要注意人物的动态和表情。

14 制作界面上人物和动物的阴影效果

新建“图层13”，将其移至“图层10拷贝”上方，“图层11”下方，设置前景色为深绿色，继续使用画笔工具，选择需要的画笔样式并适当调整大小及不透明度。在界面上人物和动物的下方绘制阴影，并在“图层”面板上设置“不透明度”为75%，制作出界面上人物和动物的阴影效果。

15 制作手绘游戏界面上的提示文字效果

回到图层上方，使用横排文字工具，设置前景色为淡黄色，输入所需文字。双击文字图层，在属性栏中设置文字的字体样式及大小，将其放置于画面中间合适的位置。单击“添加图层样式”按钮，选择“描边”选项并设置参数，制作图层样式。

16 绘制界面上方的关闭手绘按钮

新建“图层14”，设置需要的前景色，继续使用画笔工具，选择需要的画笔样式并适当调整大小及不透明度，在画面右上方绘制手绘风格的关闭按钮。

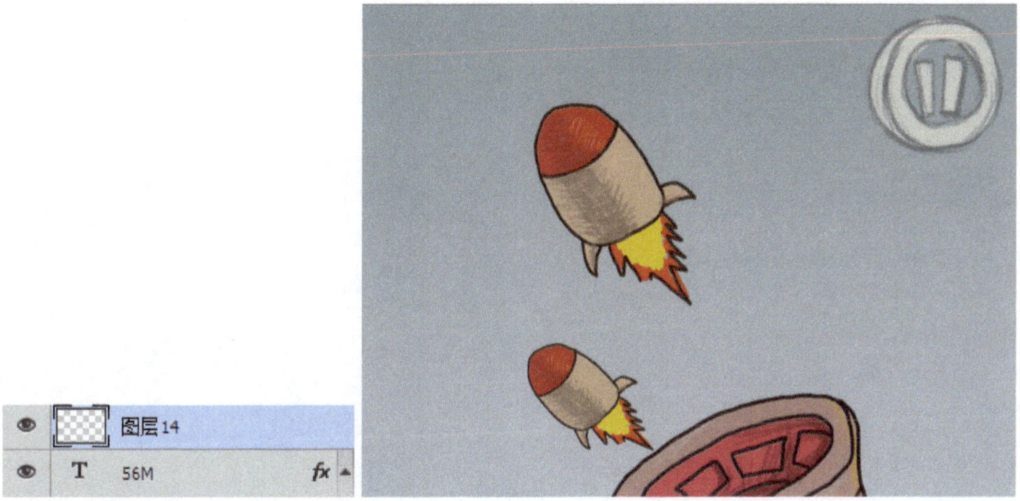

17 绘制手绘大炮打出子弹的效果

新建“图层15”，设置需要的前景色，继续使用画笔工具，选择需要的画笔样式并适当调整大小及不透明度，在画面右侧绘制人炮打出子弹的线条效果。

18 将手绘界面效果制作完成

新建“图层15”，设置需要的前景色，继续使用画笔工具，选择需要的画笔样式并适当调整大小及不透明度，在画面左上方绘制手绘风格的播放按钮，至此，本实例制作完成。

设计小结

1. 使用画笔工具绘制需要的线条轮廓时，可以在其属性栏选择和设置需要的画笔及样式。
2.在绘制任何物体的过程中都可以先绘制出其大体形态，然后再进行细节的描绘。

5.3.2 三星涂鸦风格平面游戏界面制作

·设 计 构 思·

本节实例制作三星涂鸦风格平面游戏界面。将画面调整为橘黄色和绿色相互冲撞的色调，使其更加突出醒目。通过绘制游戏的涂鸦图案和元素制作出三星涂鸦风格平面游戏界面。

● 设计规格

尺寸规格：2953像素×1956像素

使用工具：多边形套索工具、画笔工具、钢笔工具

源 文 件：第5章\ Complete\5.3\三星涂鸦风格平面游戏界面.psd

视频地址：视频\第5章\5.3\三星涂鸦风格平面游戏界面.swf

● 设计色彩分析

将画面调整为橘黄色和绿色相互冲撞的色调，使其更加突出醒目。

R0、G51、B42　R240、G145、B67　R246、G190、B124

01 新建空白图像文件

执行“文件>新建”命令，在弹出的“新建”对话框中设置各项参数及选项，完成后单击“确定”按钮，新建空白图像文件。

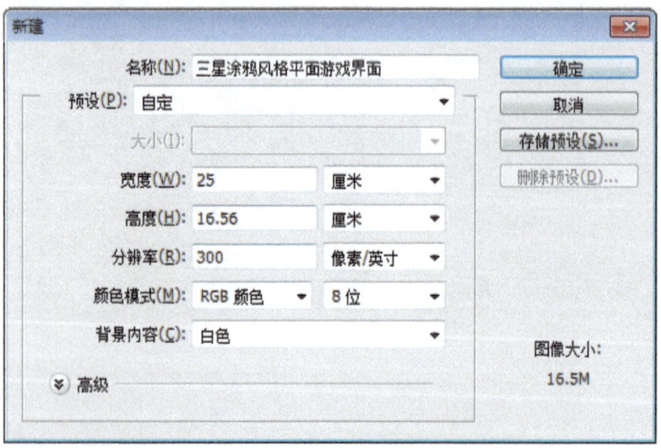

02 添加背景素材制作画面中的背景

执行“文件>打开”命令，打开“背景.jpg”文件，拖曳到当前图像文件中，生成“图层1”。按快捷键Ctrl+T变换图像大小，并将其平铺于画面。

03 打开图片制作画面背景的纹理效果

执行“文件>打开”命令，打开“纹理.jpg”文件，拖曳到当前图像文件中，生成“图层2”。按快捷键Ctrl+T变换图像大小，并将其平铺于画面。在“图层”面板上设置混合模式为“颜色减淡”，“不透明度”为10%。

04 制作界面上的迷宫样式的手绘图案

新建“图层3”，设置前景色为黄色，使用画笔工具，选择尖角画笔并适当调整大小，在画面上绘制界面上的迷宫样式的手绘图案。

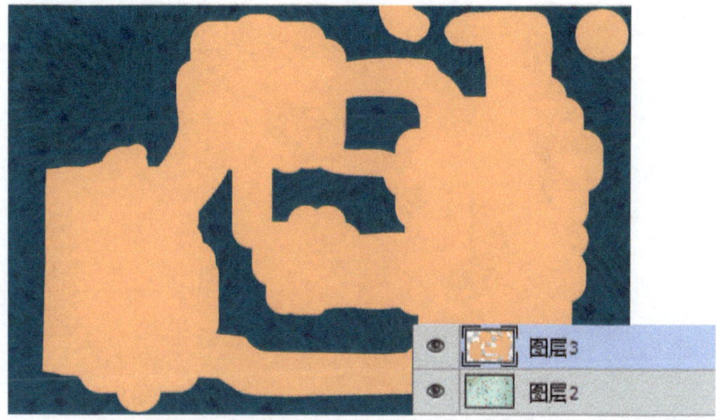

05 制作迷宫手绘图案的图层样式

选择“图层3”，单击“添加图层样式”按钮，选择“斜面和浮雕”选项并设置参数，制作图层样式。

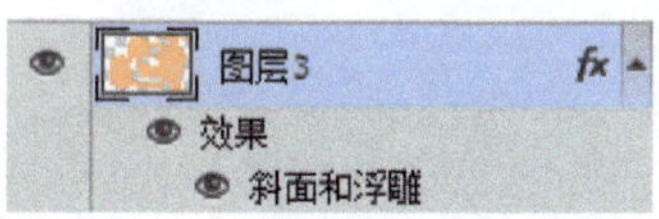

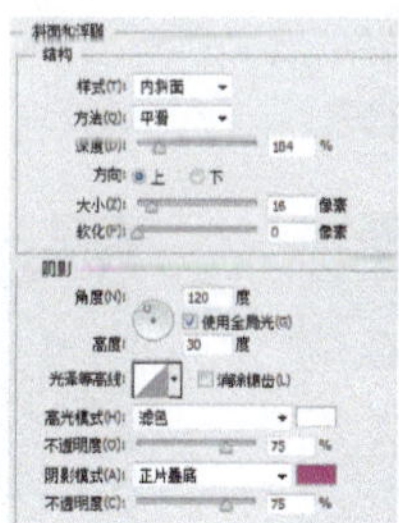

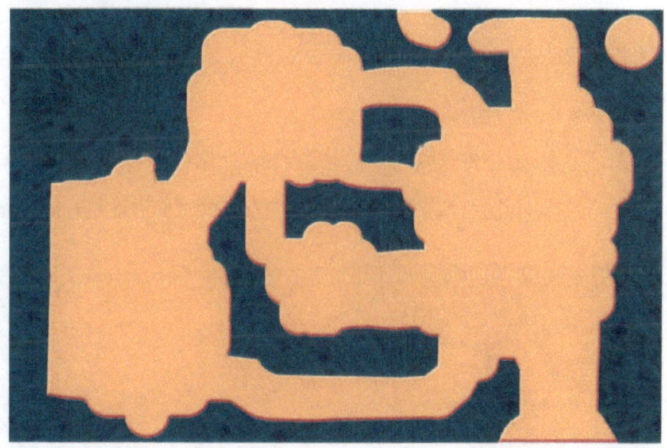

06 制作迷宫手绘图案其他的图层样式

选择“图层3”，单击“添加图层样式”按钮，选择“图案叠加”和“投影”选项并设置参数，制作图层样式。

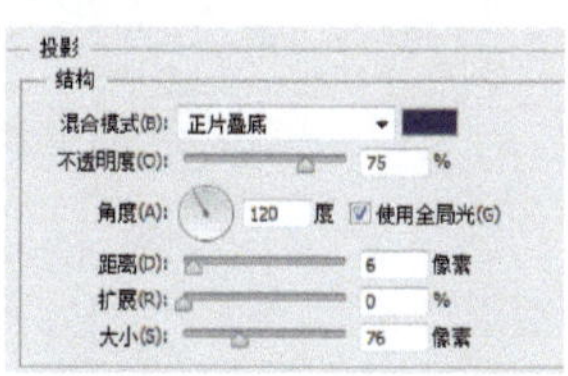

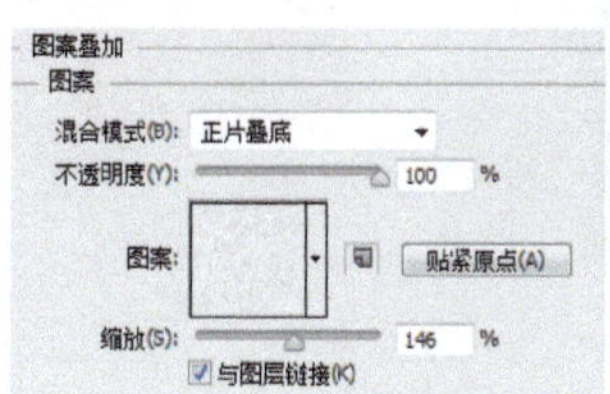

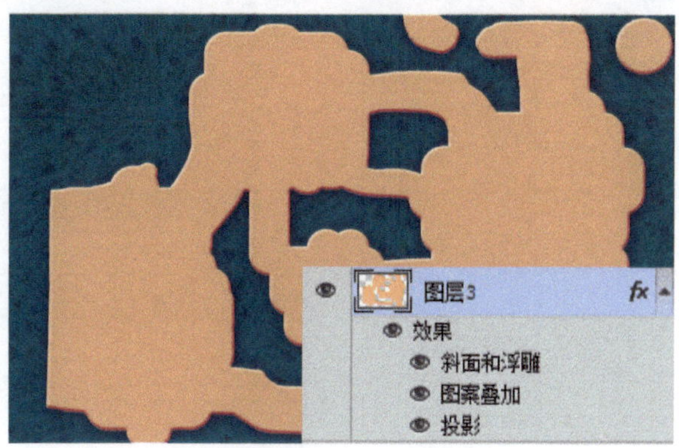

07 制作迷宫路线上的路径

新建“图层4”，设置前景色为橘黄色，使用画笔工具，选择尖角画笔并适当调整大小，在画面上绘制路径，在“图层”面板上设置混合模式为“正片叠底”，“不透明度”为70%。

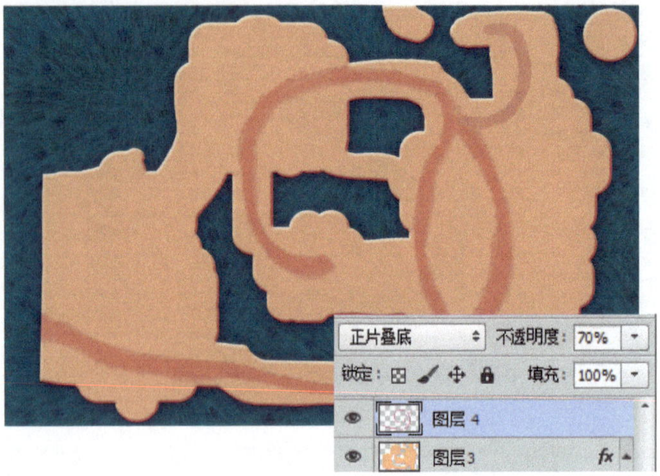

08 绘制手绘路径上的道路纹理

新建“图层4”，设置前景色为白色，使用画笔工具，选择尖角画笔并适当调整大小，在手绘路径上绘制道路纹理。

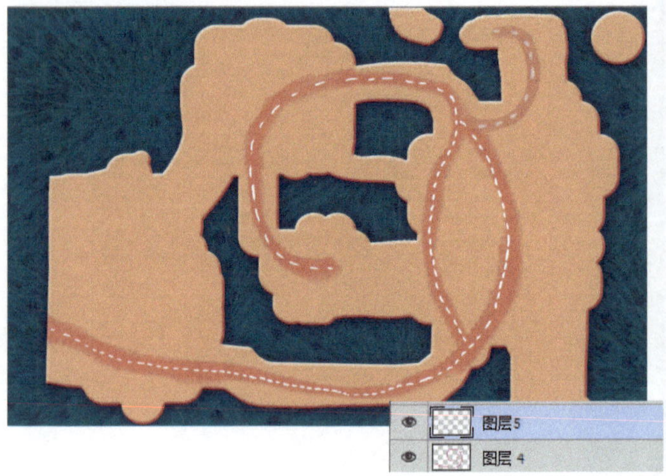

09 制作游戏界面上的塔防

新建“图层6”，设置需要的前景色，使用画笔工具，选择尖角画笔并适当调整大小，在迷宫左边绘制界面上的塔防图案。

10 绘制界面上方的小岛

新建“图层7”，设置需要的前景色，使用画笔工具，选择尖角画笔并适当调整大小，在迷宫上面绘制小岛的图案。

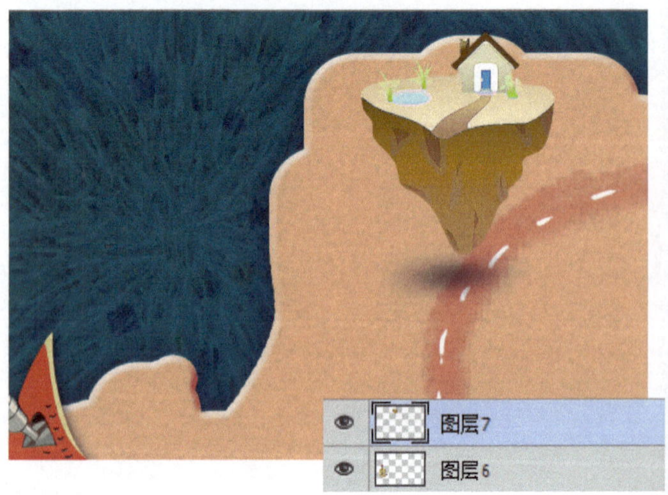

11 绘制界面上的海星小元素

新建“图层8”，设置需要的前景色，使用画笔工具，选择尖角画笔并适当调整大小，在界面迷宫上绘制海星图案。

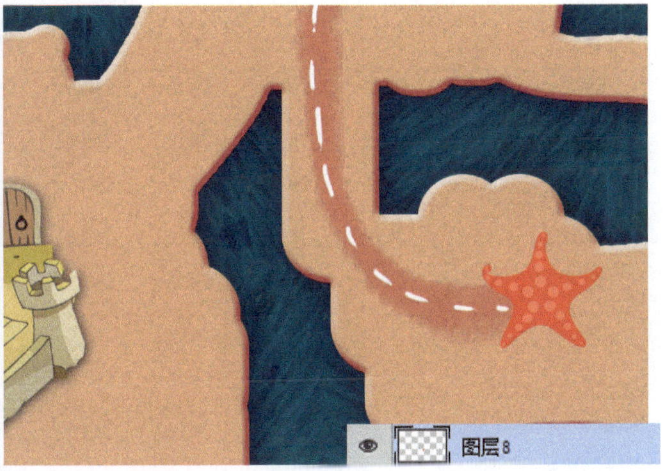

12 制作剪纸效果

在“图层8”的下方新建“图层9”，按住Ctrl键并单击鼠标左键选择“图层8”，得到“图层8”的选区，执行“选择>修改>扩展”命令，在弹出的对话框中设置参数，完成后单击“确定”按钮并将其填充为白色，取消选区后创建出“投影”图层样式。

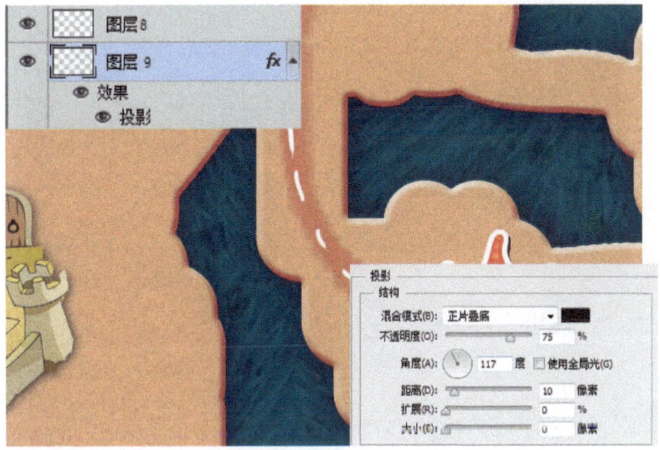

13 制作界面上其他的图案元素

回到图层上方新建“图层10”，使用钢笔工具，在属性栏中设置属性为“路径”，在画面上绘制需要的形状路径并创建选区，然后填充需要的颜色，完成后创建出“投影”图层样式。

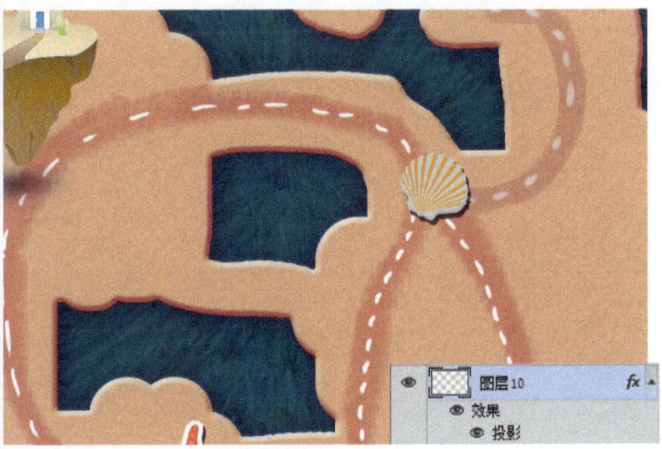

14 复制“图层10”，将其移至画面上不同的位置丰富画面层次

选择“图层10”，连续按快捷键Ctrl+J复制得到多个“图层10拷贝”，将其移至画面上不同的位置，并分别按快捷键Ctrl+T变换图像大小和方向，制作出画面上的图案元素。

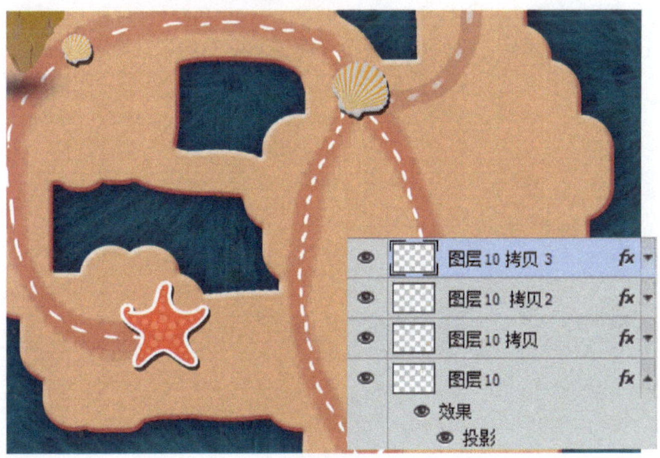

15 制作界面上其他的图案元素

新建“图层11”，使用钢笔工具，在属性栏中设置属性为“路径”，在画面上绘制需要的形状路径并创建选区，然后填充需要的颜色，完成后创建出“投影”图层样式。

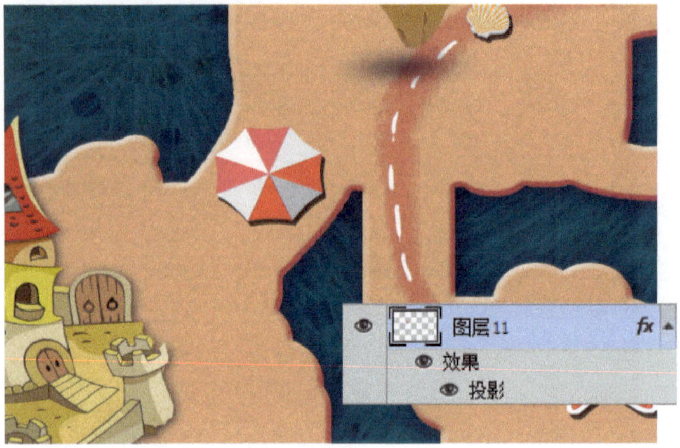

16 复制“图层11”，将其移至画面上不同的位置丰富画面元素

选择“图层11”，按快捷键Ctrl+J复制得到“图层11拷贝”，将其移至画面上不同的位置，并分别按快捷键Ctrl+T变换图像大小和方向，制作画面上的图案元素。按快捷键Ctrl+U调整其“色相/饱和度”，制作出画面上相同图案的层次。

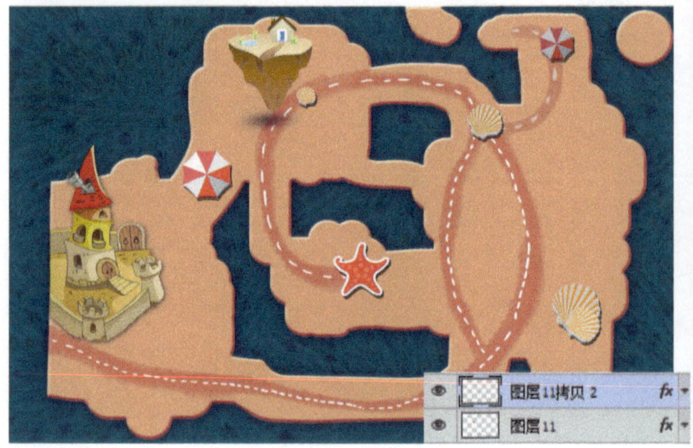

17 绘制界面上的涂鸦元素

新建“图层12”和“图层13”，设置需要的前景色，使用画笔工具，选择需要的画笔并适当调整大小，在画面上绘制出涂鸦元素。

18 绘制界面上其他的涂鸦元素

新建“图层14”，设置需要的前景色，使用画笔工具，选择需要的画笔并适当调整大小，绘制出界面右上方的涂鸦元素。

19 绘制界面上的主题怪兽涂鸦图案

新建“图层15”，设置需要的前景色，使用画笔工具，选择需要的画笔并适当调整大小，绘制出界面上的主题怪兽涂鸦图案。

20 绘制界面上其他的卡通形象涂鸦

新建“图层16”，设置需要的前景色，使用画笔工具，选择需要的画笔并适当调整大小，继续绘制界面上的卡通形象涂鸦。

21 绘制界面上的简单涂鸦，使画面上的元素更加丰富

新建“图层17”，设置需要的前景色，使用画笔工具，选择需要的画笔并适当调整大小，绘制界面上的简单涂鸦，在“图层”面板上设置混合模式为“正片叠底”，使画面上的元素更加丰富。

22 绘制界面上其他的卡通形象涂鸦

新建“图层18”，设置需要的前景色，使用画笔工具，选择需要的画笔并适当调整大小，继续绘制界面上其他的卡通形象涂鸦。

23 绘制界面上的卡通形象涂鸦

新建“图层19”，设置需要的前景色，使用画笔工具，选择需要的画笔并适当调整大小，继续绘制出界面上的卡通形象涂鸦。

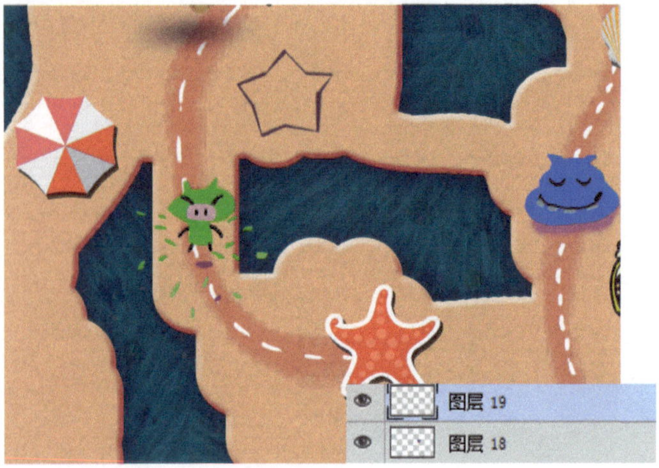

24 创建“色相/饱和度1”，调整画面色调

单击“创建新的填充或调整图层”按钮，在弹出的菜单中选择“色相/饱和度”选项设置参数，调整画面色调。

25 制作画面HDR的效果

新建“图层20”，使用渐变工具，设置渐变颜色为白色到黑色的径向渐变，并在画面上从内向外透出渐变，在“图层”面板上设置“填充”为36%，混合模式为“正片叠底”，制作画面的HDR效果。

26 将画面制作完整

单击“创建新的填充或调整图层”按钮，在弹出的菜单中选择“色彩平衡”选项设置参数，调整画面色调。

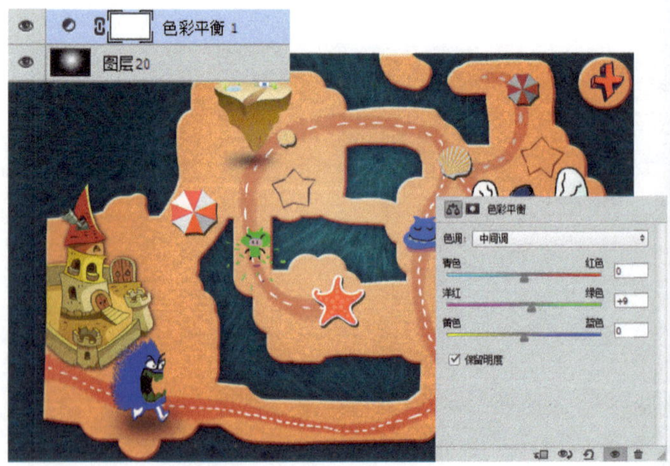

设计小结

1. 单击“创建新的填充或调整图层”按钮，在弹出的菜单中选择“色彩平衡”选项并设置参数，调整画面色彩平衡。
2. 单击“创建新的填充或调整图层”按钮，在弹出的菜单中选择“色相/饱和度”选项并设置参数，调整画面色相/饱和度。

5.3.3 经典赛车 PSP 游戏界面制作

·设 计 构 思·

本节实例制作经典赛车 PSP 游戏界面。通过制作具有炫彩效果的深色背景，突出了经典赛车 PSP 游戏界面的炫酷风格。实例通过绘制游戏的形状选项卡以及黑色透明的图标，同时结合白色文字制作出经典赛车 PSP 游戏界面。

● 设计规格

尺寸规格：2598像素×1481像素

使用工具：横排文字工具、圆角矩形工具、多边形套索工具、椭圆工具、矩形选框工具

源 文 件：第5章\ Complete\5.3\经典赛车PSP游戏界面.psd

视频地址：视频\第5章\5.3\经典赛车PSP游戏界面.swf

● 设计色彩分析

通过制作具有炫彩效果的深色背景，突出了经典赛车PSP游戏界面的炫酷风格。

R25、G25、B37　　R25、G4、B13　　R45、G54、B54

01 新建空白图像文件

执行“文件>新建”命令，在弹出的“新建”对话框中设置各项参数及选项，完成后单击“确定”按钮，新建空白图像文件。

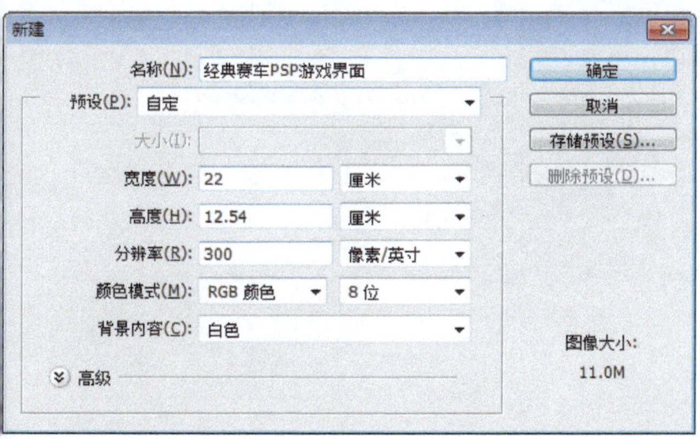

02 添加背景素材制作画面中的炫彩背景

执行“文件>打开”命令，打开“炫彩背景1.jpg”文件，拖曳到当前图像文件中，生成“图层1”。

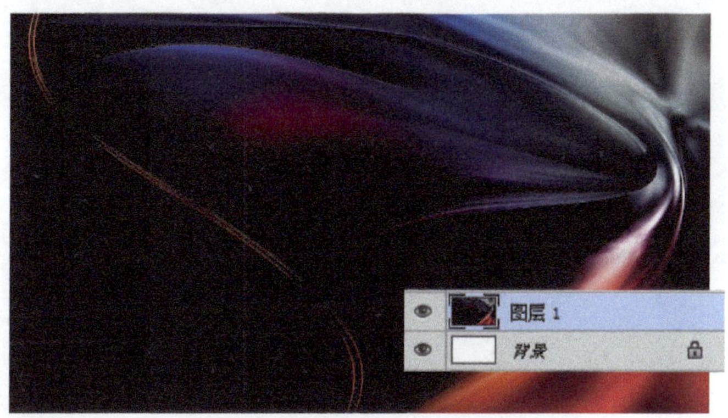

03 叠加炫彩背景

执行“文件>打开”命令，打开“炫彩背景2.jpg”文件，拖曳到当前图像文件中，生成“图层2”。按快捷键Ctrl+T变换图像大小，并将其平铺于画面上合适的位置。在“图层”面板上设置混合模式为“滤色”。

04 制作画面上的主体车子

执行“文件>打开”命令，打开“车子.png”文件，拖曳到当前图像文件中，生成“图层3”，按快捷键Ctrl+T变换图像大小，并将其放置于画面中间合适的位置。制作出画面上的主体车子突出画面的主题。

05 制作画面上的蒙雾效果

新建“图层4”，使用渐变工具，设置渐变颜色为蓝灰色到透明色的线性渐变，并在图层左下方向右上方透出渐变。制作出画面上的蒙雾效果。

06 制作赛车游戏界面上的栏框1

新建“图层5”，使用矩形选框工具，在画面上方绘制需要的线性选区，设置前景色为白色，按快捷键Alt+Delete，填充选区为白色，然后按快捷键Ctrl+D取消选区。单击“添加图层样式”按钮，选择“投影”选项并设置参数，制作图层样式，使栏框更加的直观突出。

07 制作赛车游戏界面上的栏框2

选择“图层5”，按快捷键Ctrl+J复制得到“图层5拷贝”，将其移至界面下方合适的位置，继续制作赛车游戏界面上的栏框。

08 制作赛车游戏界面上的栏框3

使用圆角矩形工具，在属性栏中设置“填充”为白色，“描边”为无，在画面上方合适的位置绘制圆角矩形，得到“圆角矩形1 ”。单击“添加图层样式”按钮，选择“斜面和浮雕”和“投影”选项并设置参数，制作图层样式。

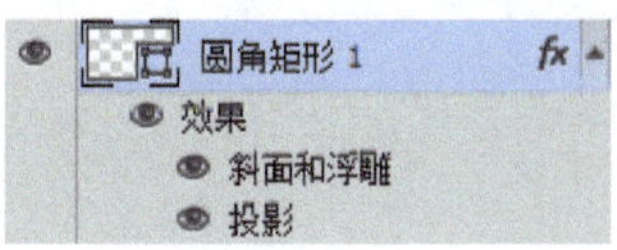

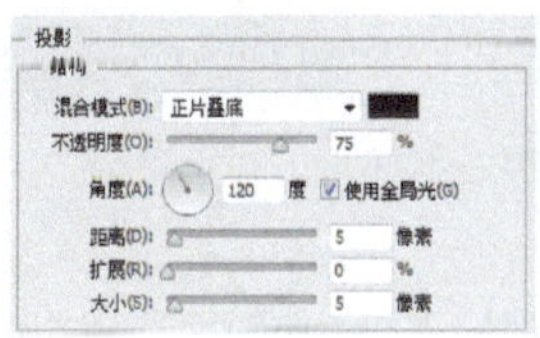

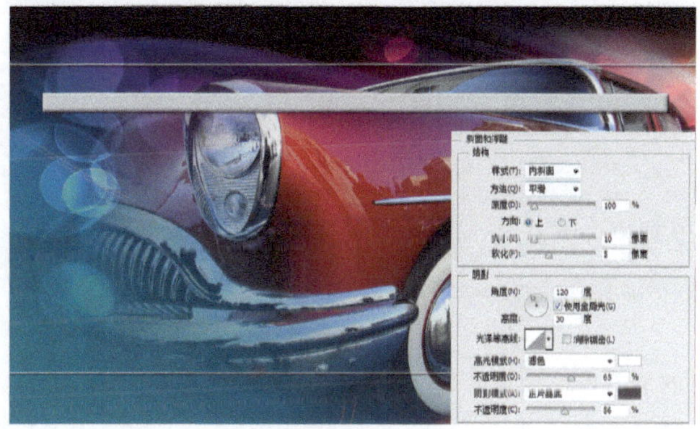

09 复制需要的图层继续制作赛车游戏界面上的栏框

选择“圆角矩形1”，按快捷键Ctrl+J复制得到“圆角矩形1拷贝”，将其移至界面下方合适的位置，继续制作赛车游戏界面上的栏框。

10 制作赛车界面上黑色透明的提示图标栏

使用圆角矩形工具，在属性栏中设置“填充”为黑色，“描边”为无，在赛车游戏界面上的栏框上合适的位置绘制圆角矩形，得到“圆角矩形2”，在“图层”面板上设置“填充”为70%。

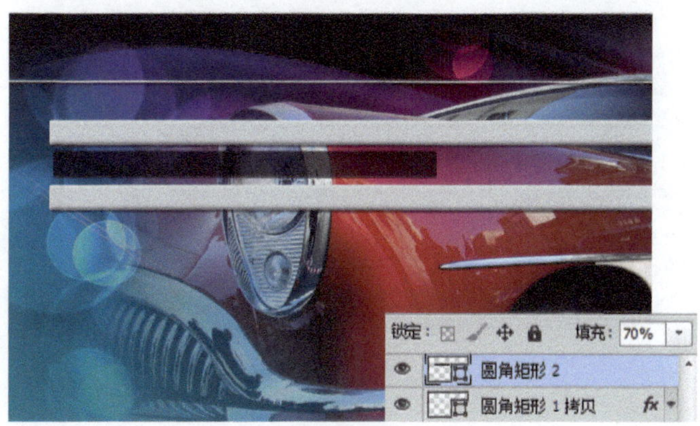

11 复制图层并制作上面的按钮图标

选择“圆角矩形2”，按快捷键Ctrl+J复制得到“圆角矩形2拷贝”，将其移至界面右边合适的位置。新建“图层6”，使用多边形套索工具，在黑色透明图标上方合适的位置绘制需要的图形选区并将其填充为白色，然后按快捷键Ctrl+D取消选区。

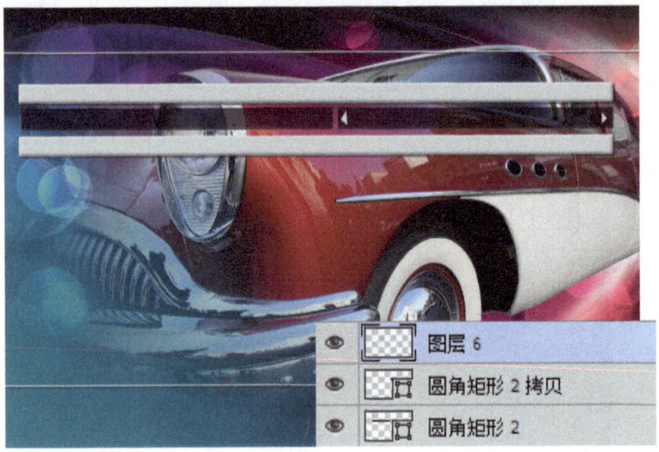

12 复制需要的图层并将其移至画面上合适的位置

按住Shift键并选择“圆角矩形2”~“图层6”，连续按快捷键Ctrl+J复制得到其副本，依次将它们移至画面上合适的位置。

13 复制图层设置不同的颜色制作出画面上丰富的图标效果

按住Shift键并选择“圆角矩形2”~“图层6”，按快捷键Ctrl+J复制得到其副本，将其移至图层上方，选择“圆角矩形2”的副本并更改设置“填色”，制作出画面上丰富的图标效果。最后在“图层”面板上设置“填充”为35%。

14 复制“圆角矩形2”制作界面上黑色透明图标

选择“圆角矩形2”，继续按快捷键Ctrl+J复制得到“圆角矩形2拷贝12”，将其移至图层上方，然后移至赛车游戏界面上合适的位置。

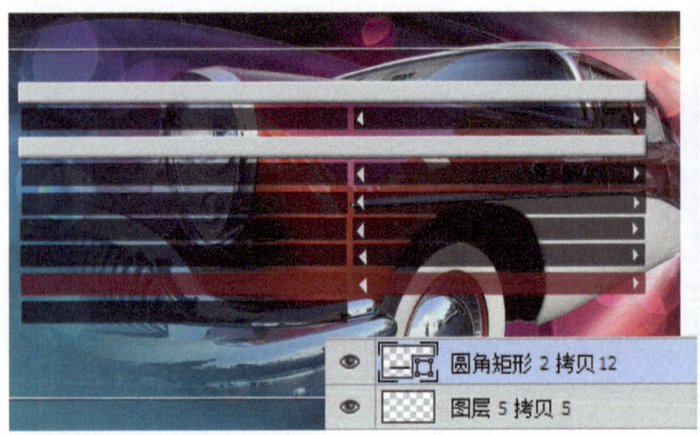

15 制作界面上方的图示按钮和文字

新建"图层7"，使用多边形套索工具在界面左上方绘制需要的按钮图形选区，并将其填充为亮蓝色，然后按快捷键Ctrl+D取消选区。使用横排文字工具，设置前景色为白色，输入所需文字。双击文字图层，在属性栏中设置文字的字体样式及大小，将其放置于画面左上方合适的位置。

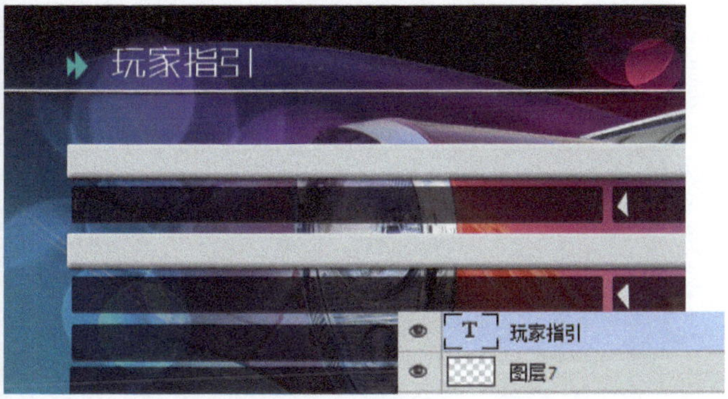

16 制作界面上的文字和图层样式

使用横排文字工具，设置前景色为白色，输入所需文字，双击文字图层，在属性栏中设置文字的字体样式及大小，将其放置于画面右上方合适的位置。单击"添加图层样式"按钮，选择"投影"选项并设置参数，制作图层样式。

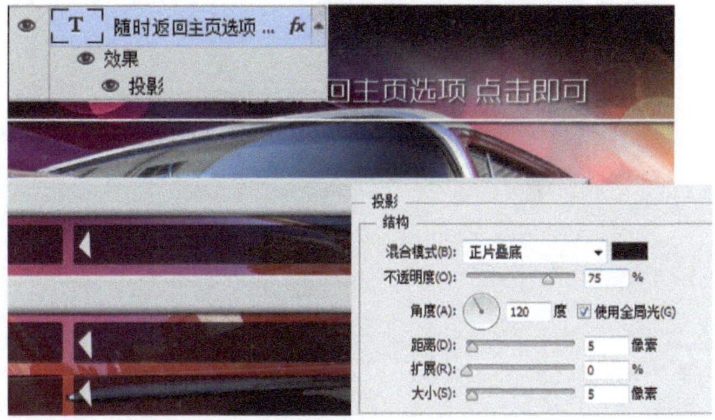

17 制作画面上的文字提示

使用横排文字工具，设置前景色为白色，输入所需文字。双击文字图层，在属性栏中设置文字的字体样式及大小，将其放置于黑色透明按钮上合适的位置。

18 将赛车游戏界面制作完整

新建"图层8"，使用椭圆选框工具，在画面下方按住Shift键绘制圆形，将其填充为灰色，然后按快捷键Ctrl+D取消选区，创建"投影"图层样式。按快捷键Ctrl+J复制得到"图层8拷贝"并移至合适的位置，新建"图层9"，使用椭圆选框工具和多边形套索工具绘制需要的形状选区并将其填充为白色。按快捷键Ctrl+D取消选区，至此，本实例制作完成。

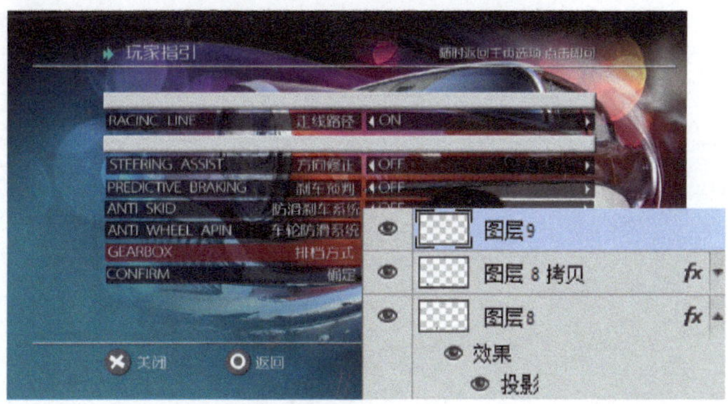

设计小结

1. 使用横排文字工具，设置需要的前景色，输入所需文字，制作界面上的文字效果。
2.使用多边形套索工具时，如需撤销选择的路径点可以按Delete键。

附 录

在对如何使用 Photoshop 制作各个游戏界面进行了详细的讲解与制作后。下面为大家简单介绍游戏界面的资源共享、游戏界面设计禁忌和基于用户体验的触屏游戏界面的设计研究，从而使大家对游戏界面的整个体系有一个更加深入和完整地了解。

A 资源共享

在使用 Photoshop 制作游戏界面时，可以利用分层 AI 素材共享、分层 PSD 素材共享以及优秀游戏界面设计网站共享来制作更加精良的游戏界面，同时提高游戏界面的制作速度。因此，资源共享在制作游戏界面时是非常可取和有用的。

A.1 分层 AI 素材共享

在使用 Photoshop 制作游戏界面时，需要运用的分层 AI 素材主要是以矢量图形图像为主。矢量图形文件就是由这些矢量对象组合而成的描述性文件。矢量图形则是计算机软件通过一定算法，将矢量对象的描述信息在显示终端上重绘的结果。如一个椭圆，它就包括椭圆边缘的一些点组成的轮廓和轮廓内的点两部分。矢量图形具有独立的分辨率，也就是说以各式各样的分辨率来显示矢量图形，它都不会失真。AI 格式是 Adobe 公司发布的矢量软件 Illustrator 的专用文件格式。它的优点是占用硬盘空间小，打开速度快，方便格式转换。

A.2 分层 PSD 素材共享

在使用 Photoshop 制作游戏界面时，需要运用的分层 PSD 素材主要是以 PSD 图形设计格式存在。PSD 是常用的图形设计格式，可以存储成 RGB 或 CMYK 模式，能够自定义颜色数并加以存储，还可以保存 Photoshop 的层、通道、路径等信息，是目前唯一能够支持全部图像色彩模式的格式。PSD 素材一般包含文化艺术、底纹背景、展板设计、画册设计、商务金融、名片卡片、卡通动漫、移门图案、设计元素、房地产类、节日庆典、花边花角、请帖请柬、生活百科、标识标志、菜单菜谱、自然生态、网页设计、包装设计、人物图片以及广告海报等方面。

分层AI游戏地图界面素材共享

分层PSD游戏地图界面素材共享

A.3 优秀游戏界面设计网站共享

怎样才能设计出一个品质优良的游戏界面设计网站呢？这需要结合目标用户的喜好、使用习惯、同类产品设计方案以及设计者本身对游戏界面的理解去进行设计。设计初稿完成后还要和各个部门的同仁不断地进行讨论并对设计进行修正。衡量一个优秀游戏界面的标准，不是项目组中某个人的单方面意见，而是项目内所有成员的集体意见，并且调研大量的终端用户并要求他们给出使用心得，来作为游戏 UI 优劣的评判标准。

小编分享

目前国内的游戏界面设计还仅仅停留在初级层面，相当于欧美20世纪80年代末的水平。大部分策划人员只给出了最基本的功能需求，然后由美术设计师根据漂不漂亮去完成，没有专门的人员去系统地调查用户使用习惯以及不同年龄阶段的用户对UI的需求取向等。这些制作人员的疏忽造成了目前国内产品界面要么单调乏味，要么死气沉沉，要么抄袭大作，毫无自己的特色和创新点。因此优秀的游戏界面设计网站共享可以帮助我们更好、更快地制作出优秀的游戏界面设计。

下面欣赏优秀游戏界面设计网站。

Game UI：游戏页面设计分享网是一个关于游戏 UI 界面设计分享的网站，它收录了互联网上流行的游戏 UI 设计图，除了游戏 UI 设计外，还有游戏 logo 设计以及游戏页面设计等。

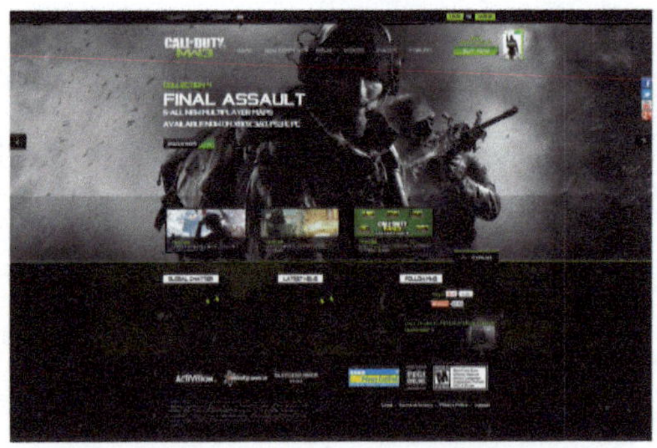

Pong：国外小游戏收录大全网络收录了各式各样的新出的游戏，并且通过社群的方式在网络上一起交流，该网站还收录了很多热门的小游戏，非常全面。

Funzio：移动游戏创业公司是游戏 Crime City 和 Morden War 的开发商，两款都是角色扮演游戏 (RPG)，在 iOS 平台都获得了很高的排名。他们的愿景是希望能在网页和移动设备上提供真正的跨平台游戏。

牛社网：牛社网有万名高端设计师和设计公司为需求者提供优质设计，牛社网可提供免费全程担保服务，确保需求者权益。在这里可以找到需要的优秀游戏界面设计。

B 游戏界面设计禁忌

在设计游戏界面的过程中有一些需要注意的禁忌，下面通过游戏界面文字设计禁忌、游戏界面色彩设计禁忌、游戏界面按钮设计禁忌以及游戏界面空间布局设计禁忌四个方面，来为读者们讲解游戏界面设计的禁忌，从而帮助读者制作更加精美的游戏界面。

B.1 游戏界面文字设计禁忌

小编分享

应重视字体版权。在国外，一般艺术字体还好，但很多用于报纸、杂志、广告等，便于阅读的商业字体，特别是大公司制作的整套字体，价格十分昂贵。从几十美元到几百美元不等。如果做国际化的商业项目，而又确实需要用到，建议还是购买为好。

游戏界面设计得成功与否，不仅在于字体自身的书写，同时也在于运用的排列组合是否得当。如果一件作品中的文字排列不当，拥挤杂乱，缺乏视线流动的顺序，不仅会影响字体本身的美感，也不利于观众进行有效的阅读，难以产生良好的视觉传达效果。要取得良好的排列效果，关键在于找出不同字体之间的内在联系，对不同的对立因素进行合理的组合，在保持各自的特征的同时，又取得整体的协调感。

游戏界面文字设计欣赏

为了产生生动对比的视觉效果，可以从风格、大小、方向和明暗度等方面选择对比的因素。为了达到整体上组合的统一，又需要从风格、大小、方向和明暗度等方面选择协调相同的因素。将对比与协调的因素在服从于表达主题的需要下有分寸的运用，能产生既对比又协调的，具有视觉审美价值的文字组合效果。文字的组合中，要注意以下几个方面。

1. 人们的阅读习惯。文字组合的目的，是为了增强视觉传达功能，赋予审美情感，诱导人们有兴趣地进行阅读。因此在组合方式上就需要顺应人们心理感受的顺序。人们的一般阅读顺序有水平方向上，视线一般是从左向右流动；垂直方向上，视线一般是从上向下流动；大于 45° 时，视线是从上而下的；小于 45° 时，视线是从下向上流动的。

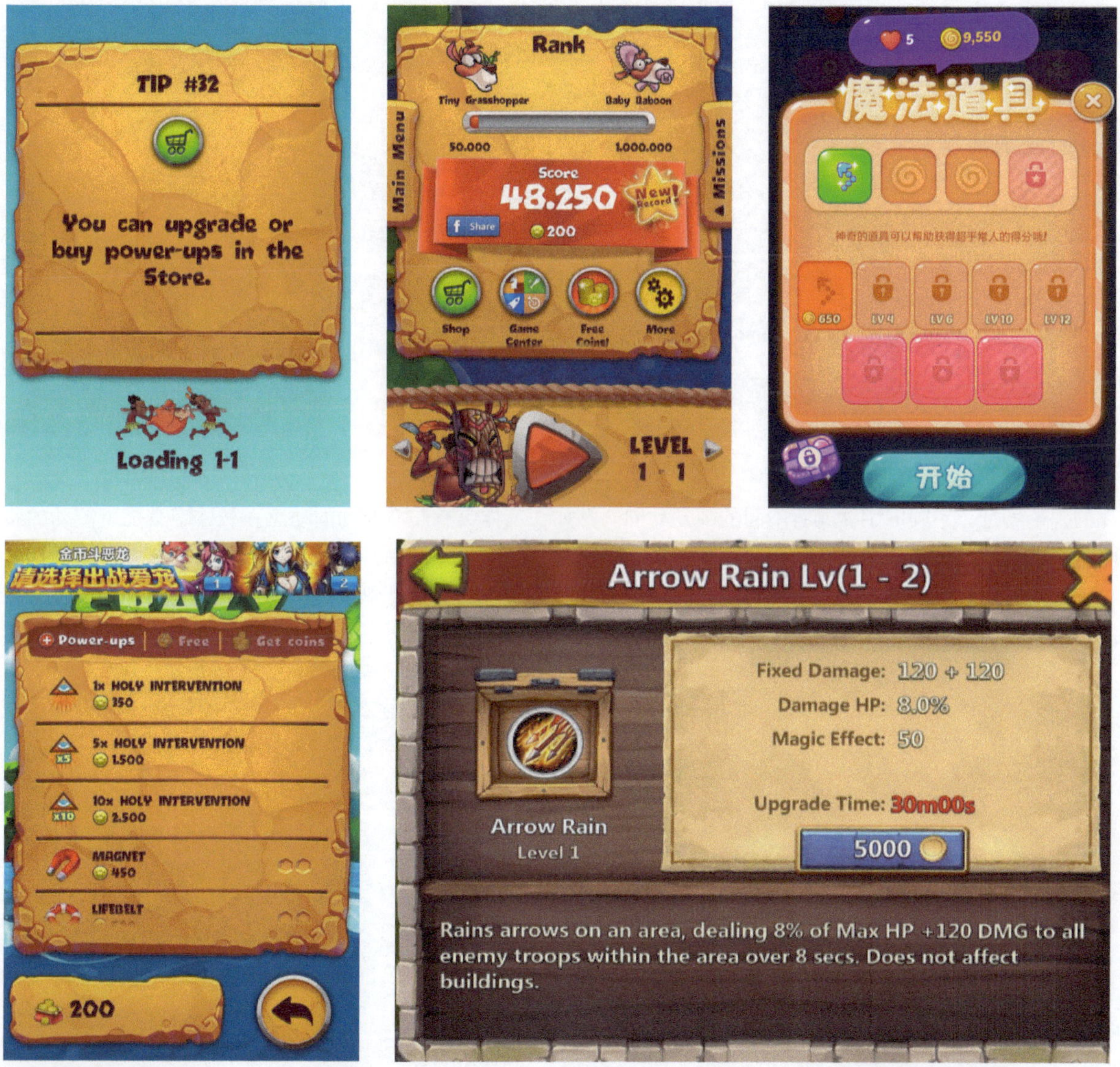

自上而下的文字阅读习惯

对于游戏界面设计中资讯信息量不是很大的网页，大字体的只适合做标题，不适合做正文。正文建议使用 12px 14px 的宋体，可以用“宋体”或者“黑体”代替。不过要注意字号，不同字号的“宋体”和“黑体”，表现的效果不同。普通宋体字体大，有无锯齿还要看不同的浏览器。目前在“微软雅黑”字体的运用上，中国门户的网站还显得很是保守，原因是面对的用户环境太复杂。各种分别率，各种浏览器，各种操作系统，因此他们只能使用最大众的宋体。

知名游戏界面文字欣赏

2. 字体的外形特征。不同的字体具有不同的视觉动向。例如，扁体字有左右流动的动感，长体字有上下流动的感觉，斜字有向前或向斜流动的动感。因此在组合时，就要根据不同字体视觉动向上的差异，进行不同的组合处理。如扁体字适合横向编排组合，长体字适合竖向的组合，斜体字适合做横向或倾向的排列。合理运用文字的视觉动向感，有利于突出设计的主题，引导观众的视线按主次轻重流动。

不同形态的游戏字体游戏界面欣赏

不同形态的游戏字体的游戏界面欣赏

3. 要有一个设计基调。对作品而言，每一件都有其特有的风格。在这个前提下，一个作品版面上的各种不同字体的组合，一定要具有一种符合整个作品风格的设计倾向，形成总体的情调和感情特征。不能每种文字自成风格，各行其是。总的基调应该是整体上的协调和局部中的对比。统一之中又具有灵动的变化，从而产生对比和谐的效果。这样，整个作品才会有视觉上的美感，符合人们的欣赏需求。除了以统一文字个性的方法来实现设计的基调外，还可以从方向性上来考虑文字统一的基调，以及运用色彩方面的心理感觉来达到统一基调的效果。

具有同一基调的游戏界面文字设计欣赏

字体，特别是中文，又是大家觉得很头痛的一个地方。同样的排版同样的背景，很多时候放英文看起来很舒服，那是因为英文的机构简洁而且可塑性很强。但是中文放上去就没有那么好的效果，相信很多设计师都遇到过这种问题。这里关于中文字体的运用都可以专门形成一个分享来讲，这里先简单介绍。关于中文的排版可以更多地参照日本的设计，因为日文和中文在文字结构、大小和疏密度等方面有很多相似的地方。用好字体，在设计中起着至关重要的作用。

中文字体在游戏界面设计中的排版设计欣赏

小编分享

在文字组合上，“负空间”是指除字体本身所占用的画面空间之外的空白，即字间距及其周围空白区域。文字组合的好坏，很大程度上取决于负空间运用得是否得当。字的行距应大于字的间距，否则观众的视线难以按一定的方向和顺序进行阅读。不同类别文字的空间要适当的集中，并利用空白加以区分。为了突出不同部分字体的形态特征，应留适当的空白。

B.2 游戏界面色彩设计禁忌

移动设计正发生着质的飞跃。但不得不说操纵移动设计最重要的因素是色彩。色彩之所以在移动设计领域没有那么快流行起来是因为人们在用色上不够大胆并没有充分利用。色彩是 UI 的重要元素，不同的颜色代表不同的情绪，对色彩的使用应当和站点以及主题相契合。还应注意，有的用户是色盲，应当考虑到他们的感受。色彩的使用应该一致，一旦选定了某种配色，就应该在整个站点一致使用这种配色。

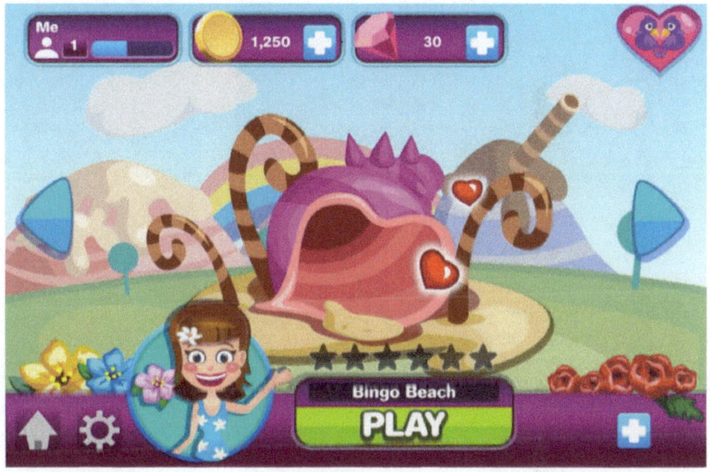

丰富配色的游戏界面欣赏

游戏界面中大多使用了橙色和蓝色的背景，这两种颜色的背景在游戏界面设计中是非常常用的。由于这两种背景给人带来的视觉效果是非常好的，因此这两种颜色的背景在游戏界面设计中会经常运用到，下面就来欣赏一下运用这两种颜色的背景的游戏界面效果。

蓝色背景和橙色背景的游戏界面效果

在游戏界面设计中做一个大胆的陈述其实很容易——野性十足就对了。但是为什么有人想做这样的陈述呢？答案很简单，为了抓住用户，大部分时候好像在说“快看我！”这样再一次用优雅迷人的方式抓住了可能心思不在了的用户，当然最重要的还是保持住这种吸引力。在色彩上，最常用的就是又大、又粗的带颜色的文字排版或加上背景色。

具有迷人色彩的游戏背景

色彩和情感是密不可分的。红色代表爱情和危险，而蓝色给人更多的信任、放松和抚慰。此外，无彩色像白灰黑也同样也会引发孤独和愚钝感。色彩在战略上的力量不容忽视。基本上好的色彩搭配奠定了界面的基调和用户体验。

具有好看配色的界面

无论是一个应用还是响应式网站，当用到某些 UI 元素时默认系统设计就会出现。设计师们正在尝试让那些系统游戏元素，如导航条或下拉菜单看起来也像是应用或网站的一部分，为他们的特殊设计定制。毕竟是定制的，看起来就是一体的。定制的外观实现也很简单，可以通过改变游戏界面中元素的细节如颜色、质地和字体来实现。另外做一些像首页图标或下拉菜单的三角形这样的 UI 组件可以让游戏界面设计更好。这些变化都让定制化更精湛，当然这些离不开巧妙地运用色彩。

游戏界面图标和按钮的色彩

小编分享

颜色有趣、生动、养眼且令人着迷。色彩是非常棒且很重要的设计元素和工具，我们不应该害怕色彩而要拥抱色彩。移动设备不像显示器，它的屏幕尺寸有限，因此不可能像在桌面上那样自由地控制它。移动设备用色和桌面用色没什么不同，但似乎比它更重要。人们在用手机的时候很可能都很忙，有各种事情分散他们的注意力，这时色彩能帮助你抓住他们的视线。更重要的是，色彩能表达某些特定的情感，把用户视线带到特定的地方或者帮助你传达信息。如果你只是直接丢一堆颜色给用户，他们也不会集中注意力在你的设计上。色彩很微妙，所以为了让色彩成为可被利用的工具必须正确使用它。像其他设计元素一样，色彩也要好好利用才能发挥它的魔力。太多或太少用户都不会想看，就要刚刚好。所以，通过下面几点可以展示“色彩是如何被用于移动设计”的，而且也应该这样用。

色彩对设计的影响很大。过去的移动设计大大低估了色彩的作用，它应该是一个了不起的工具且应该被充分利用。色彩最令人着迷的是它让一切变得更漂亮，色彩让我们享受所看到的，色彩让事情变得更有趣，最重要的是变得更美好。

具有丰富色彩情趣的移动UI设计

在游戏界面设计中色彩运用得是否到位，无疑是这种设计风格中很重要的一个环节，看很多作品，在色彩上更多的是强调更亮、更鲜艳。学习配色，除了理论知识外，借鉴优秀网站的配色也是个好方法。

借鉴优秀的网页设计配色

B.3 游戏界面按钮设计禁忌

游戏界面设计要有简洁、明快以及用户体验感觉好等特点，这就对游戏界面的设计提出了比较高的要求。在游戏界面设计初期，一方面是游戏界面布局要做到简洁、方便，另一方面图案使用也需要注意，看是否能在代码中实现。经过几次的尝试，最终得到一个都能接受的结果。这个结果在后续的实现中，需要做到不再有大的改动，只做小的局部调整。

简单明快的游戏界面按钮设计

在游戏界面图标设计中可使用一些半透明的效果，它会给人很炫、很酷的感觉，最好都使用 PNG 文件来作为贴图，如一些小的播放状态图标。PNG 文件本身可以使用 Alpha 值来做到半透明，JPG/GIF 这些无法做到原始的图片文件就是半透明。

独具特色的游戏图标设计

游戏界面按钮设计不是很被人看重。这很像音效设计，如果用户界面制作得当的话，玩家并不会注意到。但是如果处理不妥善，那么可能会逐渐累积并影响到游戏体验，直到某些玩家因此而离开游戏。虽然我们希望能够讨论优秀和劣质的界面设计想法，但是很少有人阐述构成优秀界面的具体细节。下面将阐述一些优秀用户界面设计的关键部分。这些不是唯一的方法，但是通常情况下，拥有优秀的界面能够给所有的游戏加分，甚至是成功之本，所以忽略这个部分可能有负面影响。

优秀游戏界面按钮设计

尽管拥有美观界面是个不错的想法，但是界面的设计与其所向玩家提供的功能之间的冲突是游戏设计师会犯下的最大错误。尽管这个问题频繁地以多种形式出现，但是应当注意的是，将视觉效果凌驾于功能之上会伤害到游戏。因此游戏界面中的图标应尽量选择简单大方、突出主题的图标。

简单大方、突出主题的图标游戏界面图标欣赏

B.4 游戏界面空间布局设计禁忌

在制作游戏界面时最困难的应该就是游戏界面空间布局设计，制作游戏界面常用的布局是：线性布局、相对布局、表格布局、绝对布局和帧布局，下面将针对这几种界面布局设计来为读者们讲解游戏界面空间布局设计禁忌。

线性布局和相对布局应该又是其中用得较多的两种。绝对布局比较少用，因为它是按屏幕的绝对位置来布局的，如果屏幕大小发生改变的话控件的位置也会发生改变。这个就相当于 HTML 中的绝对布局一样，一般不推荐使用。

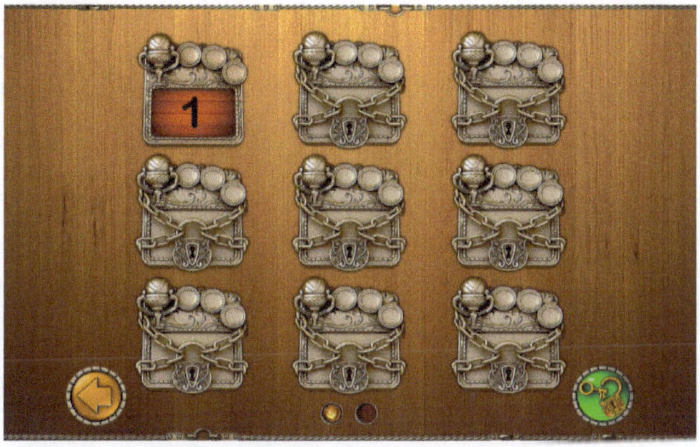

游戏界面相对布局和绝对布局欣赏

小编分享

一般在线性布局里面套用相对布局，这时需要注意上面两个属性相对布局的宽度可以设置为填充父控件，但是高度一般不要设置为填充父控件，因为这样的话在相对布局外面在放控件就没有效果了，因为屏幕已经被相对布局全部占据。

其实不论用哪种布局，宽度与高度这两个属性都一定要弄清楚。刚开始的时候可能经常会发现有些控件没有显示在界面上或者占据了整个屏幕，一检查原来是这里设置错了。另外不要忘记这两个属性在一般控件中都是不可或缺的，忘记设置的话系统就会报错。

游戏界面布局欣赏

C 基于用户体验的触屏游戏界面设计研究

随着手机行业的发展，手机游戏已不仅被看作手机的附加功能，而是逐渐成为手机发展的推动性因素。触屏手机的诞生不仅创造了新的用户体验，同时也将手机游戏的发展推向新高度。本文通过几款触屏手机游戏界面设计中的用户体验分析，对触屏手机游戏的界面设计进行研究，旨在探讨界面设计对触屏手机游戏的可玩性和可操作性的影响及作用。

C.1 从用户体验上对触屏手机游戏界面设计进行分析

传统游戏界面设计师都会考虑界面设计的一般性原则，包括颜色、字体、图标和图像等风格统一，不能有突兀视觉感的界面设计，要符合形式美法则。而较好的游戏界面设计让玩家在整个游戏过程中易于操作，保持玩家的沉浸感。不受无关信息或者思绪的干扰和打断。

优秀触屏手机游戏手机界面

在日常生活中，人们随处可见使用触屏手机进行游戏的中、青年人，在等候时、在公交车上、甚至有些人走路都在玩游戏。触屏手机游戏得到了众多玩家的追捧，重要原因之一是它创造了玩家体验游戏的新方式。

玩家体验游戏的方式

触屏手机用户界面的概念是能够使用多点触控直接操作。触摸屏幕交互方式包括：通过手指或手对屏幕及手机进行滑动、轻按、挤压及旋转等。这种新颖独特的交互方式更为方便、自由、随心。同时手指直接触控屏幕增加了用户与手机界面交互的亲切感与真实感。

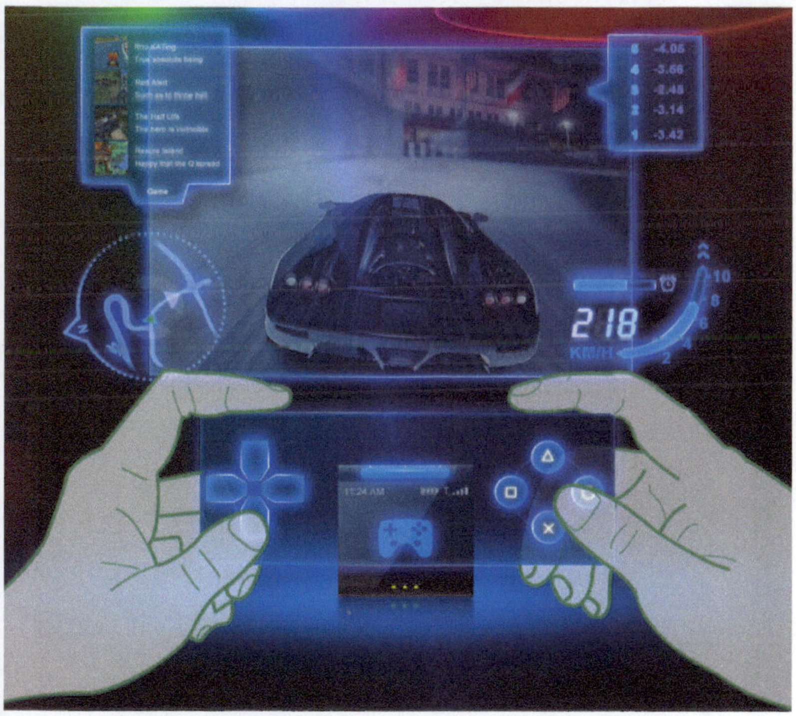

触屏手机游戏的操作的亲切感与真实感

小编分享

手机媒体的内容是以多媒体的形式存在的，即文字、图片、音频和视频等各种媒体形式的内容都能从手机上获得。从目前来看，多媒体形式的内容具有很大的发展空间，一方面，多媒体形式蕴含着无数商机，另一方面，大众非常喜爱多媒体形式的内容，这点从互联网上此类内容受欢迎的程度就可以得到佐证。

C.2 触屏手机游戏的界面设计要符合人体工程学

在触屏手机游戏界面设计中必然要考虑到人体工程学的问题，也就是如何使玩家手指在操作游戏中的交互达到顺畅自如。手指轻按的交互方式在触屏手机使用中最为常见。包括基础的操作都通过轻按来完成。手指就如同电脑的鼠标。在手机游戏中采用轻按的交互方式在笔触式手机上也有采用，通过笔来轻按屏幕完成游戏。

符合人体工学的手机设计

采用手指轻按的交互方式的游戏有很多，如“连连看”。此类游戏在界面设计中考虑到手指轻按屏幕的面积，以此面积来制作游戏中需要轻按物体的大小。连连看中每个方块的大小都要与手指轻点的面积相适应，如果设计过小，就会导致轻按一下连带其他方块，设计的过大又使游戏的难度和可玩性降低。另外，游戏界面设计中其他系统操作界面设计也应考虑到此问题，包括游戏中的返回、暂停和选项等按钮大小的设置也要符合此原则。否则使游戏的晋级与返回造成不便，影响玩家进行游戏娱乐体验的顺畅性。

采用手指轻按的交互方式的游戏界面

在游戏界面设计上就要考虑如何在游戏过程中手指滑动的互动效果最为自然顺畅。首先要考虑手指的宽度，设计多大的范围来感应手指的触碰。手指滑动接触屏幕的面积要大于手指轻按的面积，且长于手指轻按接触屏幕的时间。在界面设计的同时还要考虑手指滑动范围内尽量减少其他界面设计信息的干扰，也要考虑手指滑动过程中误触界面而造成的界面转化，避免影响玩家游戏的效果。

手指滑动的互动效果

通过滑动手指的互动方式来完成游戏操作的游戏有很多。例如，割绳子等游戏。割绳子游戏是目前比较流行的触屏游戏，玩家需要根据不同的情况去切断绳子、点破气泡或接触吹气装置等。切断绳子的方式就是用手指在屏幕上滑过来完成的。

将触屏运用得很好的割绳子游戏

C.3 触屏手机游戏界面设计中应注意用户体验

手机屏幕尺寸画面较小，因此设计要具有简单易识别性。由于是在手机上进行游戏的操作，游戏界面设计必然受到手机屏幕大小的制约。所以，游戏界面设计中各种界面的设计尺寸要适当，同时图像要简单易于识别，减少玩家对界面的识别时间。

易于识别的手机游戏欣赏

由于手机游戏具有随时随地进行的特殊性，所以在界面设计中需要考虑到玩家在不同环境下受到的干扰因素。例如，很多玩家喜欢在车上进行手机游戏，因此应该注意颠簸环境下的游戏界面设计，图标等不能过于密集，便于手指的触碰。同时，由于手机游戏的随时随地性，界面设计的层级不宜过多，应简单易操作，可以最快速度进入游戏与退出游戏。最后，在界面设计中还要考虑到玩家在阳光下进行游戏操作，在设计中要考虑画面色彩的对比与呼应。

简易操作的游戏界面设计

小编分享

手机媒体的内容具有可操控性。即内容的选择权在受众手里，他们可以选择看或者选择不看，也可以选择看文字而不看图片和影像，还可以选择全部都看，对内容的选择完全根据受众的个性化需求而定。